Günther R. Vollmer

Personalmanagement

Teil 2: Personal führen und entwickeln

Günther R. Vollmer

Personalmanagement

Teil 2: Personal führen und entwickeln

HOLZMANN. MEDIEN

Aus Gründen der Vereinfachung und der Lesbarkeit wird auf die Wiedergabe männlicher und weiblicher Bezeichnungen verzichtet. Wo also zum Beispiel „Arbeitnehmer“ oder „Arbeitgeber“, „Meister“ oder „Geselle“ geschrieben steht, ist stets auch „Arbeitnehmerin“ und „Arbeitgeberin“, „Meisterin“ und „Gesellin“ zu lesen.

2. Auflage 2018

Lektorat: Achim Sacher, Holzmann Medien | Buchverlag
Herstellung: Markus Kratofil, Holzmann Medien | Buchverlag
Satz: Da-Tex Gerd Blumenstein, Leipzig
Druck: Druckerei Steinmeier | Deiningen

ISBN (Print): 978-3-7783-1353-4 | Artikel-Nr. 1819.02
ISBN (E-Book): 978-3-7783-1354-1 | Artikel-Nr. 1819.98

Vorwort der Herausgeber

Am 1. April 2011 ist die nach § 42 des Gesetzes zur Ordnung des Handwerks (HwO) erlassene bundesweite Verordnung über die Prüfung zum anerkannten Fortbildungsabschluss „Geprüfter Betriebswirt/Geprüfte Betriebswirtin nach der Handwerksordnung“ in Kraft getreten. Damit werden die bisherigen Regelungen bei den einzelnen Handwerkskammern durch eine bundeseinheitliche Rechtsverordnung ersetzt.

Gemäß den Intensionen des Zentralverbands des Deutschen Handwerks liegt das Ziel der neuen, bundeseinheitlichen Fortbildungsmaßnahme „... in der Vertiefung des betriebswirtschaftlichen-strategischen Verständnisses der Unternehmensführung. Im Vergleich zu den bisherigen Kammerregelungen ist die bundeseinheitliche Verordnung stärker auf eine Reflexion komplexer wirtschaftlicher Zusammenhänge und auf die Entwicklung konkreter Unternehmensstrategien ausgerichtet“. Das heißt: Die Fortbildungsteilnehmer sollen vor allem noch besser befähigt werden,

- das Unternehmen als ein vernetztes System von kundenorientierten Geschäftsprozessen zu verstehen, zu gestalten, zu planen und zu steuern;
- ganzheitlich kundenorientierte Unternehmensstrategien zu entwickeln und
- diese in operativ erfolgreiche Produkte, Dienstleistungen und Maßnahmen innerhalb und außerhalb des Unternehmens gewinnwirksam umzusetzen.

Die hierzu erforderlichen Methoden-, Führungs- und Sozialkompetenzen sind Gegenstand dieser Fortbildungsmaßnahme und prägen Inhalt und Struktur des neuen Rahmenlehrplans, der unter Federführung des Zentralverbandes des Deutschen Handwerks (ZDH), Berlin, erarbeitet wurde. Dem Expertengremium gehörten Vertreter von Handwerkskammern und dem Bundesinstitut für Berufsbildung (BIBB) an. Der neue Rahmenlehrplan sichert bei der Fortbildung zum/r „Geprüfte/n Betriebswirt/in nach der HwO“ bundesweit vergleichbare Standards. Dies ist ein wichtiger Beitrag, die hohe Qualität der beruflichen Aufstiegsfortbildung in Handwerk und Mittelstand zu gewährleisten.

Die Prüfung zum „Geprüfter Betriebswirt/Geprüfte Betriebswirtin nach der HwO“ ist in die vier handlungsorientierten Prüfungsteile Unternehmensstrategie, Unternehmensführung, Personalmanagement und Innovationsmanagement gegliedert, deren Prüfungsinhalte von der Zentralstelle für die Weiterbildung im Handwerk e. V. (ZWH) in der „Information zur Umsetzung der Verordnung Geprüfte/r Betriebswirt/in nach der Handwerksordnung“ (November 2011) wie folgt umschrieben werden:

„Im Prüfungsteil **Unternehmensstrategie** geht es darum, dass die Prüfungsteilnehmer zeigen, dass sie volkswirtschaftliche und gesellschaftliche Rahmenbedingungen im Hinblick auf die eigene Unternehmensstrategie erfassen und bewerten können. Außerdem sollen die künftigen Betriebswirte/-innen befähigt sein, rechtliche Rahmenbedingungen für unternehmerisches Handeln und strategische Entscheidungen zu bewerten und zu berücksichtigen sowie eine geeignete Unternehmensstrategie zu entwickeln und zu planen.

Im Prüfungsteil **Unternehmensführung** soll die Unternehmensstrategie durch Maßnahmen der Unternehmensführung und -organisation sowie der Markt- und Kundenorientierung nachhaltig umgesetzt und durch die Gestaltung der Unternehmensrechnung die wesentlichen Grundlagen des Jahresabschlusses und seiner Analyse sowie die Kosten- und Leistungsrechnung und die Finanzwirtschaft gelegt werden. Zudem soll die Wertschöpfung durch kontinuierliche Verbesserung der Geschäftsprozesse optimiert werden.

Die Prüfungsteilnehmer sollen im Prüfungsteil **Personalmanagement** nachweisen, dass sie mit Blick auf die Unternehmensstrategie eine nachhaltige und ethisch verantwortungsvolle Personalplanung und -gewinnungspolitik realisieren sowie Personalführung und -entwicklung entsprechend den individuellen und den Unternehmensinteressen motivierend gestalten können.

Eine komplexe betriebswirtschaftliche Problemstellung eines Unternehmens soll im Prüfungsteil **Innovationsmanagement** mit einem Lösungsentwurf (Projektarbeit) erarbeitet und präsentiert werden. Dabei sind Bezüge zur Unternehmensstrategie, die Auswirkungen auf die operative Unternehmensführung haben und einen Innovationsbedarf zur Umsetzung der Unternehmensstrategie beinhalten, darzustellen.

Damit wird deutlich, dass im Vergleich zur bisherigen Verordnung im bundesweiten Fortbildungsabschluss die **Ausrichtung auf strategisches Handeln** einen besonderen Stellenwert einnimmt, der in allen Prüfungsteilen zum Tragen kommt."

Auf diese neuen, verstärkt handlungsorientierten Anforderungen sind auch die Lehr- und Lernunterlagen auszurichten. Daher haben Herausgeber und Verlag die vorliegende Schriftenreihe „Kompetenzen zum Erfolg" konzipiert. Aufbau und Inhalt entsprechen den Vorgaben des Rahmenlehrplans und den oben dargestellten Prüfungsinhalten.

Die Lehr- und Lernbuchreihe **„Kompetenzen zum Erfolg"** besteht aus zehn inhaltlich abgestimmten Bänden entsprechend den vier Prüfungsteilen der neuen Verordnung:

Band 1: **Volkswirtschaft** - Rahmenbedingungen für eine Unternehmensstrategie

Band 2: **Unternehmensrecht** - Zivilrecht, Arbeits-, Steuer- und Handwerksrecht

Band 3: **Unternehmensstrategie** - Instrumente und Methoden zur Strategieentwicklung

Band 4: **Unternehmensführung** und -organisation – Betriebliche Abläufe erfolgreich gestalten

Band 5: **Unternehmensrechnung** – Finanzwirtschaft, Jahresabschluss, Kostenrechnung

Band 6: **Marketing und Kundenmanagement** – Strategien und Instrumente erfolgreicher Kundengewinnung und Kundenpflege

Band 7: **Wertschöpfung** – Instrumente, Methoden und Analysen zur Prozessoptimierung

Band 8: **Personalmanagement (Teil I)** – Personal planen und gewinnen

Band 9: **Personalmanagement (Teil II)** – Personal führen und entwickeln

Band 10: **Innovationsmanagement** – Betriebliche Probleme strategisch lösen

Bei der inhaltlichen Gestaltung der einzelnen Bände wurde auf eine handlungsorientierte Wissensvermittlung sehr großen Wert gelegt. Daher ist fast ausnahmslos jedem Kapitel eine Handlungssituation (Fallbeispiel) vorangestellt, deren Probleme vom Lernenden anhand der darauffolgenden Ausführungen im Selbststudium oder unter Anleitung eines/r Dozenten/Dozentin gelöst werden können. Auch im Text sind zahlreiche problemorientierte Handlungssituationen eingebaut, zu deren Lösung sich der/die Lernende das erforderliche Problemlösungswissen erwerben und seine/ihre (Fach-)Kompetenz einsetzen muss. Zur Überprüfung der erworbenen Kompetenz wird jedes Kapitel mit einer umfassenden Handlungssituation/Fallstudie abgeschlossen, wobei auch hier die unternehmensstrategischen Aspekte besonders berücksichtigt wurden.

Ergänzend zu den Lehr- und Lernbüchern der Schriftenreihe werden den Dozenten/Dozentinnen in den Handwerksakademien zusätzlich fachspezifische Unterlagen zur handlungsorientierten Unterrichtsgestaltung, zur Vertiefung der Wissensvermittlung und zur Verwendung in der Managementpraxis zur Verfügung gestellt. Das erleichtert die buchbezogene Vorbereitung und Gestaltung des Unterrichts, ohne die individuelle Schwerpunktbildung bei der Wissensvermittlung einzuschränken.

Die vorliegende Lehr- und Lernschriftenreihe **„Kompetenzen zum Erfolg“** dient nicht nur einer bestmöglichen Vorbereitung auf die Prüfung „Geprüfter Betriebswirt/Geprüfte Betriebswirtin nach der Handwerksordnung“. Sie ist auch ein sehr hilfreiches Handbuch und Nachschlagewerk für die täglichen Entscheidungssituationen in der Unternehmensführung – sei es als Unternehmer, Geschäftsführer oder als leitende Führungskraft in einem Handwerksunternehmen. Dabei sind die praxisbezogene Gestaltung der Abbildungen und Checklisten, Hervorhebungen und Marginalien sowie ein ausführliches Stichwortverzeichnis am Ende eines jeden Buches eine große Hilfe.

Bei der Arbeit mit der Lehrbuchreihe „Kompetenzen zum Erfolg“, bei der Vorbereitung auf die Prüfung und nicht zuletzt bei der Ablegung der Prüfung wünschen wir Ihnen viel Erfolg!

Die Herausgeber und
Holzmann Medien | Buchverlag

Vorwort des Autors

Der Fachkräftemangel ist heute in einigen Branchen eine Wachstumsbremse. Experten sagen voraus, dass in den nächsten Jahren noch mehr qualifizierte Fach- und Führungskräfte fehlen werden, sodass Unternehmen Wertschöpfungspotenziale nicht ausschöpfen können.

Mitarbeiterbindung und Rekrutierung von Mitarbeiterinnen und Mitarbeitern bekommen vor diesem Hintergrund einen ganz anderen Stellenwert als vor zwanzig Jahren. Diese Erfahrung machen zurzeit viele Handwerksunternehmen. Insbesondere die Personalführung muss sich der veränderten Arbeitsmarktsituation stellen, will ein Unternehmen am Markt bestehen. Kernkompetenzen im Bereich der Personalführung tragen maßgeblich dazu bei, dass ein Unternehmen für Fach- und Führungskräfte attraktiv ist.

Das vorliegende Buch beschreibt detailliert diese Kernkompetenzen. Um allerdings Fach- und Führungsaufgaben effektiv lösen zu können, müssen die hier nahegelegten Verhaltensweisen umgesetzt werden. Das gelingt nur engagierten, motivierten und fähigen Führungskräften, die eine positive Einstellung zu ihren Mitarbeiterinnen und Mitarbeitern haben.

Professionelle Führungsentscheidungen beruhen auf einer soliden Grundlage, und effektive Personalführung orientiert sich vor allem an Fakten und schlüssigen wissenschaftlichen Beweisen. Wie der Mediziner zur Therapie nur solche Methoden und Medikamente heranzieht, für deren Wirkung es schlüssige und wissenschaftlich fundierte Beweise gibt, sind Führungskräfte gut beraten, wenn sie Methoden verwenden, deren Wirkung nachgewiesen ist.

Wissenschaftlich fundierte Vorgehensweisen können nicht die Intuition einer Führungskraft ersetzen, aber sie sind eine wertvolle Hilfe im Arbeitsalltag, um bessere Entscheidungen zu treffen.

Grundlage der Kapitel zur Personalführung ist das interdisziplinäre Fach „Organizational Behavior“, das sich mit dem Verhalten von Mitarbeiterinnen und Mitarbeitern in Unternehmen beschäftigt und den Einfluss von Personen, Gruppen sowie organisatorischen Strukturen auf ihr Verhalten im Unternehmen untersucht. Immer wird in diesem Fachgebiet die Frage gestellt, wie man die Erkenntnisse in der Praxis anwenden kann.

Das Buch richtet sich zunächst einmal an Kursteilnehmer, die sich auf den Weiterbildungsabschluss „Geprüfte/r Betriebswirt/in nach der Handwerksordnung“ vorbereiten. Es enthält exakt die Lerninhalte, die unter dem Handlungsbereich „Personal führen und entwickeln“ im Rahmen des Personalmanagements beschrieben und für die 70 Unterrichtseinheiten vorgesehen sind. Viele Beispiele beziehen sich daher auf Handwerksbetriebe, in denen ein besonderes Augenmerk auf die Mitarbeiterbindung gelegt wird. Die Reihenfolge der Lerninhalte orientiert sich am Rahmenlehrplan.

Das vorliegende Werk kann jedoch auch jederzeit in anderen Wirtschaftsbereichen verwendet werden.

Nichts ist praktischer als eine gute Theorie. Viele Führungskräfte, gerade aus dem technischen Bereich, möchten - ehe sie handeln - wissen, ob das vorgeschlagene Verhalten auch eine theoretische Grundlage hat. Dabei wird häufig der Wunsch geäußert, die Beschreibung der Grundlage möge möglichst prägnant sein. Diesem Wunsch wird in diesem Lehrbuch Rechnung getragen.

Nach einem Fallbeispiel und den nötigen Begriffserklärungen werden kurz die theoretischen Grundlagen und die sich daraus ergebenden Konsequenzen für die Praxis dargestellt. Fragen zur Selbstkontrolle ergänzen das jeweilige Kapitel.

Das Fazit am Ende eines jeden Kapitels bringt eine Zusammenfassung in Form von praktischen Schlussfolgerungen, die es ermöglichen, die eigene Persönlichkeit zu entwickeln und bessere Ergebnisse im Unternehmen zu erzielen.

Der besseren Lesbarkeit wegen wird im Buch meist der Begriff „Mitarbeiter“ verwendet. Ich hoffe, die Mitarbeiterinnen sind damit einverstanden und fühlen sich genauso angesprochen.

Ludwigsburg, im Herbst 2018

Günther R. Vollmer

Inhaltsverzeichnis

1. Motivieren - Grundlage der Führung

Motivieren ist eine Kernkompetenz von Führungskräften auf allen Ebenen. Die notwendigen Grundlagen dazu werden in diesem Kapitel vermittelt. Ohne motivierte und engagierte Mitarbeiter wird ein Unternehmen am Markt keine nachhaltigen Ergebnisse erzielen.

Das folgende Kapitel ist so gestaltet, dass Sie die Kompetenz und das Wissen erwerben,

- die Begriffe Motivation, die Arten der Motivation und Motive voneinander zu unterscheiden,
- die Bedürfnishierarchie zu kennen und anzuwenden,
- die Phasen des Motivationsprozesses zu beschreiben,
- die wichtigsten Motive von Menschen am Arbeitsplatz zu beschreiben,
- den Prozess der Motivation durch Erwartungen erklären zu können,
- worauf Sie bei Ihren Mitarbeitern und Mitarbeiterinnen achten müssen, wenn Sie durch Erwartungen motivieren,
- den Prozess der Motivation durch Fairness zu beschreiben,
- die Verhaltensweisen zu kennen, die Mitarbeiter bei unfairer Behandlung zeigen,
- die Faktoren zu erkennen, die das Engagement von Mitarbeitern fördern,
- welche Faktoren Zufriedenheit und welche Unzufriedenheit bei Fachkräften bewirken,
- den Zusammenhang zwischen Motivation und Arbeitszufriedenheit zu kennen,
- wie Arbeitszufriedenheit verbessert werden kann.

1.1 Was ist Motivation?

Beispiel

Beispiel

Ein Mitarbeiter möchte weiterkommen. Als eine betriebswirtschaftliche Weiterqualifizierung ausgeschrieben wird, bewirbt er sich um die Kursteilnahme und wird ausgewählt. Der neu konzipierte Kurs besteht aus E-Learning-Modulen und Präsenzunterricht. Bei der Bearbeitung der Module strengt er sich sehr stark an, um den Abschluss zu bekommen. Da er sieht, dass es ihm an Grundkenntnissen in Betriebswirtschaft mangelt, verdoppelt er seine Anstrengungen, überwindet damit Phasen der Demotivation und macht einen guten Abschluss.

Fragen

- Welche Verhaltensfacetten des Mitarbeiters erklärt der Begriff Motivation?
- Was versteht man unter „Motivation“?
- Was sind Motive?

Jedes Verhalten ist in einer oder meistens mehrerer Hinsicht begründet oder verursacht, d. h. motiviert. Fragt man nach dem Warum, wendet man sich der Motivationspsychologie zu. Motiviertes Verhalten ist auf ein Ziel gerichtet, wird nach einer Unterbrechung wieder aufgenommen und hat einen Anfangs- und Endzeitpunkt. Es ist durch einen hohen Energieaufwand gekennzeichnet.

Definition „Motivation“

Wenn es darum geht zu erklären, wieso jemand ein bestimmtes und nicht ein anderes Ziel mit einem hohen Energieaufwand und nachhaltig anstrebt, wird der Begriff „Motivation“ herangezogen. Man erklärt damit die **Richtung, die Intensität und die Ausdauer des Verhaltens.** Motivation bewegt zum Handeln, richtet auf Ziele aus, sichert die Intensität und Ausdauer von Kräften. In unserem Zusammenhang geht es um Arbeitsmotivation, d. h. es werden Verhaltensweisen im Hinblick auf **betriebliche Ziele** erklärt.

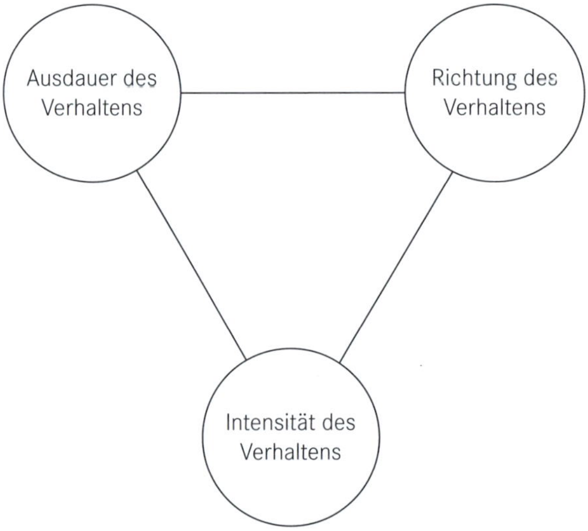

Merkmale motivierten Verhaltens

Motive

Im Unterschied dazu sind **Motive** innere Beweggründe, die von Mensch zu Mensch unterschiedlich ausgeprägt sind. Werden diese Motive, die der Mitarbeiter schon vorher hatte, bei einer Aufgabe am Arbeitsplatz angeregt, spricht man von **Motivation.** Im obigen Fallbeispiel ist das Motiv des Mitarbeiters das Weiterkommen oder das Bedürfnis nach Entfaltung, das durch den Lehrgang angeregt wird und ihn dazu bewegt, sich anzustrengen und ausdauernd zu sein.

Extrinsische Motivation liegt dann vor, wenn eine Sache getan wird, um bestimmte Belohnungen zu bekommen (Motivation „von außen"). Wenn jedoch eine Sache um ihrer selbst willen getan wird, liegt **intrinsische** Motivation vor (Motivation „von innen"). Im Betrieb kommen beide Formen der Motivation vor.

Extrinsische/ intrinsische Motivation

Beispiel

Ein Mitarbeiter möchte eine höhere Gehaltszulage bekommen und strengt sich sehr an. Seine extrinsische Motivation ist hoch.

Ein Mitarbeiter „knobelt" an einem Softwareproblem, die Anreize für die Beschäftigung damit liegen in der Arbeit selbst. Seine intrinsische Motivation ist hoch.

Motivation hat viele Facetten im Betrieb. Um zu verstehen, was Motivation ist und was Vorgesetzte dazu beitragen können, die Motivation ihrer Mitarbeiter positiv zu beeinflussen, stehen verschiedene Konzepte zur Verfügung. Sie zeigen, dass es viele Wege zum Motivieren gibt. Im Folgenden werden wichtige Konzepte dargestellt.

1.2 Bedürfnishierarchie beim Motivieren berücksichtigen

Handlungssituation

Handlungssituation

Seit einem halben Jahr sind Sie in einem mittelgroßen Handwerksbetrieb der Elektrobranche für den Personaleinsatz von sechs Monteuren zuständig. Das Unternehmen ist in den letzten Jahren stetig gewachsen. Zwei Mitarbeiter Ihrer Gruppe sind seit zwanzig Jahren im Betrieb, vier Mitarbeiter sind in den letzten zwei Jahren hinzugekommen.

In den letzten Wochen beobachten Sie, dass zwei Ihrer Mitarbeiter demotiviert der Arbeit nachkommen und kein Engagement bei der Arbeit zeigen; einer äußert, dass er den Betrieb verlassen will.

Dem Betriebsinhaber ist dies zu Ohren gekommen, und er bittet Sie zu klären, was die Gründe für die Demotivation, Unzufriedenheit und das mangelnde Engagement sind. Dies ist umso wichtiger, als das Unternehmen im Moment sehr viele Aufträge hat und es zurzeit schwierig ist, qualifizierte Mitarbeiter zu finden.

Fragen

Situationsbezogene Fragen

- Was sind die Gründe für das mangelnde Engagement der Mitarbeiter?
- Welche arbeitsbezogenen Bedürfnisse haben Ihre Mitarbeiter?
- Welche Bedürfnisse sind bei den Mitarbeitern nicht befriedigt?
- Welche Maßnahmen tragen dazu bei, die Mitarbeiter zu motivieren?
- Welche Phasen hat der Motivationsprozess?
- Was bedeutet individuell motivieren?

Wohl das bekannteste Konzept geht auf den amerikanischen Psychologen Abraham Maslow zurück. Maslow war einer der Begründer der humanistischen Psychologie und hat sein Konzept Mitte des letzten Jahrhunderts formuliert.

Maslow[1] beschreibt unbefriedigte Bedürfnisse als Triebfedern des Verhaltens. Bedürfnisse sind Mangelzustände zu einem bestimmten Zeitpunkt. Sie treiben das Verhalten an. Um sie zu stillen, suchen Mitarbeiter nach Mitteln und Wegen und wählen zielgerichtet Verhaltensweisen. Die Rückmeldungen zeigen, ob das gezeigte Verhalten erfolgreich war und damit das Bedürfnis gestillt ist. Die nachfolgende Abbildung stellt den Kreislauf dar.

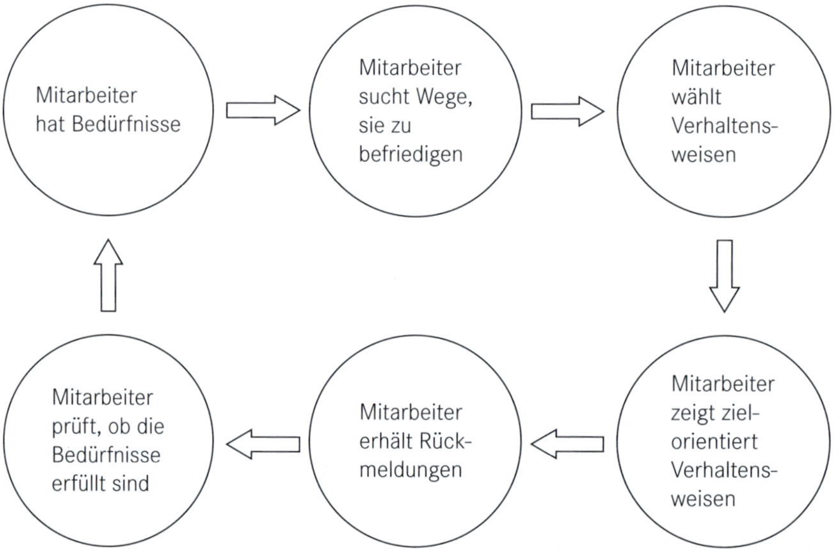

Phasen des Motivationsprozesses

Wer motivieren will, muss die arbeitsbezogenen Bedürfnisse seiner Mitarbeiter kennen. Die Kenntnis der Bedürfnispyramide von Maslow hilft dabei. Anhand dieser kann man feststellen, welche Bedürfnisse der einzelne Mitarbeiter hat.

Vor dem Motivieren steht die Wahrnehmung der Bedürfnisse der Mitarbeitenden. Maslow hat die einzelnen Bedürfnisse in einer **Bedürfnishierarchie** zusammengefasst.

Die Klassifikation der Bedürfnisse nach Maslow

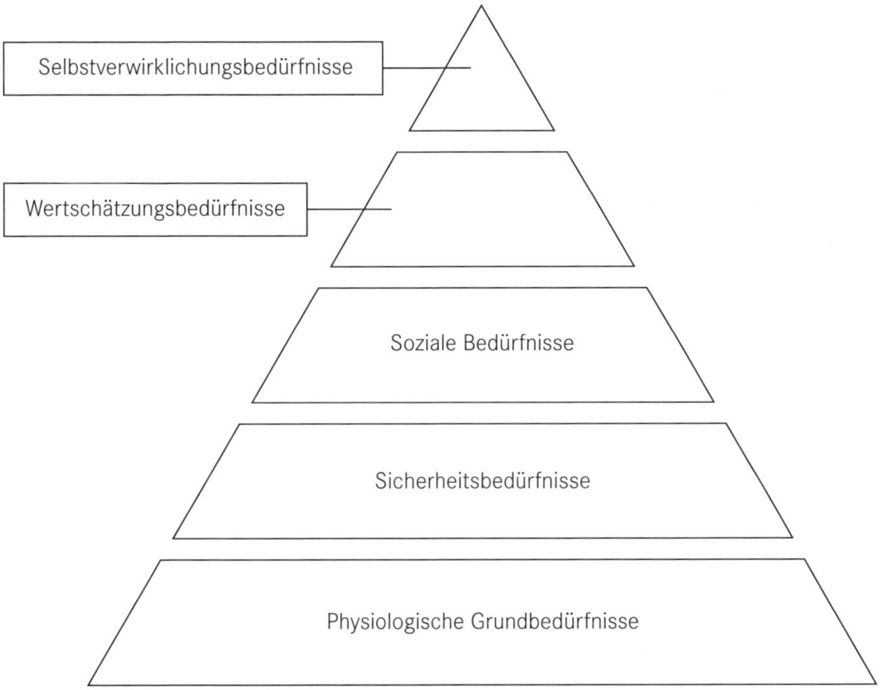

Die Klassifikation der Bedürfnisse nach Maslow

Die Bedürfnisse im Einzelnen

- **Selbstverwirklichungsbedürfnisse:**
  Bedürfnis nach Entfaltung der eigenen Person.
- **Wertschätzungsbedürfnisse:**
  Bedürfnis nach Leistung, Selbstständigkeit, Unabhängigkeit, Selbstvertrauen; Anerkennung durch andere, Status, Aufmerksamkeit, Macht (Dominanz).
- **Soziale Bedürfnisse:**
  Bedürfnis nach Kontakt, Aufnahme bei seinesgleichen, nach Liebe, Freundschaft, Bedürfnis nach Zugehörigkeit.

- **Sicherheitsbedürfnisse:**
  Schutz vor Krankheit und Schmerz, Versicherung im Alter und gegen Arbeitslosigkeit, Bedürfnis nach Wohnung, Heim, Schutz vor Diskriminierung, Bedrohung, Beraubung, Beschimpfung.

- **Physiologische Bedürfnisse:**
  Hunger, Durst, Ruhe, Bewegung, Schutz vor den Elementen, Obdach, Sexualität.

Maslow beschreibt in seinen Schriften auch die Bedürfnisse nach Transzendenz (z. B. religiöse Bedürfnisse), die nach der Erfüllung der Selbstverwirklichungsbedürfnisse wirksam werden.

Mängel- und Wachstumsbedürfnisse

Die humanistische Psychologie bezeichnet die einfachen Bedürfnisse („zuerst kommt das Fressen und dann die Moral") als Mängelbedürfnisse, die höheren („der Mensch lebt nicht vom Brot allein") als Wachstumsbedürfnisse und weist darauf hin, dass zunächst die einfachen Bedürfnisse befriedigt sein müssen, ehe die höheren angeregt werden und uns in unserem Handeln bestimmen.

Weitere Merkmale der Klassifikation

- Höhere Bedürfnisse sind weniger dringlich für das reine Überleben, und ihre Befriedigung kann länger zurückgehalten werden.
- Die Befriedigung höherer Bedürfnisse bereichert den Menschen mehr als die Befriedigung einfacher Bedürfnisse.
- Höhere Bedürfnisse sind subjektiv weniger dringend.
- Sind die einfachen Bedürfnisse erfüllt, verlieren sie ihre stimulierende Kraft.
- Solange die einfachen Bedürfnisse nicht erfüllt sind, haben die höheren keine Durchschlagskraft.

Praktische Schlussfolgerungen

- Führungskräfte müssen die Bedürfnisse ihrer Mitarbeiter treffsicher erkennen und sie in ihre Entscheidungen einbeziehen.
- Bedürfnisse der Mitarbeiter ändern sich im Laufe des Arbeitslebens, sie sind nicht starr. Dies bedeutet, dass Vorgesetzte immer wieder die Bedürfnisse neu erkennen müssen.

Diese Folgerungen erscheinen recht einfach, setzen jedoch einige Erfahrung und emotionale Kompetenz aufseiten der Führungskräfte voraus.

Herausforderung für Vorgesetzte

Zunächst ist da die Herausforderung, dass Vorgesetzte die Bedürfnisse nicht direkt sehen können, sondern diese erschließen müssen. Mitarbeiter äußern Bedürfnisse in den seltensten Fällen am Arbeitsplatz direkt. Meistens müssen Vorgesetzte die Mitarbeiterbedürfnisse entschlüsseln, da Mitarbeiter ihre Bedürfnisse nur indirekt zum Ausdruck bringen, wie das nachfolgende Beispiel zeigt. Oft sind Mitarbeiter sind nicht willens oder in der Lage, ihre Bedürfnisse klar zu artikulieren.

Beispiel

Ein junger Mitarbeiter hat ein ausgeprägtes Bedürfnis nach Selbstständigkeit (Wertschätzungsbedürfnis). Am Arbeitsplatz bekommt er eine Aufgabe, die er selber lösen möchte. Der Vorgesetzte möchte ihm helfen und gibt ihm immer wieder Ratschläge, was dem Mitarbeiter missfällt.

Der Mitarbeiter könnte freundlich zu dem Vorgesetzten sagen: „Sie wollen mir helfen. Das ist gut gemeint von Ihnen, aber nicht notwendig. Ich habe alle Informationen und möchte gern selber entscheiden." Stattdessen drückt er sein Missfallen indirekt aus und sagt barsch: „Ich weiß schon, wie ich zu entscheiden habe!" Während die erste Formulierung den Vorgesetzten leichter das Bedürfnis „Selbstständigkeit" entschlüsseln lässt, tut er sich mit der zweiten ungleich schwerer. Möchte der Mitarbeiter zu unpassender Gelegenheit Macht ausüben oder Anerkennung bekommen? Ein klärendes Gespräch kann dann helfen, das Mitarbeiterbedürfnis besser zu entschlüsseln (siehe dazu auch verdeckte Transaktionen, Kapitel „Konflikte in Unternehmen/Kommunikation").

Aus der betrieblichen Praxis gibt es Erfahrungswerte dafür, welche Bedürfnisse für die Personalführung besonders wichtig sind:

- das Bedürfnis **nach Sicherheit**
- das Bedürfnis **nach Zugehörigkeit**
- das Bedürfnis **nach Status und Rang**
- das Bedürfnis **nach Macht**
- das Bedürfnis **nach Leistung.**

Bedürfnisse ändern sich

Eine zweite Herausforderung für Vorgesetzte ist, dass die Bedürfnisse eines jeden Beschäftigten nur in den seltensten Fällen über das Arbeitsleben hinweg konstant sind. Mit anderen Worten: Vorgesetzte müssen die Bedürfnisse immer wieder neu erschließen.

Beispiel

Ein Beschäftigter mit einem hohen Sicherheitsbedürfnis hat eine befristete Stelle. Nach einem Jahr bekommt er eine unbefristete Stelle. Sein Sicherheitsbedürfnis ist nun gestillt. Nun prägen andere Bedürfnisse sein Verhalten: z. B. die Bedürfnisse nach Anerkennung und Macht.

1.3 Motivieren durch Erwartungen

Handlungssituation

Sie stellen fest, dass eine Mitarbeiterin in der Probezeit sich bei einem Projekt stark anstrengt. Nachdem Sie sie gut beurteilt haben und sie eine Festanstellung bekommen hat, lässt ihr Eifer deutlich nach. Sie möchten sie halten, erwarten jedoch eine gute Leistung von ihr. Wie können Sie dies erreichen?

Situationsbezogene Fragen

- Wieso strengt sich die Mitarbeiterin bei einem Projekt stark an?
- Welche Auswirkung haben Erwartungen auf die Motivation?
- Welchen Stellenwert haben die gute Beurteilung und die Festanstellung?
- Was sind Ergebnis- und Folgeerwartungen?
- Sind die Ergebnis- und Folgeerwartungen für alle Mitarbeiter gleich?
- Welche Handlungsfolgen sind für Mitarbeiter attraktiv?

Inhalts- und Prozesstheorie

Während Maslow Bedürfnisse inhaltlich klassifiziert **(„Inhaltstheorie")**, erklärt dieses Konzept den Motivationsvorgang als solchen **(„Prozesstheorie")**.

Wie stark sich Mitarbeiter anstrengen, um eine gute Leistung zu erbringen, hängt von ihrer Erwartung ab, über die erbrachte Leistung persönliche Ziele zu erreichen.

Im Beispiel haben die gute Beurteilung und die feste Stelle einen hohen **Stellenwert (subjektiver Wert oder Valenz)** für die Mitarbeiterin. Dabei ist zu beachten, dass Mitarbeiter einem Handlungsergebnis unterschiedliche Valenzen[2] zuschreiben. Ist für den einen Mitarbeiter die feste Stelle besonders attraktiv, ist sie für den anderen von geringerem subjektiven Wert.

Menschen strengen sich an, wenn sie erwarten, dass sie aufgrund ihres Verhaltens ein attraktives Leistungsergebnis erzielen, das letztendlich erwünschte Ergebnisse zur Folge hat. Menschen werden also nicht nur durch die Erwartung unmittelbar erzielter Handlungsergebnisse motiviert, sondern auch durch die Erwartung der damit verbundenen Konsequenzen (siehe Abbildung).

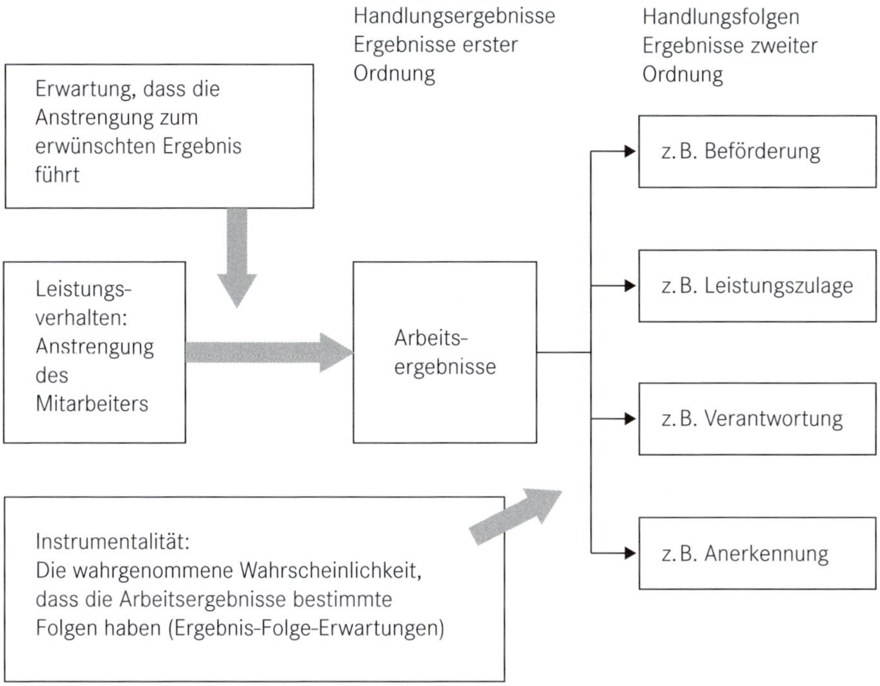

Erwartungen des Mitarbeiters und Instrumentalität des Arbeitsergebnisses für das Ergebnis zweiter Ordnung

Mit anderen Worten: Starke Anstrengungen und gute Arbeitsergebnisse (Ergebnisse erster Ordnung) sind „Mittel zum Zweck". Mit diesen „Mitteln" können Beschäftigte die für sie positiven Handlungsfolgen erzielen.

Ausgangspunkt der Motivation ist die Erwartung, dass ein Handlungsergebnis die Erreichung persönlicher Ziele zur Folge hat. Solche Ergebnisse zweiter Ordnung (Handlungsfolgen) sind z. B. eine Beförderung oder eine Leistungszulage, die für den Mitarbeiter einen hohen subjektiven Wert haben. Das Ergebnis zweiter Ordnung wird dadurch bewirkt, dass der Beschäftigte ein gutes Handlungsergebnis, ein Ergebnis erster Ordnung, erzielt. Solche Ergebnisse sind z. B. eine qualitativ und quantitativ hochwertige Arbeit, die in einer guten Beurteilung gewürdigt wird.

Praktische Schlussfolgerungen

Für das alltägliche Motivieren hat das obige Konzept weitreichende Konsequenzen. Die drei folgenden Aspekte sind dabei von besonderer Bedeutung.

Erstens: Vorgesetzte können die Handlungs-Ergebnis-Erwartungen positiv beeinflussen.

Mitarbeiter werden sich dann anstrengen, wenn sie **erwarten,** dass ihre Anstrengungen bei der Leistungserbringung in der Leistungsbeurteilung positiv zu Buche schlagen.

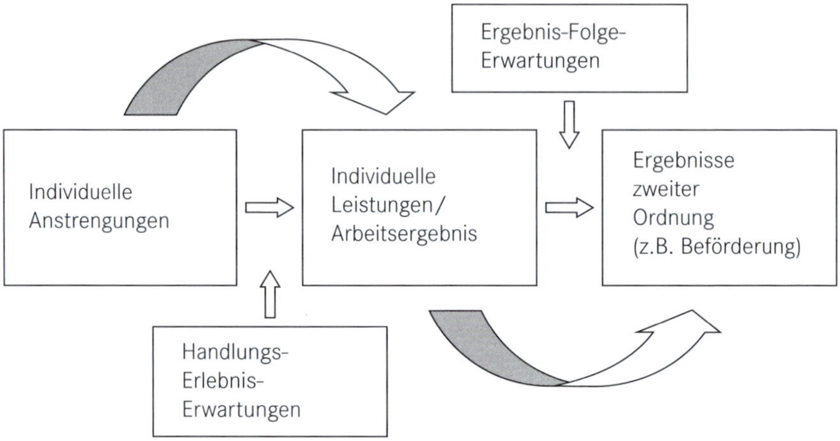

Auf welche Erwartungen können Vorgesetzte Einfluss nehmen?

Beispiel

Beispiel

Der betriebliche Alltag sieht oft anders aus. So hat z. B. eine Mitarbeiterin überdurchschnittlichen Einsatz gezeigt, aber sie rechnet nicht mit einer guten Beurteilung, da immer wieder die EDV ausfiel und das Beurteilungssystem nicht Merkmale wie Initiative oder Ausdauer berücksichtigt. Auch hat sie den Eindruck, dass der neue Vorgesetzte sie schlecht beurteilt, weil sie sich auch auf die Vorgesetztenstelle beworben hat und er sie nicht leiden kann.

Feedback-Kultur

Hier wird die Personalführung ansetzen müssen. Ob der Eindruck der Mitarbeiterin berechtigt oder unberechtigt ist, der Vorgesetzte wird sich im Mitarbeitergespräch damit auseinandersetzen und sie überzeugen müssen, dass ihre Anstrengungen richtig eingeschätzt werden. Bei Beurteilungen müssen leistungshemmende und leistungsfördernde Faktoren berücksichtigt werden, und Vorgesetzte sollten einschätzen können, ob ihre Beurteilungen „verzerrt" sind. So entsteht eine **Feedback-Kultur**.

Zweitens: Vorgesetzte können die Ergebnis-Folge-Erwartungen positiv beeinflussen.

Mitarbeiter erwarten, dass Leistung sich lohnt. Sie ist ein Mittel zum Zweck. Viele - insbesondere jüngere - Mitarbeiter beklagen, dass sie keinen Zusammenhang zwischen der erbrachten Leistung und den positiven Folgen wie z. B. Leistungszulage oder Anerkennung wahrnehmen können.

Vorgesetzte können Einfluss auf die Motivation ihrer Mitarbeiter nehmen, indem sie ihnen die Gewissheit geben, dass gute Leistungen positive Folgen (Ergebnisse zweiter Ordnung wie z. B. eine Zulage) nach sich ziehen.

Drittens: Die Ergebnisse zweiter Ordnung müssen attraktiv sein.

Vor- und Nachteile der Ergebnisse zweiter Ordnung

Ob ein Ergebnis zweiter Ordnung motiviert, ist von Person zu Person verschieden. Was für den einen Mitarbeiter einen hohen Stellenwert (subjektiven Nutzen/Valenz) hat, hat für den anderen einen geringen. Viele Ergebnisse zweiter Ordnung haben Vor- und Nachteile.

Beispiel

Ein Mitarbeiter bekommt eine Führungsaufgabe, die mit einer höheren Bezahlung, höherem Status und mehr Informationen verbunden ist. Zu den Schattenseiten der Tätigkeit gehören die Personalkonflikte und die verlängerte Arbeitszeit, die sein Familienleben beeinträchtigen. Für den einen Mitarbeiter überwiegen die Vorteile, und er findet die Führungsaufgabe attraktiv. Für den anderen Mitarbeiter ist sie wenig attraktiv, da er gerade Nachwuchs erwartet und ein Einfamilienhaus baut.

Wollen Vorgesetzte über Ergebnis-Folge-Erwartungen motivieren, werden sie herausfinden müssen, ob die Ergebnisse zweiter Ordnung für die Mitarbeiter attraktiv sind.

Mitarbeiter fragen sich oft, ob Vorgesetzte und Betriebe ihr engagiertes Arbeitsverhalten überhaupt würdigen. Sie erwarten zu Recht, dass ihre Anstrengungen und Bemühungen positiv gewürdigt werden. Hier können Vorgesetzte in **Mitarbeitergesprächen** entgegenwirken.

1.4 Motivieren durch Fairness

Handlungssituation

Handlungssituation

Sie stellen fest, dass ein Mitarbeiter innerlich gekündigt hat. Im Mitarbeitergespräch äußert er, dass Sie nach seiner Ansicht seinen enormen Arbeitseinsatz bei der Bezahlung nicht angemessen berücksichtigt haben. Er wirft ihnen **mangelnde Fairness** vor. Als der Betrieb einen Qualitätszirkel einrichtet und Sie ihn bitten, sein Fachwissen und seine Erfahrung einzubringen, lehnt er ab.

Situationsbezogene Fragen

- Wie kommt der Mitarbeiter darauf, dass er sich ungerecht behandelt fühlt?
- Welche Faktoren zieht er in Betracht?
- Wann entsteht Fairness, wann mangelnde Fairness?
- Was sind die Auswirkungen mangelnder Fairness auf die Motivation?
- Wie zeigt sich mangelnde Fairness im Verhalten des Mitarbeiters?

Mitarbeiter vergleichen sich häufig am Arbeitsplatz miteinander und wollen fair behandelt werden. Sehen sie den Ertrag, z. B. die Höhe des Entgelts oder der Anerkennung ihrer Arbeit bezogen auf den Aufwand, z. B. die Anstrengung, Erfahrung, Kompetenz, Ausbildung geringer als den eines Kollegen, werden sie unzufrieden.

Daher müssen Vorgesetzte genau darauf achten, dass keine Ungerechtigkeiten bei der Bemessung und Zuteilung von Belohnungen vorkommen. Auch müssen die Verfahren der Verteilung von Belohnung als gerecht empfunden werden.

Beispiel

Ein Mitarbeiter engagiert sich sehr stark und macht Überstunden. Er vergleicht sich mit einem anderen, der Dienst nach Vorschrift macht. Dieser bekommt das gleiche Entgelt. Dadurch demotiviert, engagiert er sich nicht mehr. Er möchte nicht mehr länger der „Dumme" sein.

Mitarbeiter A vergleicht das Verhältnis von Ertrag und Aufwand mit demjenigen seines Kollegen B			**Wahrnehmung des Mitarbeiters A**
$\frac{\text{Ertrag von A}}{\text{Aufwand von A}}$	ist kleiner als	$\frac{\text{Ertrag von B}}{\text{Aufwand von B}}$	unfair (z. B. Unterbezahlung)
$\frac{\text{Ertrag von A}}{\text{Aufwand von A}}$	ist gleich	$\frac{\text{Ertrag von B}}{\text{Aufwand von B}}$	fair
$\frac{\text{Ertrag von A}}{\text{Aufwand von A}}$	ist größer als	$\frac{\text{Ertrag von B}}{\text{Aufwand von B}}$	unfair (z. B. Überbezahlung)

Wahrgenommene Fairness[3]

Fairness/ Unfairness

Wann ist eine Entscheidung fair?

Ist das Verhältnis von Ertrag und Aufwand kleiner als dasjenige eines Kollegen, so entsteht der Eindruck, nicht fair behandelt zu werden. Ist es größer, entsteht zwar auch der Eindruck, dass es im Betrieb unfair zugeht, jedoch wird die Situation nicht als drängend empfunden. Und ist es identisch, besteht Fairness.

Beim Vergleichen betrachtet man das Verhältnis von Ertrag zu Aufwand

Verhältnis von Ertrag zu Aufwand

Ungleichheit entsteht nicht automatisch, wenn ein Kollege höhere Belohnungen bekommt. Sind diese mit einem höheren Aufwand (z. B. Übernahme zusätzlicher schwieriger Aufgaben) verbunden, wird dies nicht als ungerecht wahrgenommen. Das Verhältnis von Ertrag zu Aufwand ist vergleichsweise ähnlich.

Beispiele für Aufwand/Einsatz und Ertrag/Ergebnis in Betrieben

Aufwand/Einsatz	**Ertrag/Ergebnis**
Soziale Kompetenz Fachliche Kompetenz	Verantwortungsvolle Tätigkeit
Anstrengungen/ Arbeitseinsatz	Beförderung
Ausbildung	Entfaltung auf jetzigem Arbeitsplatz
Laufbahn	Status, Privilegien
Leistung	Gehalt
Fortbildung	Parkplatz oder Größe des Arbeitszimmers, Ausstattung
Erfahrung	Anerkennung

Beispiele für Aufwand und Ertrag

Wen wählen Mitarbeiter als Vergleichspersonen?

Als Vergleichspersonen wählen Mitarbeiter z. B. Kollegen, aber auch Freunde, Berufskollegen, oder sie ziehen Vergleiche zu früheren Tätigkeiten.

Wie wirkt unfaire Behandlung?

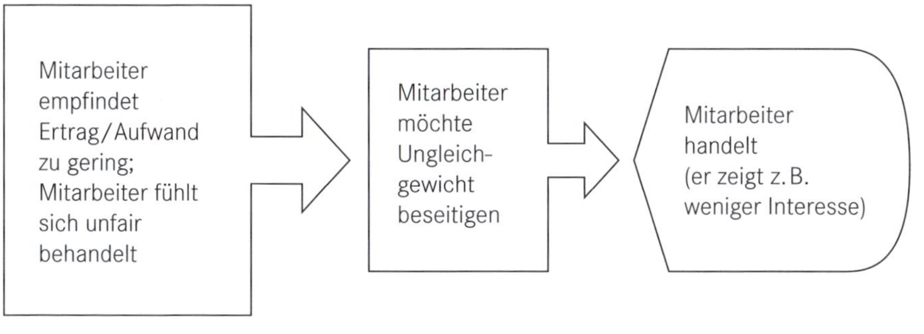

Die Auswirkung unfairer Behandlung

Welche Verhaltensweisen zeigen Mitarbeiter bei unfairer Behandlung?

Fühlen sich Mitarbeiter unfair behandelt, zeigen sie folgende typische Verhaltensweisen:

- Sie strengen sich weniger an, verringern ihren Aufwand,
- sie suchen sich andere Vergleichspersonen,
- sie kündigen innerlich.

Ungleichheit und damit Unzufriedenheit entzündet sich insbesondere dann, wenn Fairness fehlt bei

- der Vergabe von Beförderungsstellen,
- der Einstufung der Stelle,
- der Vergabe von Leistungsprämien,
- der Einhaltung der Arbeitsordnung,
- dem Niveau der Bezahlung im Vergleich zu anderen Betrieben am Ort.

Praktische Schlussfolgerungen

Fühlen sich Mitarbeiter unfair behandelt, suchen sie oft einen unproduktiven Ausweg aus dieser Situation. Insofern besteht Handlungsbedarf, wenn Mitarbeiter sich direkt oder indirekt über mangelnde Fairness beklagen. Vorgesetzte tragen aktiv zu mehr Transparenz bei, wenn sie z. B. bei Beförderungen die Kriterien der Auswahlentscheidungen erläutern, in Mitarbeitergesprächen die Sicht der Mitarbeiter kennenlernen und darauf eingehen, ihre eigene Sicht und auch unangenehme „Wahrheiten“ darstellen. Kooperativ geführte Mitarbeitergespräche leisten einen guten Beitrag zur Verringerung von mangelnder Fairness.
Bei diesen Punkten sollten transparente und faire Grundsätze angewendet werden. Nur so kann Fairness am Arbeitsplatz entstehen.

1.5 Das Engagement der Mitarbeitenden im Betrieb fördern - Ressourcen stärken

Handlungssituation

Handlungssituation

Ein neu gegründeter Betrieb der Sanitär-, Heizungs- und Klimabranche hat am Markt großen Erfolg. Die Mitarbeiter sind engagiert und produktiv bei der Umsetzung des Erfolgskonzepts. Demgegenüber hat ein alteingesessener Betrieb mit einem ähnlichen Marketingkonzept zunehmend Schwierigkeiten. Dem Betriebsinhaber kommt zu Ohren, dass die Mitarbeiter des neu gegründeten Betriebs im Kundengespräch sehr viel engagierter sind. Auch er möchte nun das Engagement seiner Mitarbeiter verbessern. Sie sollen dazu Vorschläge machen.

Situationsbezogene Fragen

Fragen

- Was ist „Engagement"?
- Wie entsteht „Engagement"?
- Welche Arbeitsressourcen muss ein Mitarbeiter haben, um engagiert zu sein?
- Welche persönlichen Ressourcen sollte er haben?

Verluste durch mangelndes Engagement

Laut einer repräsentativen Studie des Gallup-Institutes[4] war 2012 das Mitarbeiterengagement in deutschen Betrieben gering. Der Anteil der sich stark engagierenden Mitarbeiter an der Belegschaft betrug 15 %, der sich gering engagierenden jedoch 61 %, und 24 % der Mitarbeiter engagieren sich überhaupt nicht. Gallup beziffert die daraus resultierenden volkswirtschaftlichen Verluste auf 112 bis 138 Milliarden Euro jährlich. Insofern ist es auch wirtschaftlich lohnend, wenn Führungskräfte das persönliche Engagement ihrer Mitarbeiter fördern.

Der Begriff „persönliches Engagement" meint einen positiven affektiven Zustand des Erlebens, in welchem Mitarbeiter sich selber voll und ganz in die Aufgabenerledigung und den Betrieb einbringen und dabei viel physische und psychische Energie investieren[5]. Dabei treten sie in eine emotionale Beziehung zur Tätigkeit und zum Betrieb.

Die Mitarbeiter erleben die Arbeit als stimulierend, sind von ihr begeistert und gehen in ihr auf. Dabei spielt die Art der Arbeit[6] eine besondere Rolle.

- Die Aufgaben können eigenständig gelöst werden (z. B. bei einem Servicemechaniker).
- Die Aufgaben sind vielfältig (z. B. kommunikative Aufgaben und Fachaufgaben); der Mitarbeiter kann ein breites Spektrum an Fähigkeiten in die Arbeit einbringen.

- Die Aufgaben sind ganzheitlich. Der Mitarbeiter kann die Aufgabe von Anfang bis Ende durchführen.
- Die Aufgaben sind wichtig (z. B. für das Leben und die Arbeit anderer) und mit großer persönlicher Verantwortung verbunden.
- Die Mitarbeiter erhalten Rückmeldungen aus der Tätigkeit.
- Die Aufgaben enthalten ein hohes Lern- und Entwicklungspotenzial.

Arbeitsressourcen

Der Mitarbeiter schöpft aus der Art der Arbeit sein Engagement. **Er hat viele Arbeitsressourcen,** aus denen sich sein Engagement speist.

Ob sich Mitarbeiter engagieren, hängt aber auch vom Verhalten des Vorgesetzten und der Kollegen[7] ab:

Vorgesetzter und Kollegen als Ressourcen

- Der Vorgesetzte ist fair, die Mitarbeiter können ihm und dem Betrieb vertrauen.
- Der Vorgesetzte äußert klar seine Erwartungen und würdigt das Engagement der Mitarbeiter.
- Der Vorgesetzte ist selbst engagiert und fördert das Engagement der Mitarbeiter.
- Der Vorgesetzte ist zukunftsgerichtet und schlägt neue Wege ein.
- Der Vorgesetzte setzt sich für die Mitarbeiter ein.
- Die Kollegen schätzen den Wert der Qualitätsarbeit hoch ein.

Mitarbeiter schöpfen aus dem Verhalten des Vorgesetzten und der Kollegen ihr Engagement. **Sie haben viele Ressourcen im Bereich der Zusammenarbeit mit Vorgesetzten und Kollegen**.

Schließlich liegen wichtige Voraussetzungen für das Engagement in der Person der Mitarbeiter[8]:

Persönliche Ressourcen

- Die Mitarbeiter sind von Natur aus optimistisch, haben ein gesundes Selbstvertrauen, und ihre subjektive Überzeugung ist hoch, sich bestimmte Kompetenzen aneignen zu können.
- Sie sind proaktiv (d. h. sie zeigen viel Eigeninitiative, denken mit und nehmen potenzielle Probleme und Änderungen vorweg).

Diesen Mitarbeitern stehen viele persönliche Ressourcen zu Verfügung, die sich auf das Engagement im Betrieb positiv auswirken.

Insgesamt gilt: Je mehr persönliche Ressourcen, Arbeitsressourcen und Ressourcen aus der Zusammenarbeit mit dem Vorgesetzten und den Kollegen vorhanden sind, desto höher ist das persönliche Engagement des Mitarbeiters.

Praktische Schlussfolgerungen:

Vorgesetzte können durch ihr Verhalten und die Aufgabengestaltung das Engagement ihrer Mitarbeiter fördern, indem sie die Arbeitsressourcen der Mitarbeiter stärken. Sie können jedoch auch im schlechtesten Fall bewirken, dass Mitarbeiter ihr Engagement reduzieren. Bei der Personalauswahl sollten sie darauf achten, dass Mitarbeiter viele persönliche Ressourcen mitbringen. Besonders sollten sie darauf achten, dass Mitarbeiter proaktiv und optimistisch sind und ein gesundes Selbstvertrauen haben.

1.6 Arbeitszufriedenheit fördern

Arbeitszufriedenheit fördern

In einer repräsentativen Befragung[9] von 2011 bekunden 40% der Beschäftigten in Deutschland, dass sie mit ihrer beruflichen Tätigkeit sehr zufrieden sind, 49% der Beschäftigten sind zufrieden, 7% der Beschäftigten weniger zufrieden und 4% der Beschäftigten unzufrieden (Forsa). Im Vergleich mit anderen Ländern liegt Deutschland im mittleren Bereich.[10]

60,4% der Befragten sind mit dem Arbeitsklima, 44,9% mit der Tätigkeit, 32,9% mit den Entwicklungsmöglichkeiten, 31,1% mit der Weiterbildung und nur 20,4% mit dem Einkommen voll und ganz zufrieden. Mit dem Arbeitsklima sind 6,3%, mit der Tätigkeit 9%, mit der Weiterbildung 24,6% und mit dem Einkommen 28,2% eher nicht zufrieden.

Eine aktuelle Studie[11] zur **Arbeitszufriedenheit von jungen Fachkräften im Handwerk** kommt zum Ergebnis, dass sie das Verhältnis zu den Vorgesetzten, die abwechslungsreiche Tätigkeit und die Lohnzusatzleistungen positiv einschätzen, während sie das Einstiegsgehalt, das Verhältnis zu den Kollegen sowie die Weiterbildungsmöglichkeiten negativ einschätzen.

Handlungssituation

Handlungssituation

Ein Handwerksunternehmer erfährt auf einem „Mitarbeitertag“, an dem er sich mit seinen Monteuren zusammensetzt, dass einige seiner Monteure mit der Arbeit und den Arbeitsbedingungen unzufrieden sind. Er bittet Sie als Führungskraft, Vorschläge zu machen, wie er die Zufriedenheit der Monteure steigern kann.

Fragen

Situationsbezogene Fragen

- Welche Faktoren führen zur Zufriedenheit?
- Welche Faktoren führen zur Unzufriedenheit?
- Bedeutet der Abbau von Unzufriedenheit automatisch den Aufbau von Zufriedenheit?
- Auf welche Faktoren sollte der Betriebsinhaber besonders achten?

Motivatoren und Hygienefaktoren

Der amerikanische Managementwissenschaftler Herzberg[12] ließ Mitarbeiterinnen und Mitarbeiter Situationen schildern, in denen sie am Arbeitsplatz sehr zufrieden bzw. sehr unzufrieden waren. Sein Konzept der Motivatoren und Hygienefaktoren ist populär, wurde jedoch aufgrund seines methodologischen Vorgehens von wissenschaftlicher Seite oft kritisiert.

Motivatoren

Dabei stellte er fest, dass bestimmte Faktoren - er nannte sie **Motivatoren** - in den überwiegenden Fällen in Zusammenhang mit Zufriedenheit gebracht wurden:

- **Erfolgserlebnis/Leistung**
  - Der Mitarbeiter fragt sich: Kann ich die Arbeit erfolgreich abschließen?
  - Ist das Ergebnis der Arbeit sichtbar?
  - Kann ich eigene Vorstellungen in die Arbeit einfließen lassen?
  - Kann ich andere von der Richtigkeit meiner Vorstellungen überzeugen?
- **Anerkennung durch andere**
  - Der Mitarbeiter fragt sich: Nimmt der Chef meine gute Leistung zur Kenntnis?
  - Nehmen andere (z. B. Kunden, Kollegen) meine gute Leistung zur Kenntnis?
  - Bemerken andere die guten Ideen, die ich habe?
  - Werde ich gelobt?
  - Erhalte ich Geld als Anerkennung für die gute Leistung?
  - Akzeptiert der Betrieb meine Vorschläge?
- **Arbeit selbst**
  - Der Mitarbeiter fragt sich: Ist die Arbeit vielseitig?
  - Fordert die Arbeit meine Fähigkeiten?
  - Erfordert die Arbeit Mitdenken?
- **Verantwortung/Selbstständigkeit**
  - Der Mitarbeiter fragt sich: Kann ich selbst die eigene Arbeitsweise festlegen?
  - Bin ich für die Arbeit Dritter verantwortlich?
  - Erhalte ich bei Erfolg zusätzliche Verantwortung?

- **Vorwärtskommen/Fortschritt**
  - Der Mitarbeiter fragt sich: Besteht bei Erfolg die Möglichkeit des Weiterkommens?
- **Entfaltung auf dem bestehenden Arbeitsplatz/Wachstum**
  - Der Mitarbeiter fragt sich: Kann ich zusätzliche Fertigkeiten erlernen?

Faktoren von 1844 Ereignissen während der Arbeit, die zu extremer Unzufriedenheit führten (Hygienefaktoren)

prozentuale Häufigkeit

Faktoren von 1753 Ereignissen während der Arbeit, die zu extremer Zufriedenheit führten (Motivatoren)

prozentuale Häufigkeit

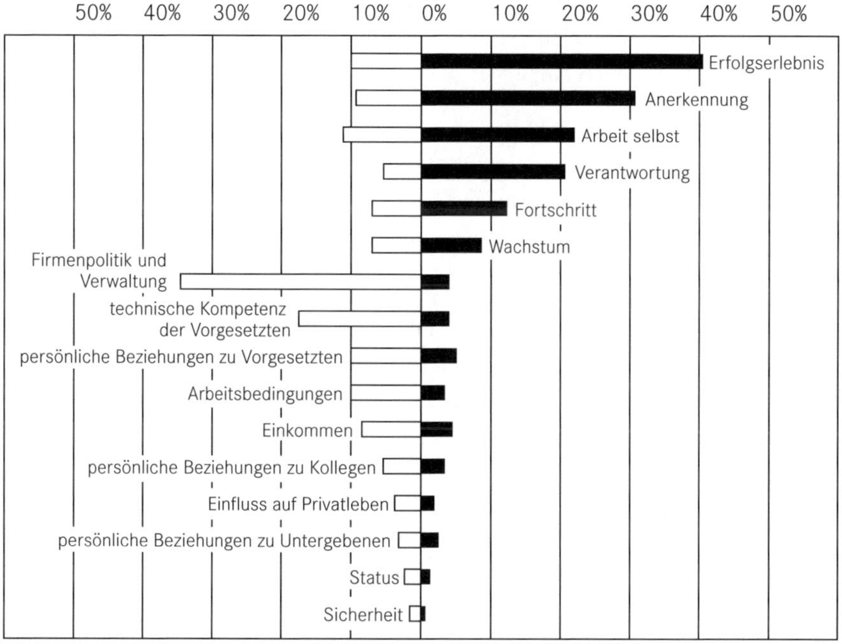

Motivatoren und Hygienefaktoren nach Herzberg[13]: Sind diese Faktoren gegeben, stellt sich beim Beschäftigten **Zufriedenheit** ein.

In Schilderungen zur Arbeitsunzufriedenheit kamen vorwiegend Faktoren zum Ausdruck, die unzureichende Arbeitsbedingungen betrafen- also den Zusammenhang, in dem eine Arbeit steht. Herzberg nannte sie **Hygienefaktoren.**

Sind die Hygienefaktoren nicht oder nur unzureichend vorhanden, stellt sich Unzufriedenheit ein, so wie mangelnde Hygiene zu Krankheiten führt.

Allerdings führt Hygiene nicht zu Gesundheit, wenn man krank ist. Genauso führen die Hygienefaktoren allein nicht zu Zufriedenheit, sie bewirken lediglich, dass Unzufriedenheit beim Menschen nicht aufkommt.

Hygiene-
faktoren

Folgende **Hygienefaktoren** bewirken Unzufriedenheit:

- **Firmenpolitik und Verwaltung**
  - Der Mitarbeiter fragt sich: Ist die Arbeitsorganisation rationell?
  - Ist die Personalpolitik gerecht?
  - Hat der Betrieb einen guten Ruf?
- **Technische Kompetenz des Vorgesetzten/Führung**
  - Der Mitarbeiter fragt sich: Ist der Vorgesetzte fachkundig?
  - Versucht er, alles selber zu machen?
  - Bevorzugt er bestimmte Personen?
- **Persönliche Beziehungen zum Vorgesetzten**
  - Der Mitarbeiter fragt sich: Ist er mir gegenüber freundlich?
  - Setzt er sich für mich ein?
- **Arbeitsbedingungen**
  - Der Mitarbeiter fragt sich: Gestattet der Arbeitsplatz Kontakt zu Dritten?
  - Ist der Arbeitsplatz gut organisiert?
  - Schadet der Arbeitsplatz der Gesundheit?
- **Bezahlung/Einkommen**
  - Der Mitarbeiter fragt sich: Ist das Einkommen gerecht und angemessen?
  - Ist das Einkommen relativ niedrig im Vergleich zu anderen Personen, mit denen sich der Mitarbeitende vergleicht?
- **Beziehung zu Mitarbeitenden**
  - Der Mitarbeiter fragt sich: Arbeitet er mit sympathischen Personen zusammen?
  - Betrachtet er sich als Mitglied der Gruppe?
  - Wird er gemobbt?
- **Einfluss auf Privatleben**
  - Der Mitarbeiter fragt sich: Verursacht die Arbeit Familienprobleme?
  - Verursacht die Arbeit Probleme im Zusammenleben mit Nachbarn, Gemeindemitgliedern?
- **Status**
  - Der Mitarbeiter fragt sich: Habe ich einen angemessenen Status?
- **Arbeitsplatzsicherheit**
  - Der Mitarbeiter fragt sich: Ist der Arbeitsplatz sicher?
  - Steht eine Umorganisation an?

Zufriedenheit

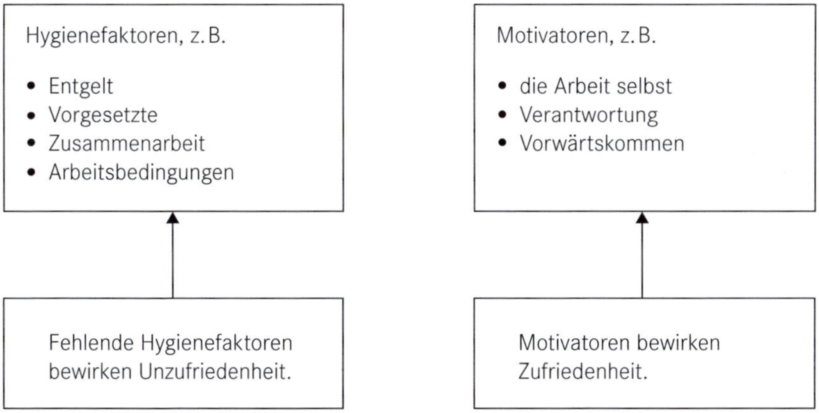

Motivatoren und Hygienefaktoren

Praktische Schlussfolgerungen

Günstig sind Arbeitssituationen, in denen viele Motivatoren vorhanden sind. Ist die Arbeit vielseitig, vermittelt sie Erfolgserlebnisse, Anerkennung von Kunden, Vorwärtskommen und Entfaltung, wird sich bei den Beschäftigten Zufriedenheit einstellen. Vorgesetzte können darauf hinwirken, dass die Arbeit ihrer Mitarbeiter diese Merkmale enthält. Auch können sie darauf hinwirken, dass die Hygienefaktoren stimmen. Vor allem sollten die Firmenpolitik und Verwaltung, aber auch ihr Führungsstil nicht zu Unzufriedenheit der Mitarbeitenden führen.

Zusammenhang zwischen der Bedürfnishierarchie und den Motivatoren kennen

Zwischen den Bedürfnissen aus der Bedürfnishierarchie und den Motivatoren/Hygienefaktoren besteht ein enger Zusammenhang.

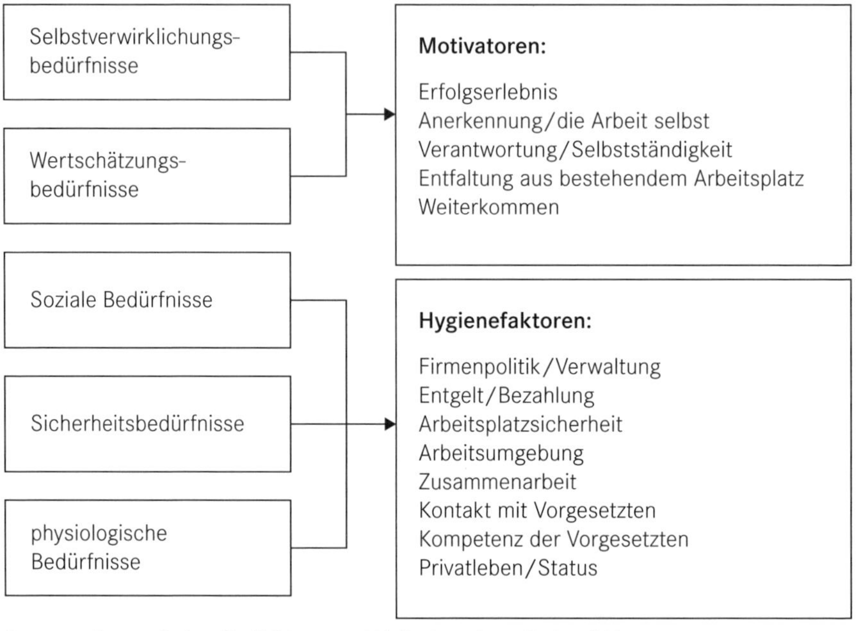

Zusammenhang zwischen Bedürfnissen und Motivatoren bzw. Hygienefaktoren

Fragen zur Selbstkontrolle

1. Welche Bedeutung hat das Motivieren in einer Zeit des Fachkräftemangels?
2. Geben Sie Beispiele für die intrinsische bzw. extrinsische Motivation von Fachkräften.
3. Welche Maßnahmen tragen dazu bei, Beschäftigte zu motivieren?
4. Was bedeutet individuell motivieren? Wie gehen Sie vor?
5. Was geschieht im Hinblick auf die Motivation, wenn die einfachen Bedürfnisse bei den Mitarbeitern zufriedengestellt sind?
6. Wie kann eine Führungskraft die Handlungs-Ergebnis-Erwartungen eines Mitarbeiters beeinflussen? Wie die Ergebnis-Folge-Erwartungen?
7. Wie entsteht bei Mitarbeitenden der Eindruck der mangelnden Fairness des Vorgesetzten?
8. Wie können Sie die Grundsätze der Fairness in Ihrem Betrieb umsetzen?
9. Welche Maßnahmen tragen dazu bei, dass sich in Ihrem Betrieb die Beschäftigten stärker engagieren?
10. Wie können Sie im Betrieb die Arbeitszufriedenheit fördern? Wie können Sie die Arbeitsunzufriedenheit eindämmen?

2. Eckpfeiler der Führung: Positives Menschenbild, Z-Grundsätze und Vertrauenskultur

Eine Kernkompetenz von Führungskräften auf allen Ebenen ist, das Vertrauen der Mitarbeiter zu gewinnen. Dies gelingt dann, wenn sie ein positives Bild von ihren Mitarbeitenden haben und wenn sie die Grundsätze von Z-Organisationen anwenden.

Das nachfolgende Kapitel ist so gestaltet, dass Sie

- das traditionelle Menschenbild vom modernen Menschenbild unterscheiden können,
- den Pygmalion-Effekt bzw. Golem-Effekt kennen,
- die Verhaltensweisen kennen, die eine Vertrauenskultur kennzeichnen,
- die personalpolitischen Grundsätze von Unternehmen kennen, die nachhaltig wirtschaften,
- wissen, was Vertrauen bedeutet,
- die Faktoren kennen, die für die Vertrauensbildung im Betrieb entscheidend sind,
- wissen, was Sie dazu beitragen können, damit Mitarbeiter Ihnen vertrauen.

2.1 Eckpfeiler „Positives Menschenbild“

Beispiel

Beispiel

Vorgesetzter A weist einem Mitarbeiter Routinetätigkeiten zu, da er der Meinung ist, dass dieser nicht selbstständig arbeiten könne. Er kontrolliert ihn häufig und genau, mit der Folge, dass der Mitarbeiter immer auf Anweisungen wartet. Das wiederum bestärkt den Vorgesetzten in seiner Meinung, der Mitarbeiter könne nicht selbstständig arbeiten.

Vorgesetzter B dagegen hat ein positives Bild von seinen Mitarbeitern und delegiert einem Mitarbeiter Aufgaben zur selbstständigen Erledigung. Trotz kleiner Fehler bei der Auftragserledigung sieht er sich in seiner Meinung bestätigt, dass der Mitarbeiter die Aufgaben meistern kann. Der Mitarbeiter spürt die Wertschätzung, strengt sich an, und nach und nach erledigt er die Aufgaben zur vollsten Zufriedenheit des Vorgesetzten.

Fragen

Fragen

- Welches Menschenbild hat A? Welches hat B?
- Wie wirkt sich dieses auf das Führungsverhalten aus?
- Wie sieht das positive Menschenbild im Einzelnen aus?
- Wie können Sie es umsetzen? Was ist zu tun?
- Was versteht man unter dem Pygmalion-Effekt? Was unter dem Golem-Effekt?

Was der einzelne Vorgesetzte von seinen Mitarbeitern erwartet, steht in einem unmittelbaren Zusammenhang mit seinem Menschenbild. Hat er ein positives Bild von seinen Mitarbeitern, erwartet er mehr von ihnen, als wenn er ein negatives Bild von ihnen hat.

Theorie X und Theorie Y

Genau dazu trifft das Konzept des amerikanischen Sozialpsychologen Douglas McGregor[14] wichtige Aussagen. Er unterscheidet zwei prägende Menschenbilder von Vorgesetzten: **Theorie X und Theorie Y**.

Die **X-Theorie beinhaltet das traditionelle Menschenbild**, dem folgende Annahmen zugrunde liegen:

- Ein großer Teil der Menschheit hat einfach keine Lust zu arbeiten und möchte sich vor jeglicher Arbeit drücken.
- Weil die Menschen im Allgemeinen nicht gern arbeiten, müssen sie gezwungen, gelenkt, geführt und mit Strafe bedroht werden, um die betrieblichen Aufgaben zu bewältigen.
- Die meisten Menschen möchten sogar gelenkt werden, wollen keine Verantwortung übernehmen und trachten in erster Linie nach Sicherheit.

Die **Y-Theorie** dagegen geht davon aus, dass moderne Unternehmen durchaus in der Lage sind, ihre Mitarbeiter zu motivieren. Sie trifft folgende Grundannahmen:

- Sich körperlich und geistig anzustrengen ist genauso natürlich wie zu spielen und sich auszuruhen. Je nach den Arbeitsbedingungen ist die Arbeit eine Quelle der Befriedigung oder eine Strafe. Bei Letzterem lässt sie der Mensch links liegen, wenn er dazu die Möglichkeit hat.
- Fühlt sich der Mensch Zielen verpflichtet, ist er selbstdiszipliniert und möchte sie erreichen. Die Aussicht auf eine Strafe oder Drohung sind daher nicht die einzigen Mittel, um Mitarbeiter zu bewegen, betriebliche Ziele zu erreichen.
- Wie stark jemand sich den betrieblichen Zielen verpflichtet fühlt, hängt von den damit verbundenen Belohnungen ab. Der größte Anreiz geht dabei von den Möglichkeiten der Selbstentfaltung aus.
- In einer geeigneten betrieblichen Umgebung suchen Mitarbeiter Verantwortung. Wer sich vor Verantwortung drücken will, hat meistens schlechte Erfahrungen gemacht.

- In der Bevölkerung sind Vorstellungskraft, Urteilsvermögen und Erfindungsgabe nicht nur hier und da anzutreffen, sondern weit verbreitet.
- In vielen Unternehmen bedient man sich nur eines Teils der Verstandeskräfte, über die der Mitarbeiter verfügt.

Bei Vorgesetzten mit einer Bevorzugung der X-Theorie besteht aufgrund ihrer geringen Meinung über Mitarbeiter die Gefahr, dass sie den Mitarbeitern kaum Gelegenheit geben, sich motiviert zu verhalten.

Führungskräfte mit der Bevorzugung der Theorie Y bewirken oft aufgrund ihres Verhaltens einen positiven Kreislauf (vgl. nachfolgende Abbildung).

Pygmalion-Effekt und Golem-Effekt

Ihr Menschenbild trägt dazu bei, Mitarbeitern Aufgaben zur selbstständigen Erledigung zu übertragen. Die Mitarbeiter spüren den Vertrauensbeweis und die höheren Erwartungen; sie möchten das in sie gesetzte Vertrauen rechtfertigen. Ihre Motivation steigt. Haben sie Erfolg, verstärken sie nicht nur das Menschenbild des Vorgesetzten, sondern auch die positive eigene Selbsteinschätzung. Man spricht von einem **Pygmalion-Effekt**[15]. Wenn Vorgesetzte ein negatives Menschenbild von ihren Mitarbeitern haben, laufen sie Gefahr, einen negativen Kreislauf anzustoßen. In diesem Fall spricht man von einem **Golem-Effekt**.

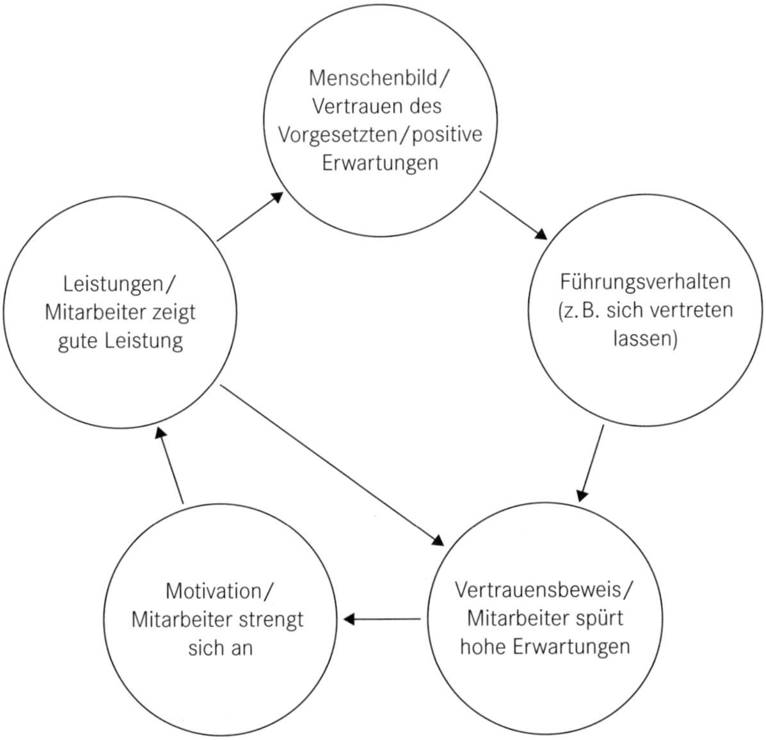

Die Wirkung von Menschenbildern[16]

Folgende **Verhaltensweisen** zeigen Vorgesetzte gegenüber Mitarbeitern, denen sie viel zutrauen (in Anlehnung an Neubauer[17]):

- **Sie billigen den Mitarbeitern einen Verhaltensspielraum zu (bei verminderter Kontrolle).**
  Typische Verhaltensweisen sind
  - selbstständig entscheiden lassen,
  - viele Informationen geben,
  - sich vertreten lassen,
  - Zufriedenheit zeigen.
- **Sie lassen sie bei Führungsaufgaben verantwortlich mitwirken.**
  Typische Verhaltensweisen sind
  - Übertragen von Führungsaufgaben,
  - Vorschläge ausarbeiten lassen,
  - schwierige Aufgaben zuweisen,
  - zur Beförderung vorschlagen.
- **Sie gehen freundschaftliche Beziehungen informeller Art mit Mitarbeitern ein.**
  Typische Verhaltensweisen sind
  - persönliche Einladung annehmen,
  - sich um den Mitarbeiter bemühen,
  - private Besorgungen zulassen,
  - zusammen die Pausen verbringen,
  - Urlaubspläne besprechen.

Vorgesetzte mit einem X-theoretischen Menschenbild zeigen gegenüber Mitarbeitern, denen sie **wenig zutrauen**, folgende Verhaltensweisen:

- **Enge Kontrolle bei Betonung der Statusunterschiede.**
  Typische Verhaltensweisen sind
  - genaue Anweisungen geben,
  - Autorität spüren lassen,
  - sich auf keine Diskussion einlassen,
  - Unzufriedenheit spüren lassen.
- **Bewusst informelle Kontakte ablehnen.**
  Typische Verhaltensweisen sind
  - Kontakte auf das Notwendige beschränken,
  - kein Interesse am Privatbereich des Mitarbeiters zeigen,
  - in Pausen auf Distanz gehen.

- **Auf Routinetätigkeiten beschränken, die weniger anspruchsvoll sind.**
  Typische Verhaltensweisen sind
  - Mitarbeiter nicht nach seiner Meinung fragen,
  - wenige Informationen weitergeben,
  - einfache Routinetätigkeiten zuweisen,
  - Entwürfe vorlegen lassen,
  - Entscheidungsspielraum einengen.

Praktische Schlussfolgerungen

Mitarbeitern, denen man gute Leistungen zutraut, werden eher gute Leistungen bringen als solche, denen man dies nicht zutraut - auch wenn in Wirklichkeit kaum oder keine Unterschiede zwischen ihnen bestehen. Wer ein gutes Betriebs- und Leistungsklima schaffen will, sollte prüfen, ob er ein Y-theoretisches Menschenbild hat. Wenn nicht, sollte er seine Annahmen über Führung und Leistung im Betrieb ändern und sich von der Y-Theorie leiten lassen.

Welche Verhaltensweisen sollten Sie gegenüber Mitarbeitern zeigen, um einen Pygmalion-Effekt zu bewirken?

- Delegieren Sie Aufgaben (siehe Kapitel 6 „Managementaufgaben“) und machen Sie Stichprobenkontrollen.
- Lassen Sie Mitarbeiter bei Führungsaufgaben verantwortlich mitwirken.
- Verzichten Sie auf Statusunterschiede und pflegen Sie auch informelle Kontakte.

2.2 Eckpfeiler „Z-Grundsätze“

Handlungssituation

Handlungssituation

Sie sind Führungskraft in einem Betrieb, der sich auf den Einbau von Türen und Fenstern spezialisiert hat.

In Ihrem letzten Betrieb herrschte eine „Hire-and-fire“-Personalpolitik. Prekäre Arbeitsverhältnisse waren die Regel. Die Mitarbeiter waren misstrauisch.

Das Handwerksunternehmen, in dem Sie jetzt arbeiten, existiert in der dritten Generation. Im letzten Monat fand ein Generationenwechsel statt. Der Sohn des bisherigen Firmeninhabers bittet Sie, nachhaltige personalpolitische Grundsätze für das Unternehmen zu formulieren. Was schlagen Sie vor?

Fragen

Situationsbezogene Fragen

- Welche personalpolitische Grundsätze haben Betriebe, die nachhaltig wirtschaften?
- Welche Merkmale kennzeichnen Betriebe mit einer missglückten Personalpolitik?
- Wie können Sie die Z-Grundsätze umsetzen?

Aktuelle Studien[18] zeigen, dass in zahlreichen Betrieben die Beschäftigten das Vertrauen in den Arbeitgeber verloren haben und verunsichert sind. Sie befürchten, dass sie den Arbeitsplatz verlieren und haben Angst vor Entlassungen. Kollegen teilen die Ängste, man verstärkt sich wechselseitig. Die Mitarbeiter haben Ohnmachtsgefühle und sind der Meinung, dass sie ihre Arbeitssituation und ihr Leben nicht mehr im Griff haben. Auch sehen sie sich erhöhten Forderungen nach Mobilität und einem starken Leistungsdruck ausgesetzt, der von Unternehmen mit dem Hinweis auf weitere notwendige Personalreduktionen geschürt wird. Dies führt dazu, dass sie verstärkt untereinander konkurrieren, um die Stelle zu behalten.

„Theorie Z“

Die **„Theorie Z“**[19] betont, wie wichtig Unternehmensgrundsätze als Rahmenbedingungen für den Unternehmenserfolg und das Vertrauen in den Betrieb sind.

Unternehmen mit der Theorie Z als Leitbild denken langfristig und haben folgende Grundsätze:

- Mitarbeiter sind der Schlüssel zum Unternehmenserfolg.
- Grundlegende Entscheidungen reifen nach intensiver Kommunikation mit den Mitarbeitenden heran. Informationssysteme werden als Hilfsmittel benutzt, jedoch nicht überbewertet.
- Die Mitarbeiter werden über viele Jahre hinweg beschäftigt, auch wenn sie dafür keine ausdrückliche Zusage bekommen.
- Mitarbeiter sollen über einen langen Zeitraum hinweg verschiedene Tätigkeiten im Unternehmen übernehmen, um die Unternehmenswerte zu verinnerlichen.
- Die Betriebe rekrutieren vornehmlich Schul- und Hochschulabsolventen und bilden diese aus. Auswahlkriterien sind sowohl Fachkenntnisse und -fertigkeiten als auch Merkmale der Persönlichkeit.
- Mitarbeiter machen langsam Karriere.
- Die Leistungs- und Fähigkeitseinschätzung ist eher informell und nicht formell-bürokratisch.

Praktische Schlussfolgerungen

Das Vertrauen in das Unternehmen wird maßgeblich von seinen oft unausgesprochenen personalpolitischen Grundsätzen bestimmt. Überprüfen Sie, ob Ihr Betrieb langfristig denkt und eine langfristige Beziehung mit den Mitarbeitenden eingeht – wenn nicht, ändern Sie Ihre Unternehmensgrundsätze.

2.3 Eckpfeiler „Vertrauen“

Grundlegend für die Mitarbeiterführung ist nicht nur das Vertrauen, das Vorgesetzte zu Mitarbeitern haben, sondern auch das Vertrauen der Mitarbeiter in Vorgesetzte.

Handlungssituation

Sie sind neu im Betrieb, und es wird Ihnen nach der Einarbeitungszeit eine Führungsfunktion übertragen. Sie möchten das Vertrauen Ihrer Mitarbeiter gewinnen, nachdem Ihr Vorgänger aufgrund seines Führungsstils das Vertrauen verspielt hatte. Wie gehen Sie vor, um das Vertrauen zu gewinnen?

Handlungssituation

Situationsbezogene Fragen

Fragen

- Was ist Vertrauen?
- Welche Faktoren tragen zur Vertrauensbildung bei?
- Wie können Sie Vertrauen verspielen?
- Was können Sie dazu beitragen, dass Ihnen die Mitarbeiter vertrauen?

Während Vorgesetzte das Vertrauen ihrer Mitarbeiter über einen länger andauernden Zeitraum gewinnen müssen, ist es bei Vertrauensbruch sehr schnell verspielt.

Definition

Vertrauen ist „die Bereitschaft einer Person, gegenüber einer anderen Person Risiken einzugehen und sich damit verwundbar zu machen, wobei freiwillig auf den Einsatz von Macht und direkter Verhaltenskontrolle verzichtet wird“[20].

Vertrauen zu Vorgesetzten bedeutet, dass man diese als kompetent, offen, integer, berechenbar und wohlwollend wahrnimmt, ein angemessenes Risiko eingeht und überprüft, ob das Vertrauen gerechtfertigt war oder nicht.

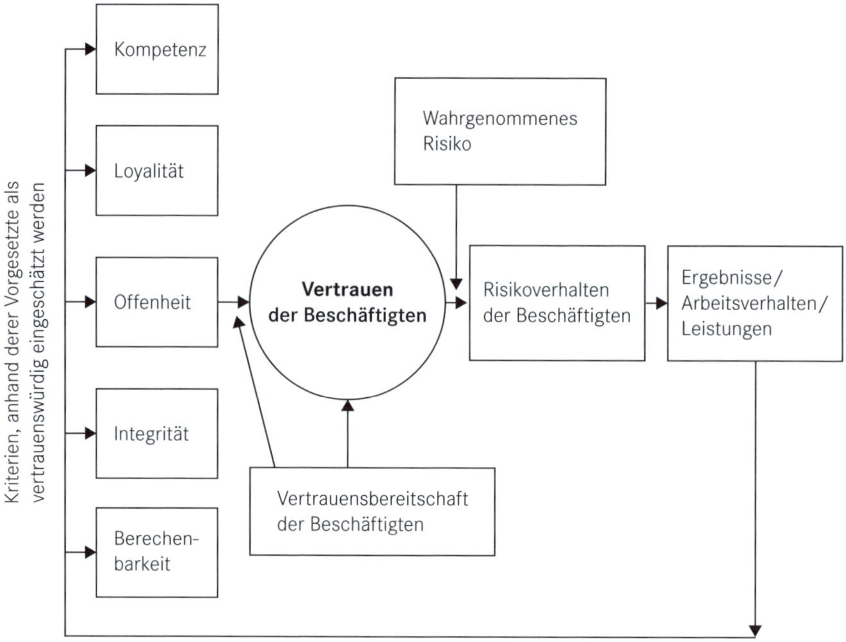

Faktoren der Vertrauensbildung[21]

Vertrauensbildung

Welche Faktoren tragen zur Vertrauensbildung bei?

- **Kompetenz**
  Die Handlungskompetenz umfasst die Schlüsselqualifikationen fachliche, personale, methodische und soziale Kompetenz.
- **Loyalität**
- **Berechenbarkeit/Verlässlichkeit**
  Stimmt das Reden mit dem Handeln überein? Sind die geäußerten Einstellungen und das gezeigte Verhalten in einer Linie?
- **Offenheit**
- **Integrität/Ehrlichkeit**

Vertrauen gewinnen

Vertrauen kann gewonnen werden, wenn Folgendes beachtet wird[22]:

- Offenheit praktizieren.
- Informieren Sie alle Mitarbeiter, nennen Sie die Probleme beim Namen, erläutern Sie Entscheidungen!
- Seien Sie fair!
- Maßnahmen auch im Hinblick darauf überdenken, ob sie von anderen als fair wahrgenommen werden. Sind Beurteilungen gerecht? (siehe „Fairness“)

- Äußern Sie auch Ihre Gefühle!
- Je besser man Sie kennt, desto eher wird man Sie respektieren! (s. Kapitel Selbstreflexion)
- Auch unangenehme Wahrheiten mitteilen!
- Tun Sie das, was Sie sagen!
- Halten Sie Versprechen ein!
- Geben Sie keine vertraulichen Dinge an Dritte weiter!
- Zeigen Sie Ihre fachliche Kompetenz!

Praktische Schlussfolgerungen

Wenn Sie Führungserfolg haben möchten, werden Sie zunächst einmal das Vertrauen Ihrer Mitarbeiter gewinnen müssen. Bringen Mitarbeiter einem Vorgesetzten Vertrauen entgegen, haben sie die Erwartung, dass sie sich auf ihn verlassen können und dass der Vorgesetzte je nach Situation nicht „sein Mäntelchen in den Wind hängt“. Wer jemandem vertraut, riskiert etwas und erwartet zu Recht, dass er nicht ausgenutzt wird. Man vertraut darauf, dass der Vorgesetzte lautere Absichten hat und sich integer verhält.

Offenheit und Vertrauen

Wenn ein Vorgesetzter Loyalität zum Betrieb von seinen Mitarbeitern erwartet, so erwarten diese auch, dass er sie in Schutz nimmt und verteidigt. Offenheit und Vertrauen bedingen sich wechselseitig. Wenn ein Vorgesetzter für den Mitarbeiter wichtige Informationen verschweigt, ist das Vertrauensverhältnis gestört. Alle fünf Vertrauensfaktoren kommen erst dann voll zum Tragen, wenn der Vorgesetzte als integre und glaubwürdige Person wahrgenommen wird.

Fragen zur Selbstkontrolle

1. Wie wirkt das positive, wie das X-theoretische Menschenbild? Welche Verhaltensweisen müssen Sie zeigen, wenn Sie einen positiven Kreislauf in Gang setzen wollen?
2. Welche personalpolitischen Grundsätze haben ausgesprochen oder unausgesprochen Unternehmen, die nachhaltig wirtschaften?
3. Was können Sie dazu beitragen, damit Mitarbeiter Ihnen vertrauen?

3. Mitarbeiter verstehen – die psychologischen Typen

Eine Kernkompetenz von Führungskräften auf allen Ebenen ist die Menschenkenntnis, deren Grundlagen in diesem Kapitel vermittelt werden.

Das Kapitel ist so gestaltet, dass Sie

- die psychologischen Typen beschreiben können,
- Grundeinstellungen von Grundfunktionen unterscheiden können,
- die Merkmale Extraversion, Introversion, Sinneswahrnehmung, Denken, Urteilen und Wahrnehmen beschreiben können,
- beschreiben können, was bei der Mitarbeiterführung im Hinblick auf die psychologischen Typen zu beachten ist,
- beschreiben können, was bei der Teamarbeit zu beachten ist.

Handlungssituation

Sie sind in einem Autohaus als Führungskraft tätig und haben sowohl introvertierte als auch extravertierte Mitarbeiter. Sie wollen Ihren Führungsstil verbessern und überlegen, wie Sie besser auf die Mitarbeiter eingehen können. Welche Verhaltensweisen sollen Sie zeigen?

Handlungssituation

Situationsbezogene Fragen

Fragen

- Was sind psychologische Typen?
- Welche Grundeinstellungen und Grundfunktionen haben Mitarbeiter?
- Was kennzeichnet Extraversion bzw. Introversion?
- Was kennzeichnet Sinneswahrnehmung bzw. Intuition?
- Was kennzeichnet Denken und Fühlen?
- Was kennzeichnet Urteilen und Wahrnehmen?
- Was sollten Sie bei der Führung berücksichtigen?

3.1 Die psychologischen Typen

Weltweit wird am häufigsten die Typologie nach C. G. Jung zur Optimierung des Verhaltens am Arbeitsplatz verwendet[23]. Wissenschaftler kritisieren, dass die empirische Basis dieser Typologie erweitert werden müsse, was ihrer Verbreitung allerdings keinen Abbruch tut.

Wer oft mit Menschen zu tun hat, stellt fest, dass sie unterschiedliche **Grundeinstellungen** und unterschiedliche **Grundfunktionen** bevorzugen, d. h. die grundlegende Hinwendung zur Außenwelt bzw. Art und Weise der Informationsaufnahme und -verarbeitung ist unterschiedlich.

Der schweizerische Psychologe Carl Gustav Jung[24] sowie die beiden Amerikanerinnen Katharine Briggs und Isabel Briggs Myers untergliedern die Grundeinstellungen und Grundfunktionen nach den Merkmalen Extraversion und Introversion, Sinneswahrnehmung und Intuition, Denken und Fühlen sowie Urteilen und Wahrnehmen. Die nachfolgende Abbildung gibt dazu einen Überblick.

Der psychologische Typ eines Menschen ergibt sich nun aus seiner Vorliebe für bestimmte Grundhaltungen und Grundeinstellungen.

Grundeinstellung	Wo hat jemand den Schwerpunkt der Aufmerksamkeit?	Extraversion (außen) Introversion (innen)
Grundfunktionen	Wie nimmt jemand bevorzugt wahr? Wie entscheidet jemand bevorzugt?	Sinneswahrnehmung (über die fünf Sinne) Intuition (unmittelbar, ganzheitlich) Denken (logisch, analytisch, sachlich) Fühlen (lässt sich von mitmenschlichen Werten leiten)
Grundeinstellung (ob sich jemand eher vom Wahrnehmen oder vom Urteilen bestimmen lässt)	Welchen Lebens- und Arbeitsstil bevorzugt jemand?	Urteilen (geplant, geordnet, rational) Wahrnehmen (spontan, flexibel)

Grundeinstellung und Grundfunktionen im Überblick

3.2 Extraversion – Introversion

Jung differenziert zwischen unterschiedlichen Grundeinstellungen zum Leben und zur Arbeit.

Extraversion
Introversion

Am besten bekannt ist die Unterscheidung **Extraversion** (lat.: die Fokussierung auf äußere Gegenstände und auf andere Menschen) und **Introversion** (lat.: die

Fokussierung auf die innere Welt). Extraversion bedeutet, nach außen gerichtet zu sein und den Schwerpunkt der Aufmerksamkeit nicht bei sich, sondern außen zu haben.

Menschen sind sowohl extra- als auch introvertiert, wobei häufig die eine **oder** die andere Grundhaltung überwiegt. Es gibt jedoch auch Menschen, bei denen die Grundeinstellungen gleich ausgeprägt sind. Man kann dann von „ausgeglichenen" Grundeinstellungen sprechen.

Die Grundeinstellungen Extraversion und Introversion

Die nachfolgende Gegenüberstellung zeigt die wichtigsten Unterschiede zwischen Menschen, bei denen die Extraversion, und jenen, bei denen die Introversion überwiegt.

Extraversion	**Introversion**
• Sich auf Menschen und äußere Gegenstände konzentrieren. • Impulse weitgehend von außen beziehen. • Energie nach außen richten. • Zuerst etwas erleben, dann verstehen wollen. • Zuerst handeln, dann überlegen. • Bevorzugen die mündliche Kommunikation. • Haben gern mit vielen Menschen Kontakte.	• Sich auf innere Wahrnehmungen und Ideen konzentrieren. • Impulse weitgehend von innen beziehen. • Energie nach innen richten. • Zuerst etwas verstehen, dann erleben wollen. • Zuerst überlegen, dann handeln. • Bevorzugen die schriftliche Kommunikation. • Haben gern intensive Kontakte mit einem oder wenigen Menschen.

Extraversion und Introversion im Überblick

Auch extravertierte Menschen brauchen schon in ihrem eigenen Interesse introvertierte Verhaltensweisen, sonst stellt sich sehr schnell Stress und „Ausgebranntsein" ein. Umgekehrt brauchen introvertierte Menschen extravertierte Verhaltensweisen, sonst vereinsamen sie schnell. Bei ausgeglichenen Menschen stehen Extraversion und Introversion in einem ausgewogenen Verhältnis zueinander.

3.3 Wahrnehmungs- und Entscheidungspräferenzen

Wie der Alltag zeigt, bevorzugen Menschen bei der Informationsaufnahme und -verarbeitung unterschiedliche **Grundfunktionen.** Wahrnehmen und Entscheiden sind grundlegend für Arbeit und Leben.

Die beiden Wahrnehmungspräferenzen

Unsere Sinnesorgane (Auge, Ohr usw.) nehmen Reize aus der Umwelt oder aus dem eigenen Körper wahr. Das Nervensystem verarbeitet diese dann weiter.

Bei näherem Hinsehen entdecken wir jedoch, dass diese Betrachtungsweise nur zum Teil der Realität entspricht. Bisweilen erahnen wir, was auf uns zukommt, ohne den Sachverhalt mit den fünf Sinnen vollständig erfasst zu haben. Dazu gehört Intuition.

Der Vorteil dieser Wahrnehmungsart liegt darin, dass sie mit einem Minimum an Sinnesdaten auskommt, somit sehr schnell ist und dass sofort ein Gesamtbild entsteht. Beides ist z. B. wichtig bei unternehmerischen **zukunftsgerichteten** Entscheidungen.

Die nachfolgende Gegenüberstellung zeigt die wichtigsten Unterschiede zwischen Menschen dar, die die **Sinneswahrnehmung**, und solchen, die die **Intuition** bevorzugen.

Sinneswahrnehmung

Intuition

Sinneswahrnehmung	Intuition
• Bevorzugung der Wahrnehmung über die fünf Sinne. • Auf den derzeitigen Stand des Betriebs gerichtet. • Auf Details achtend. • Auf Fakten achtend. • Schritt für Schritt vorgehend. • Sich vor allem mit der gegenwärtigen Lage beschäftigen.	• Bevorzugung der ganzheitlichen, unmittelbaren Wahrnehmung. • Auf die Chancen des Betriebs in der nahen Zukunft gerichtet. • Auf das Ganze achtend. • Denken über den Tag hinaus. • Mit der Zukunft des Betriebs beschäftigen.

Unterschiede zwischen Sinneswahrnehmung und dem ganzheitlich-intuitiven Wahrnehmen

Menschen verarbeiten nun die sensorisch oder intuitiv gewonnenen Wahrnehmungen, wählen Alternativen aus und entscheiden sich. Auch hier finden wir Unterschiede von Person zu Person. Bei manchen überwiegt das vernunftbetonte, bei manchen das gefühlsmäßige Urteil. Das **Denken** oder das **Fühlen** überwiegt.

Die Entscheidungspräferenzen Denken und Fühlen

Die folgende Gegenüberstellung zeigt die wichtigsten Unterschiede zwischen Denken und Fühlen.

Denken

Fühlen

Denken	**Fühlen**
• Logisch-rational urteilen. • Objektiv aufgrund von Ursache-Wirkung urteilen. • Nüchtern alle Informationen zur Analyse heranziehen, auch wenn diese für sie und andere unangenehm sind. • Urteilen, ohne auf die möglichen Folgen für die Betroffenen zu achten. • Denkfehler scharfsinnig analysieren.	• Gefühlsmäßig urteilen. • Aufgrund von subjektiven, menschlichen Werten urteilen. • Informationen unter subjektiven Gesichtspunkten auswählen. • Auswirkung auf die Betroffenen berücksichtigen. • Schnell Menschen mit mangelndem Einfühlungsvermögen erkennen.

Denken und Fühlen im Überblick

3.4 Bevorzugter Arbeitsstil

Urteilen

Wahrnehmen

Schließlich unterscheiden sich Menschen noch darin, welchen Lebens- und Arbeitsstil sie bevorzugen, ob bei ihnen eher das **Urteilen** oder das **Wahrnehmen** überwiegt. Diese unterschiedliche Grundeinstellung durchzieht Leben und Arbeit wie ein roter Faden. Bei manchen Menschen überwiegt die genaue Planung, bei manchen das Motto „Sorge dich nicht, lebe!“.

Bevorzugter Arbeitsstil

Die nachfolgende Gegenüberstellung zeigt die wichtigsten Unterschiede zwischen Menschen, bei denen das **Urteilen,** und solchen, bei denen das **Wahrnehmen** überwiegt.

Urteilen	Wahrnehmen
• Geplant und geordnet leben und arbeiten. • Leben und Arbeit regeln und kontrollieren. • Etwas abschließen, dann mit Neuem beginnen. • Dinge geregelt sehen. • Vertrauen auf die Fähigkeit, richtig zu planen.	• Spontan und flexibel leben und arbeiten. • Leben und Arbeit verstehen und weniger regeln. • Immer wieder neue Dinge beginnen, ohne alte beendet zu haben. • Offen sein für neue Dinge. • Vertrauen auf die Fähigkeit, sich der Situation anzupassen.

Urteilen und Wahrnehmen im Überblick

3.5 Was ist bei der Führung zu beachten?

Bei vielen Mitarbeitenden überwiegt die eine oder andere Grundeinstellung bzw. Grundfunktion. Damit stellt sich die Frage, was bei der Führung zu beachten ist.

Führung von extravertierten Mitarbeitern

Was ist bei der Führung von extravertierten Mitarbeitern zu beachten?

Extravertierte Mitarbeiter bevorzugen – auch am Arbeitsplatz – soziale Kontakte, sind aktiv und nach außen gerichtet.

Tipps im Hinblick auf die Aufnahme und Aufrechterhaltung der sozialen Kontakte:

- Geben Sie auf das Gesagte eine Rückmeldung.
- Antworten Sie rasch.
- Zeigen Sie Interesse an der Person des Mitarbeiters.
- Antworten Sie verbal und nonverbal.
- Beschränken Sie Monologe auf ein Minimum; extravertierte Menschen bevorzugen den Dialog.

Was ist bei der Führung von introvertierten Mitarbeitern zu beachten?

Introvertierte Mitarbeiter sind ruhig und bevorzugen – auch am Arbeitsplatz – die Privatsphäre; sie sind eher abwartend, reflektierend und haben bisweilen auch eine von der Mehrheit abweichende Auffassung.

Tipps im Hinblick auf „ruhig“:

- Denken Sie nach, bevor Sie sprechen. Sprechen Sie kontrolliert.
- Bringen Sie sachliche Informationen in das Gespräch ein.
- Achten Sie darauf, dass der introvertierte Mitarbeiter genau weiß, ob es sich um Ihre Entscheidung oder lediglich um eine Diskussionsidee handelt.
- Beschreiben Sie genau, was Sie vorhaben, so kann der introvertierte Mitarbeiter sich besser darauf einstellen.
- Hören Sie genau zu, was der introvertierte Mitarbeiter sagt, und beobachten Sie genau, was er tut. Introvertierte machen sich nicht so stark bemerkbar wie Extravertierte.

Tipps im Hinblick auf die Privatsphäre:

Führung von introvertierten Mitarbeitern

- Respektieren Sie die Privatsphäre des Mitarbeiters. Vermeiden Sie zu persönliche Fragen; benutzen Sie nicht persönliche Gegenstände, ohne zu fragen.
- Stellen Sie Introvertierte nicht plötzlich ins Rampenlicht. Diese möchten sich mit der neuen Rolle vorher vertraut machen.
- Geben Sie nicht weiter, was Ihnen Introvertierte unter vier Augen mitgeteilt haben. Der Introvertierte hat ganz persönlich mit Ihnen gesprochen und möchte nicht haben, dass seine Worte vor allen wiederholt werden.

Tipps im Hinblick auf „abwartend“ und „reflektierend“ :

- Lassen Sie introvertierten Mitarbeitern bei Vorschlägen oder Entscheidungen Zeit.
- Fragen Sie nach den Informationen, die Sie brauchen. Gehen Sie nicht davon aus, dass der Introvertierte sie Ihnen ungefragt gibt.

Tipp im Hinblick auf abweichende Meinungen:

- Nicht selten haben in unserer Gesellschaft eher die Extravertierten das Sagen, was nicht bedeutet, dass introvertierte Menschen nicht ihre eigenen Vorstellungen haben und sie äußern.
- Gehen Sie sachlich auf die Meinungen ein.

Was ist bei der Führung von Mitarbeitern zu berücksichtigen, die Sinneswahrnehmung bevorzugen?

Wer die Sinneswahrnehmung bevorzugt, vertraut auf die eigene Erfahrung und die derzeitig vorhandenen Informationen, ist praktisch-realistisch, achtet auf Einzelheiten und möchte das Gelernte anwenden.

Tipps:

Führung von Mitarbeitern mit Sinneswahrnehmung

- Machen Sie exakte Angaben bei der Auftragserteilung/Arbeitsanweisung. Verwenden Sie dazu die Fragen „Wer, was, wie, womit, wann und wozu?".
- Teilen Sie dem Mitarbeiter genau mit, welches Verhalten gut war und beibehalten werden sollte.
- Teilen Sie dem Mitarbeiter genau mit, welches unerwünschte Verhalten oder welche Minderleistung Sie beobachtet haben und was Sie korrigiert haben möchten.
- Geben Sie genaue und konkrete Antworten.
- Beziehen Sie sich vor allem auf Fakten; der Sachaspekt in der Kommunikation sollte betont werden.
- Bringen Sie Beispiele, die zeigen, dass das Vorgehen bisher erfolgreich war.
- Arbeiten Sie die Einzelheiten der Auftragsvergabe im Vorhinein aus.
- Bei Schulungen: Bringen Sie viele Beispiele und Übungen.

Was ist bei der Führung von Mitarbeitern zu berücksichtigen, die Intuition bevorzugen?

Wer die Intuition bevorzugt, vertraut auf Möglichkeiten, sieht den Betrieb als Ganzes, sein Schwerpunkt ist die zukünftige Entwicklung, und er möchte etwas dazulernen.

Tipps:

Führung von Mitarbeitern mit Intuition

- Teilen Sie dem Mitarbeiter den Zweck der Arbeit und die gewünschten Resultate mit.
- Beschränken Sie die Darstellung der Einzelheiten auf das Notwendige.
- Zeigen Sie die Zusammenhänge zwischen den einzelnen Aufgaben auf.
- Beziehen Sie unerwünschtes Verhalten auf das Gesamtziel und zeigen Sie auf, wie dieses hemmend ist.
- Beziehen Sie das positive Verhalten auf das Gesamtziel.
- Beschreiben Sie die betriebliche Situation insgesamt.
- Seien Sie zuversichtlich und optimistisch.
- Zeigen Sie bei neuen Aufgaben, dass damit neue Herausforderungen verbunden sind.

Was ist bei der Führung von Mitarbeitern zu berücksichtigen, die Denken bevorzugen?

Mitarbeiter, bei denen diese Grundfunktion ausgeprägt ist, verlassen sich auf den Verstand, gehen bei Problemen logisch vor und vernachlässigen oft dabei mitmenschliche Aspekte. Sie vergleichen die Alternativen und entscheiden rational.

Tipps:

Führung von Mitarbeitern mit Denken

- Erklären Sie die zu erledigenden Aufgaben logisch; gehen Sie die einzelnen Aufgaben Punkt für Punkt durch, verweisen Sie auf Regeln und Gesetzmäßigkeiten.
- Machen Sie Kosten und Nutzen einer Vorgehensweise klar.
- Wenn der Mitarbeiter seine Leistung verbessern soll oder muss: Stellen Sie die Auswirkung seiner Leistung auf die Zielerreichung dar. Berücksichtigen Sie Vor- und Nachteile der Vorgehensweise.
- Bei Schulungen: Geben Sie zuerst eine Übersicht über Ziele und Ablauf der Schulung.

Was ist bei der Führung von Mitarbeitern zu berücksichtigen, die Fühlen bevorzugen?

Mitarbeitende mit dieser bevorzugten Grundfunktion lassen sich von mitmenschlichen Werten (z. B. Einfühlungsvermögen) leiten und sind an persönlichen Dingen interessiert.

Tipps:

Führung von Mitarbeitern mit Fühlen

- Zeigen Sie, wie die Bedürfnisse und Wünsche von Kunden oder von anderen Mitarbeitenden zufriedengestellt werden können.
- Pflegen Sie die Beziehungsebene in der Kommunikation.
- Erklären Sie, wieso etwas für Sie persönlich wichtig ist.
- Bei Leistungsrückmeldungen betonen Sie, was die Leistung Ihnen persönlich bedeutet.
- Gehen Sie nicht in Konkurrenz zu diesen Mitarbeitern.

Was ist bei der Führung von Mitarbeitern zu berücksichtigen, die Urteilen bevorzugen?

Mitarbeiter mit dieser Grundeinstellung vertrauen auf Ordnung und Struktur, sind genau, möchten, dass Aufgaben fertig werden, und entscheiden rasch.

Tipps:

Führung von Mitarbeitern mit Urteilen

- Halten Sie selber Termine ein und seien Sie pünktlich.
- Halten Sie bei Auftragserteilung eine Systematik ein.
- Verwenden Sie einwandfreies Material oder Werkzeug.
- Wenn Sie einen Mitarbeiter korrigieren wollen, legen Sie zusammen mit ihm einen genauen Plan fest. Achten Sie darauf, dass er einwilligt.

Was ist bei der Führung von Mitarbeitern zu berücksichtigen, die Wahrnehmen bevorzugen?

Mitarbeiter mit dieser Grundeinstellung halten Wahlmöglichkeiten offen, schauen erst einmal, was geschieht, passen sich gut an und haben keine Vorausurteile.

Tipps:

Führung von Mitarbeitern mit Wahrnehmung

- Seien Sie offen für zusätzliche Tatsachen und Möglichkeiten, die sich kurzfristig eröffnen.
- Beziehen Sie brauchbare Vorschläge in Ihre Entscheidungen ein.
- Zeigen Sie, dass Sie flexibel sind.
- Achten Sie darauf, dass Entscheidungen nicht unnötig verzögert werden.
- Achten Sie darauf, dass angefangene Arbeiten beendet werden.
- Wenn die Leistung des Mitarbeitenden verbessert werden soll oder muss, nehmen Sie das auf, was er vorschlägt, sofern es sachgerecht ist.

Was ist bei der Teamarbeit zu berücksichtigen?

Jede bevorzugte Grundeinstellung bzw. Grundfunktion hat ihre Stärken und kann damit dazu beitragen, dass Teamarbeit erfolgreich wird.

Teamarbeit und psychologische Typen

Extravertierte Mitarbeiter haben ihre Stärken bei der Anknüpfung und Aufrechterhaltung von Kontakten und können gut Netzwerke bilden. **Introvertierte** widmen sich der Infrastruktur, erkennen Probleme und gehen bei der Problembearbeitung in die Tiefe.

Mitarbeitende mit der Bevorzugung von **Sinneswahrnehmung** kennen die Fakten, verstehen die Planungsschritte, arbeiten die Details bei der Umsetzung der Entscheidung aus. Solche mit **Intuition** sehen das Ganze, entwickeln neue Gebiete und schmieden neue Pläne.

Wer **Denken** bevorzugt, diskutiert sachlich, wägt Pro und Kontra ab, weist auf Widersprüche hin. Wer **Fühlen** bevorzugt, weiß, was für Menschen wichtig ist, betont die menschliche Seite von Entscheidungen und hilft anderen, Entscheidungen zu akzeptieren.

Wer **Urteilen** bevorzugt, geht systematisch vor, weiß zu organisieren und handelt entschieden. Wer **Wahrnehmen** bevorzugt, ist offen für neue Ideen, sorgt für Einsichten und reagiert flexibel, wenn ein System zusammenbricht.

Fragen zur Selbstkontrolle

1. Was können Sie mit Ihrem Verhalten beitragen, um extravertierte bzw. introvertierte Mitarbeitende besser in den Betrieb einzubinden?
2. Wie können Sie bei der tagtäglichen Arbeitsbewältigung auf die Grundfunktionen Ihrer Mitarbeitenden besser eingehen?
3. Wie können Sie die Arbeitsstilpräferenzen Ihrer Mitarbeitenden besser berücksichtigen?
4. Wie können Sie das Team-Management durch Ihre Menschenkenntnis optimieren?

4. Selbstreflexion – emotional kompetenter werden

Eine Kernkompetenz von Führungskräften auf allen Ebenen ist, dass sie sich selbst reflektieren können und ihr Verhalten gezielt verändern können. Sie entwickeln damit eine Feedbackkultur. Die Grundlagen dazu werden in diesem Kapitel vermittelt.

Das Kapitel ist so gestaltet, dass Sie

- die vier Kompetenzen der emotionalen Intelligenz unterscheiden können,
- erklären können, wie Sie Ihre Selbstwahrnehmung, Ihr Selbstmanagement, Ihr soziales Bewusstsein und ihr Beziehungsmanagement verbessern können,
- die Schritte des Selbstmanagements beschreiben können,
- das tägliche Zeitmanagement verbessern können,
- den Prozess der Selbstmotivierung verbessern können,
- die Fallen des Selbstwertmanagements kennen,
- beschreiben können, wie Stress entsteht und wie man Stress am Arbeitsplatz bewältigen kann.

4.1 Emotionale Intelligenz: Die vier Kompetenzen

Führungstätigkeiten sind emotional belastende Tätigkeiten, bei denen Selbstreflexion und Selbstmanagement besonders wichtig sind. Hinterfragt eine Führungskraft ihr Arbeitsverhalten, befindet sie sich in der Selbstreflexion. Durch Selbstmanagement verändert sie ihr Verhalten und Erleben, sie entwickelt sich weiter. Dazu bedarf es der korrekten Selbstwahrnehmung und geeigneter Methoden des Selbstmanagements. Die Qualität der Führung verbessert sich.

> Selbstwahrnehmung, Selbstmanagement, soziales Bewusstsein und Beziehungsmanagement sind die vier Kompetenzen, die die emotionale Intelligenz ausmachen.

Emotionale Intelligenz

Unter emotionaler Intelligenz versteht Goleman[25], wie gut jemand seine eigenen Gefühle und die anderer erkennt, sich selber motivieren kann und wie geschickt er mit sich und anderen umgeht. Alle vier Kompetenzen stehen in einem unmittelbaren Zusammenhang zum Führungserfolg[26] (siehe Kapitel „Führungseigenschaften“).

Während Selbstwahrnehmung und Selbstmanagement persönliche Kompetenzen sind, handelt es sich beim sozialen Bewusstsein und dem Beziehungsmanagement um soziale Kompetenzen. Alle vier Kompetenzen können durch tägliche Übung verbessert werden.

Hat eine Führungskraft eine gute emotionale **Selbstwahrnehmung,** kennt sie ihre eigene Gefühlslage, kommt zu einer zutreffenden Selbsteinschätzung, weiß, wie ihre Emotionen die Leistung beeinflussen, und entwickelt Selbstvertrauen. Sie kennt ihre Stärken und Schwächen, nimmt Rückmeldungen von Vorgesetzten, Kollegen und Mitarbeitern auf und verarbeitet sie. So kann sie ihr Erleben und Verhalten bewusst von ihren eigenen Werten leiten lassen.

Selbstmanagement meint in diesem Zusammenhang die Fähigkeit, sich selber emotional zu kontrollieren und zu regulieren, initiativ zu werden und Ziele nachhaltig zu verfolgen.

Führungskräfte mit einem guten **sozialen Bewusstsein** (Einfühlungsvermögen) können die Gefühle und Bedürfnisse anderer (z. B. von Mitarbeitern, Mitbewerbern, Kunden) zutreffend wahrnehmen. Sie haben ein offenes Ohr für andere, hören aktiv zu, können Sachverhalte aus der Sicht anderer sehen und Körpersprache deuten. Wie das soziale Bewusstsein geschärft werden kann, vermitteln die Abschnitte „Motivieren - die Grundlage der Führung“ sowie „Mitarbeiter verstehen“.

Führungskräfte mit einem guten **Beziehungsmanagement** können Gruppen entwickeln, Bindungen aufbauen, Konflikte lösen sowie den Wandel initiieren und bewerkstelligen. Wie das Beziehungsmanagement verbessert werden kann, vermitteln die Abschnitte „Vertrauen“, „Kommunikationsfertigkeiten“ und „Konflikte im Unternehmen bewältigen“.

Selbst- wahrnehmung	Selbst- management	soziales Bewusstsein	Beziehungs- management

Die vier Kompetenzen, die emotionale Intelligenz ausmachen

Die folgenden Ausführungen beschränken sich auf die Selbstwahrnehmung und das Selbstmanagement.

4.2 Die Selbstwahrnehmung verbessern

Kunden, Mitarbeiter und Vorgesetzte sehen das Verhalten einer Führungskraft aus einer anderen Perspektive als diese selbst. Mit dem „Johari-Fenster“[27] können Führungskräfte ihre Selbstwahrnehmung verbessern.

Handlungssituation

Sie sind Vorgesetzter in einem Montagebetrieb und hatten eine heftige Auseinandersetzung mit einem Ihrer Mitarbeiter. Seitdem meidet Sie der Mitarbeiter.

Wie reagieren Sie darauf? Erwähnen Sie den Vorfall nicht mehr, um die Beziehungen nicht noch mehr zu verhärten? Oder sprechen Sie ihn auf sein Meidungsverhalten an und fragen ihn, wie sich die Auseinandersetzung auf Ihre Beziehung mit ihm ausgewirkt hat und wie er Ihr Verhalten sieht?

Für diese Situation leistet das Johari-Fenster Hilfestellung. Geht der Vorgesetzte über den Streit einfach hinweg, ohne sich eine Rückmeldung über sein Verhalten geben zu lassen, hat er einen „blinden Fleck“. Sein Verhalten ist im Hinblick auf die Zusammenarbeit kritisch.

Die beiden Psychologen **Jo**e Luft und **Ha**rry Ingham machen mit ihrem „Fenster“ auf diesen Sachverhalt aufmerksam. Eine Vielzahl der eigenen Verhaltensweisen sind der Person selbst und anderen bekannt, aber es gibt auch Verhaltensweisen, die einem selbst unbekannt sind und anderen bekannt (Quadrant II). Und diese Verhaltensweisen können die Zusammenarbeit mit Kollegen, Mitarbeitern und Kunden beeinträchtigen.

Johari-Fenster

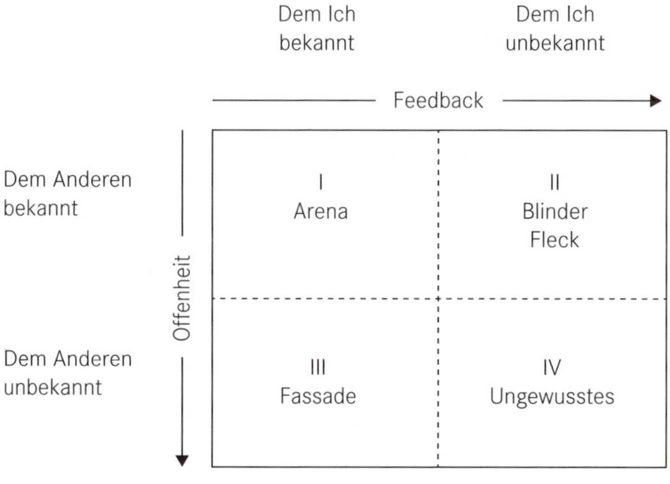

Das Johari-Fenster

Quadrant I

Quadrant I - auch **„Arena“** (= öffentlicher Platz) genannt - verweist auf die Verhaltensweisen und Eigenschaften, die das „Ich“ und andere bewusst wahrgenommen haben und somit kennen. Dieser Bereich ist stark ausgeprägt, wenn man sich von anderen Rückmeldungen über das eigene Verhalten geben lässt und Informationen über sich erfragt.

Je größer dieser Bereich ist, desto leichter gestalten sich die mitmenschlichen Beziehungen und die Kommunikation am Arbeitsplatz. Vertrauen kennzeichnet dann die Beziehungen der Führungskraft zu ihren Mitarbeitern. Zu Beginn der Zusammenarbeit ist dieser Bereich oft gering ausgeprägt. Nach und nach schafft die Führungskraft durch ihre offene Art und die Aufnahme von Rückmeldungen eine Aufwärtsspirale der Beziehungen zwischen ihr und den Mitarbeitern (siehe Abschnitt „Vertrauen").

Quadrant II

In **Quadrant II** fallen die dem „Ich" nicht oder nicht mehr bewussten Verhaltensweisen und Eigenschaften, die andern bekannt sind. Dazu zählen die der Zusammenarbeit förderlichen wie auch hemmenden Verhaltensmuster oder Gewohnheiten (z. B. die mangelhafte Delegation von Aufgaben). Dies ist der Bereich des **blinden Flecks.**

Ist der blinde Fleck stark ausgeprägt, wird die Führungskraft wohl sehr offen kommunizieren und wichtige Informationen über sich weitergeben, aber sie wird wenige Rückmeldungen von anderen über sich einholen. Mitarbeiter fühlen sich mit ihren Meinungen und Einschätzungen nicht ernst genommen. Gründe für das Verhalten der Führungskraft können eine starke Ich-Bezogenheit oder Misstrauen gegenüber anderen sein. Die Folge davon ist oft, dass Mitarbeiter selektiv Rückmeldungen geben und sich nicht akzeptiert fühlen.

Quadrant III

In **Quadrant III** sind die Verhaltensweisen und Eigenschaften zusammengefasst, die das „Ich" anderen nicht zeigen möchte. Sie sind der Person bekannt, den anderen nicht. Er wird **„Fassade"** genannt. Die Fassade verbirgt einen Teil der Person. Die Führungskraft betont das Feedback, ohne gleichzeitig offen zu sein. Vorgesetzte mit einem ausgeprägten Fassadenbereich halten wichtige Informationen über sich hinter dem Berge. Die übermäßige Betonung des Feedbacks führt dazu, dass sich die Mitarbeiter ausgefragt fühlen. Der Vorgesetzte ist in der Rolle des Interviewers. Auch hier ist Misstrauen und defensives Verhalten die Folge.

Quadrant IV

Schließlich fasst **Quadrant IV** - das **„Ungewusste"** - die Verhaltensweisen und Eigenschaften zusammen, die weder der Person noch anderen bekannt sind. Dies können Verhaltensweisen und Eigenschaften sein, die bislang einfach unterdrückt wurden, aber latent vorhanden waren und noch nicht zum Ausdruck gebracht wurden. Darunter fallen Fähigkeiten und Talente wie z. B. Organisationsgeschick oder Konfliktlösungsfähigkeiten im positiven Sinne, aber auch unterdrückte Gefühle, bislang nicht zutage getretene Ängste und Verhaltensmuster, die auf die Kindheit zurückgehen, im negativen Sinne.

Ist dieser Bereich stark ausgeprägt, kennzeichnen geringe Offenheit und geringes Feedback das zwischenmenschliche Verhalten, und damit entsteht ein unpersönliches Verhalten. Potenziale und Kreativität liegen aufgrund psychodynamischer Prozesse brach.

Praktische Schlussfolgerungen

Führungskräfte können die Arena vergrößern, indem sie sich von Kunden, Vorgesetzten und Mitarbeitern eine Rückmeldung zu ihrem Verhalten geben lassen, offen über sich sprechen und sich selbst entdecken.

Dies kann z. B. durch Videorückmeldungen oder Gruppenrückmeldungen in Schulungen zur Kommunikation geschehen.

Daneben gibt es standardisierte Verfahren. Das „360°-Feedback" ist solch ein Verfahren. Dabei wird die Führungskraft von allen Interaktionspartnern (Kunden, Kollegen, Vorgesetzten und Mitarbeitern) im Hinblick auf bestimmte Verhaltensweisen eingeschätzt.

4.3 Selbstmanagement - das eigene Verhalten ändern

Verhaltensmanagement

Verhaltensmanagement bedeutet, die Veränderung des eigenen Verhaltens bewusst zu steuern und in die Hand zu nehmen. Der Begriff „managen" - abgeleitet aus dem italienischen „maneggiare" - bedeutet, eine Sache in der Hand zu haben.

Verhaltensmanagement ist etwas Vergleichbares: die Änderung des eigenen Verhaltens bewusst zu steuern und in die Hand zu nehmen, d. h. dass jemand bewusst Anreize, innere Prozesse und Reaktionen steuert, um bestimmte Verhaltensweisen zu erzeugen.

Schritte des Verhaltensmanagements[28]

- Bereiche der persönlichen Entwicklung bestimmen (z. B. sich die eigenen Werte und Bedürfnisse bewusst machen).
- Das angestrebte Verhalten formulieren/Ziele bestimmen.
- Bestehendes Verhalten aufzeichnen.
- Motivations- und Verhaltensanalyse durchführen.
- Änderungskonzept entwickeln.
- Verhaltensänderung durchführen.
- Verhaltensfortschritt bewerten.
- Das neue Verhalten verankern.

Die grundlegenden Phasen sind die Beobachtung des eigenen Verhaltens und der damit verbundenen psychischen Vorgänge, der Vergleich zwischen einem Ist- und Soll-Zustand sowie die Selbstbelohnung, wenn es dem eigenen Standard entspricht.

Beispiel

Einem Handwerksunternehmer ist nicht bewusst, dass seine Kunden mit seiner Termineinhaltung bei der Abgabe von Angeboten unzufrieden sind. Die Kunden mahnen die Angebote an. In einem Gespräch weist ihn ein Kunde darauf hin. Nun möchte der Handwerksunternehmer sein Verhalten ändern.

In einem ersten Schritt beobachtet er sein Verhalten und stellt fest, dass er tatsächlich die Termineinhaltung vernachlässigt. Dann wendet er die Grundsätze des Zeitmanagements an und ändert sein Verhalten. Er differenziert zwischen Aufgaben hoher und niedriger Priorität. Die neue Vorgehensweise hat die gewünschte Wirkung, und er behält sie bei.

Zeitmanagement verbessern

Gefragt nach Möglichkeiten zur Lösung von Terminproblemen, berichtet ein Handwerksunternehmer: „... Vor sechs Jahren, als es einfach mit Kalender, Notizbuch und ‚fliegenden Blättern' nicht mehr weiterging, habe ich mir ein Zeitplanbuch angeschafft. Schon das Zusammenspiel von Monatsplan, Tagesplan und Aktivitäten-Checkliste war für mich eine große Hilfe." So, wie der Unternehmer durch Zeitmanagement mehr aus seiner verfügbaren Zeit gemacht hat, kann jeder bei entsprechender Übung besser mit seiner Zeit haushalten.

Prioritäten setzen

Mit der Zeit haushalten bedeutet **Prioritäten setzen** aufgrund der Wichtigkeit und Dringlichkeit der Aufgaben. Bisweilen verzetteln sich Führungskräfte mit weniger wichtigen, jedoch dringlich erscheinenden Aufgaben. Dafür bleiben wichtige Aufgaben liegen.

Zeitfallen entgehen

Um solche Zeitfallen zu umgehen, werden Aufgaben anhand ihrer **Dringlichkeit** und **Wichtigkeit** klassifiziert. Daraus ergeben sich vier Arten von Aufgaben. Wichtige Aufgaben haben eine unmittelbare Auswirkung auf die Unternehmensziele (z. B. es muss Baumaterial rechtzeitig bestellt werden, um Arbeitsverzögerungen zu vermeiden).

Wichtigkeit hoch	A-Aufgaben (sofort durchführen)	B-Aufgaben (Planen und Termine setzen)
Wichtigkeit gering	C-Aufgaben (delegieren)	P-Aufgaben
	Dringlichkeit hoch	**Dringlichkeit gering**

Zeitmanagement

- **A-Aufgaben**
  Wichtige, dringliche Aufgaben sofort zu erledigen hat im Betrieb oberste Priorität.

- **B-Aufgaben**
  Eine betriebliche Falle besteht darin, dass wichtige, weniger dringliche Aufgaben auf die lange Bank geschoben und nicht erledigt werden. In der täglichen Hektik werden sie vergessen; die Folge davon ist, dass der Betrieb mittel- bis langfristig Schaden nimmt. Daher sollte man sich Termine für ihre Bearbeitung setzen und - falls möglich - Teilaufgaben an Mitarbeiter **delegieren.**

- **C-Aufgaben**
  Ohne klare Prioritätenplanung besteht die Gefahr, dass sehr dringliche, aber weniger wichtige Aufgaben den Tagesablauf bestimmen. Führungskräfte verfallen dann nicht selten in einen Aktionismus und erkennen nicht, dass sie diese Aufgaben besser delegieren würden.

- **P(apierkorb)-Aufgaben**
  Weniger wichtige und dringliche Aufgaben empfiehlt das Schema, nicht auszuführen, sondern in den Papierkorb (daher P-Aufgaben) zu werfen. Neben Erfahrung gehört dazu auch ein gewisses Maß an Risikobereitschaft.

Ordnet man die Aufgaben einem Vierfelder-Schema zu, erhält man vier Quadranten.

	Dringlichkeit hoch	Dringlichkeit gering
Wichtigkeit hoch	Quadrant der Notwendigkeit Aufgaben sofort durchführen	Quadrant der Qualität Aufgaben planen, Werte und Ziele klären, Beziehungsarbeit leisten
Wichtigkeit gering	Quadrant der Täuschung/Geschäftigkeit Aufgaben überdenken	Quadrant der Verschwendung triviale Aufgaben einschränken

Die Quadranten der Notwendigkeit, der Qualität, der Täuschung/Geschäftigkeit und der Verschwendung

Betonung des B-Quadranten

Zeitmanagementexperten betonen den B-Quadranten, auch Qualitätsquadrant genannt. Durch frühzeitige Planung und positive Beeinflussung der Beziehungen zu den Mitarbeitern lässt sich die alltägliche Hektik eindämmen. Da damit die Lebensqualität im Betrieb und im privaten Bereich verbessert wird, spricht man vom Qualitätsquadranten. Hilfreich dabei ist die Klärung der eigenen Wertvorstellungen und Leitbilder. Man kann dann die alltäglichen Aktivitäten danach ausrichten, Prioritäten setzen und planen. Gesteigerte Aktivitäten im Bereich des Qualitätsquadranten lassen sowohl den Geschäftigkeits- als auch den Verschwendungsquadranten schrumpfen; aber auch – was noch wichtiger ist – der Notwendigkeitsquadrant schrumpft, da die Zahl der A-Aufgaben zurückgeht. Führungskräfte lernen strategisch zu denken.

Selbstmotivierung – sich selber motivieren

Wenn man sich für etwas entschieden hat (z. B. für die Aneignung eines Lernstoffs im Rahmen des betriebswirtschaftlichen Studiums), dann geht es darum, die Absicht möglichst effizient umzusetzen. Häufig wird etwas so lange aufgeschoben, bis der Zeitdruck sehr hoch ist und der Lernstoff nicht mehr optimal bewältigt werden kann. Dabei kann man sich der **Selbstmotivierung** bedienen, d. h. man verändert das Wahrnehmen, Fühlen und Handeln, um die Absicht umzusetzen.

- **Vorsatzbildung**
  Dies ist eine effiziente Willensstrategie („Wenn ich heimkomme, arbeite ich den Lernstoff nach“), die zu einer automatischen Aufmerksamkeitskontrolle führt. Ein weiterer Vorsatz wäre: „Sobald ich beim Lernen abschweife, mache ich eine kurze Pause.“

  Beispiel: Ein Vorgesetzter nimmt sich vor, im Mitarbeitergespräch mehr zuzuhören.

- **Positives Denken und Vorstellung der Zielerreichung**
  Dabei ist wichtig, dass man sich nicht nur den Zielzustand (gute Note) vorstellt, sondern auch den Weg dorthin (Teilnahme an Vorlesungen, Übungsklausuren, Selbststudium usw.)

  Beispiel: Ein Vorgesetzter setzt sich für das Kundengespräch Ziele und lässt das Gespräch im Kopf Revue passieren.

- **Handlungsbegleitende Selbstgespräche**
  Das innere (auch laute) Sprechdenken erleichtert den Lernprozess und die Ausführung von Tätigkeiten. Man kann auch innere Dialoge führen, in denen mehr und mehr erwünschte Aussagen zum Ausdruck kommen (anstelle von „Das schaffe ich nicht" vielmehr „Ich konzentriere mich jetzt auf die wichtigsten Aussagen!").

4.4 Fallen beim Selbstmanagement – wie der Selbstwert die Fehlersuche behindert

- **Ursachenerklärungen, die dem Selbstwert dienen**
  Menschen achten darauf, einen positiven Selbstwert zu erhalten oder zu erhöhen. Sie erklären sich selbst Erfolge bzw. Misserfolge. Ursachen für einen Misserfolg lokalisieren sie nicht bei sich, sondern außen (z. B. bei äußeren Umständen oder bei Kollegen), damit das eigene Selbst geschont wird. Demgegenüber schreiben sie sich Erfolge selber zu. Dies erhöht den Selbstwert.

  Selbstwertdienliche Ursachenerklärungen

  Solche Ursachenerklärungen sollen unserem Selbstwert dienlich sein. Bei Misserfolgen kann dies jedoch kontraproduktiv sein. Anstatt eine vorurteilsfreie Ursachenanalyse durchzuführen, die verhindert, dass man beim nächsten Mal wieder scheitert, wird das eigene Verhalten als Erklärung für den Misserfolg nicht in Betracht gezogen. Jedoch ist eine genaue Ursachenanalyse bei einem Fehlschlag die Voraussetzung für den Erfolg, wenn die Aufgabe das nächste Mal wieder ansteht.

- **Selbstwertmanagement: Wahrnehmungsfokussierung**
  Man sieht in einer Bewertung durch andere immer das Positive. Wird ein Kollege als Vorbild hingestellt und man damit indirekt kritisiert, sagt man sich, dass man von ihm hätte lernen können. Wird man von jemandem abgelehnt, sagt man sich, dass man überparteilich und unbestechlich ist. Die Wahrnehmungsfokussierung ändert die Bewertung als solche nicht, rückt jedoch das Positive in das Zentrum der Aufmerksamkeit, das vielleicht zunächst eher marginal ist. Auch hier wird zwar der Selbstwert geschützt, aber es besteht die Gefahr, die Realität zu verdrängen und nicht das eigene Verhalten zu verändern, das eigentlich zu verändern wäre.

4.5 Stress bewältigen

Belastungen - auch Stressoren (= stressauslösende Faktoren) genannt - verursachen täglich Stressreaktionen.

Beispiel

Ein Handwerker möchte am Montagmorgen bei einem Kunden Fenster einbauen, der am anderen Ende der Großstadt wohnt. Dabei muss er durch die Innenstadt fahren. Der Berufsverkehr geht nur zähflüssig voran, er wird ungeduldig und wütend. Stress baut sich auf, als er feststellt, dass er in der letzten halben Stunde lediglich 500 Meter weitergekommen ist.

Stress als Anpassungsreaktion

Stress ist eine psychische und physische Anpassungsreaktion des Menschen bei Belastungen.

Wird beispielsweise die Belastung zu hoch oder zu gering, ist eine Stressreaktion die Folge. Dabei gibt es Unterschiede von Mensch zu Mensch. Was für den einen belastend wirkt, ist für den anderen keine Belastung.

Am Arbeitsplatz betrachtet man oft Stress als eine Form der Belastung, die als unangenehm empfunden wird. Es gibt aber auch Situationen, die eine positive Stressreaktion hervorrufen. Diesen Stress nennt man Eustress (aus dem Griechischen: „eu“ bedeutet „gut“).

Beispiel

Ein Mitarbeiter hat eine neue Aufgabe zusätzlich zu bewältigen. Er fühlt sich wohl, obwohl er nun wesentlich mehr Aufgaben zu bewältigen hat. Die Arbeit liegt ihm; der Eustress beflügelt ihn zu dieser Leistung.

Stressfaktoren

Faktoren, die das Stresserleben am Arbeitsplatz bestimmen

- **Persönliche Erfahrungen**
  Wer Belastungen schon mehrmals erfolgreich bewältigt hat und weiß, wie sie zu bewältigen sind, reagiert anders als derjenige, der keinen Erfolg hatte oder unerfahren ist.

  Der erfolgreiche Umgang mit täglichen Belastungen kann direkt trainiert werden. Auch dadurch wird der Stress in neuen Situationen geringer.

Beispiel: Ein Handwerksunternehmer hat unter sehr schwierigen Bedingungen erfolgreich Verhandlungen geführt. Diese waren für ihn belastend. Der Stress ist bei neuen Verhandlungen deutlich geringer; er verarbeitet die Situation ruhiger und selbstbewusster.

- **Subjektive Wahrnehmung**
  Bekanntlich nehmen wir ein und dieselbe Situation unterschiedlich wahr. Der Optimist sieht das Glas halb voll, der Pessimist halb leer. Auch Belastungen nehmen wir sehr unterschiedlich wahr. Sieht der eine in neuen Aufgaben und technischen Änderungen eine Herausforderung und eine Bereicherung, so schätzt der andere dies als Belastung ein.

- **Vorbilder**
  Kollegen und Vorgesetzte können das eigene Stresserleben in zweierlei Hinsicht beeinflussen. Zum einen in der Weise, dass man beobachtet, ob sie starken oder schwachen Stress erleben, um daraus für sich Schlüsse zu ziehen. Zum anderen in der Weise, dass man beobachtet, wie andere mit belastenden Situationen umgehen. Wenn z. B. ein erfahrener Kollege zeigt, wie man mit Stress umgeht, kann man daraus für sich Konsequenzen ziehen, ihn nachahmen und mit einem ähnlichen Verhalten Erfolg haben (Vorbild-Lernen). Umgekehrt erhöhen ungünstige Vorbilder den Stress.

Stressoren und Stressfolgen

Stressoren und Stressfolgen

Wollen Führungskräfte Stress besser in den Griff bekommen, müssen sie sich mit den Stressoren und den Stressfolgen näher beschäftigen. Dabei sind die nachfolgenden Einteilungen hilfreich:

- Über- und Unterforderung bei der Arbeit
- Arbeitsbedingungen (Lärm, Schmutz, chemische Substanzen)
- Rollenkonflikte (Unsicherheit darüber, was man von einem erwartet)
- Arbeitsplatzunsicherheit und Weiterkommen im Betrieb
- schlechte Arbeitsbeziehungen zu Kollegen und Vorgesetzten
- Konflikte zwischen Beruf und Familie

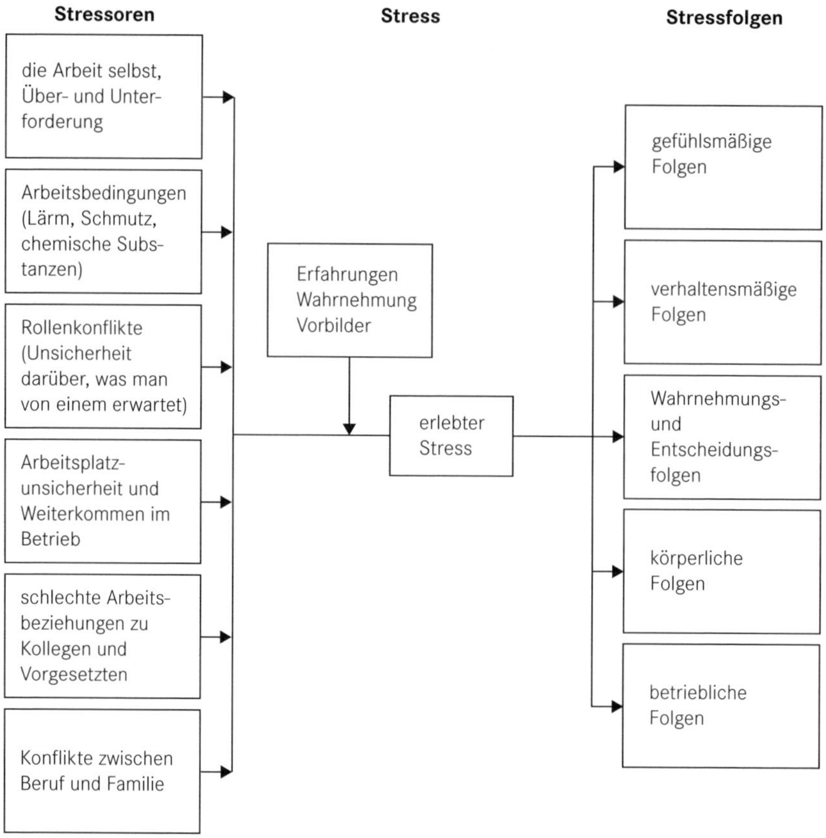

Stressoren, Stress und Stressfolgen

Merkmale von Stressfolgen

Stressfolgen können nach fünf Merkmalen unterschieden werden:

- **Gefühlsmäßige Folgen**
  Furcht, Aggression, Apathie, Langeweile, Müdigkeit, Frustration, Minderwertigkeitsgefühle, innere Unruhe, das Gefühl, allein gelassen zu werden.

- **Verhaltensmäßige Folgen**
  Unfallneigung, Alkoholismus, emotionale Ausbrüche, übermäßiges Essen, übermäßiges Rauchen, nervöses Gelächter, unkontrolliertes Verhalten.

- **Wahrnehmungs- und Entscheidungsfolgen**
  Unfähigkeit, vernünftige Entscheidungen zu treffen, geringe Konzentration, kurze Aufmerksamkeitsspanne, geistige Blockaden.

- **Physische Folgen**
  Hoher Blutdruck, erhöhte Herzfrequenz, Ausschüttung von Adrenalin, Schwitzen, trockener Mund, erweiterte Pupillen.

- **Betriebliche Folgen**
  Fehlzeiten, Arbeitsplatzwechsel, geringe Produktivität, Arbeitsunzufriedenheit, geringe Identifikation mit betrieblichen Zielen.

Wie kann man mit Stress umgehen?

Mit Stress umgehen

Der amerikanische Medizinprofessor Herbert Benson entdeckte neben der Stressreaktion auch eine **Entspannungsreaktion** des Körpers, die es auszulösen gilt, wenn zu viel Stress auftritt.

Benson[29] schreibt, dass zwei Dinge unerlässlich sind, will man die Muskeln entspannen, die Gehirntätigkeit, die Pulsfrequenz, den Blutdruck absenken und die Atmung verlangsamen:

- Sich auf etwas konzentrieren: Man lenkt die Wahrnehmung z. B. auf den eigenen Atem oder ein Wort oder auf eine rhythmische Muskeltätigkeit.
- Eine passive Haltung gegenüber ablenkenden oder eindringenden Gedanken, die der Konzentration abträglich sind. Wenn ein ablenkender Gedanke auftritt, dirigiert man den Geist sanft auf den Konzentrationspunkt zurück.

Fragen zur Selbstkontrolle

1. Was können Führungskräfte tun, um eine Feedback-Kultur zu entwickeln?
2. Welche Schritte müssen Sie tun, um Ihr Verhalten zu ändern?
3. Wenn Sie Ihr Zeitmanagement überprüfen, gibt es Aufgaben, die Sie den Quadranten der Täuschung oder Verschwendung zuordnen? Wenn ja, welche Schlussfolgerungen ziehen Sie daraus?
4. Welche Art der Selbstmotivierung bevorzugen Sie?
5. Beobachten Sie bei sich selbstwertdienliche Ursachenerklärungen und/oder die Wahrnehmungsfokussierung?
6. Welche Möglichkeiten gibt es, Stress zu bewältigen?

5. Führen

Die Führungskompetenz ist eine Kernkompetenz. Geprüfte Betriebswirte/innen nach der HwO sind am Auf- und Ausbau von Führungskompetenz im Betrieb beteiligt; sie reflektieren sich selbst als Führungskraft. Sie planen, gestalten und überprüfen die Eignung vorhandener Führungskonzepte und wirken beim Aufbau neuer, innovativer Führungskonzepte mit.

Das Kapitel ist so gestaltet, dass Sie

- Führen und Managen unterscheiden können,
- die Persönlichkeitsmerkmale kennen, die neben Fachkenntnissen und Intelligenz zentral für den Führungserfolg sind,
- die Merkmale von charismatischen Führungskräften kennen und hinterfragen können,
- die Merkmale der transformationalen Führung kennen,
- die wichtigsten Führungsstile unterscheiden können,
- das Verhaltensgitter beschreiben können,
- das Kontinuum der Führungsstile beschreiben können und
- die situative Führung beschreiben können.

> **Führen** heißt Mitarbeiter zielgerichtet unter Berücksichtigung mitmenschlicher Belange dazu bewegen, betriebliche Aufgaben zu übernehmen und erfolgreich auszuführen.

Definition Führen

Mit „zielgerichtet“ ist dabei gemeint: „Aktivitäten der Mitarbeiter eine Richtung geben“. Es sind dabei die Interessen, Motive, Fähigkeiten und Fertigkeiten der Mitarbeiter zu berücksichtigen und ein entsprechender Handlungsspielraum einzuräumen.

Führung orientiert sich immer an den konkreten Umweltbedingungen. In einer freien Marktwirtschaft sind Betriebe abhängig vom konjunkturellen Umfeld und damit vom Arbeits-, Absatz- und Kapitalmarkt.

Führen und Managen

Dass Führen mehr als Management ist, zeigt sich insbesondere in Krisenzeiten, wenn es darum geht, einen Betrieb zukunftsfähig zu machen. Während Führung heißt, Mitarbeiter für anstehende Veränderungen zu gewinnen und ihre Kräfte für gemeinsame Ziele zu mobilisieren, hebt Management auf den Status quo ab. Vorgegebene Ziele und Aufgaben müssen von den Mitarbeitern erreicht werden. Führung ist mit Änderungsprozessen, Management mit Effizienz und Stabilität befasst. Ein Vorgesetzter muss beides können: führen und managen.

In diesem Kapitel steht das Führen im Mittelpunkt, das Kapitel 6 befasst sich mit „Managen“ als Führungsaufgabe.

Zur Führungsumwelt im engeren Sinne gehört insbesondere auch die betriebliche Organisation selbst. Betriebe kennzeichnen die **Spezialisierung** von Funktionen und Positionen (hohes Maß horizontaler und vertikaler Arbeitsteilung), die **Formalisierung** (personenunabhängige Regeln, Prozeduren, Standardisierungen und Normierungen) und die **Entscheidungszentralisation** (Hierarchiebildung mit Befehls- und Weisungsrecht).

Vorgesetzte sind dafür verantwortlich, dass die Aufgaben, die in ihren Bereich fallen, optimal ausgeführt werden. Sie müssen die dafür nötigen Voraussetzungen schaffen (z. B. durch Zielsetzung und Kommunikation).

Nicht zuletzt sind (zwischen-)menschliche Ansprüche zu berücksichtigen. Das Recht auf freie Entfaltung der Persönlichkeit ist nicht nur im Grundgesetz verankert (Art. 2 GG). Auch im Betriebsverfassungsgesetz ist ein entsprechender Passus zu finden. „Arbeitgeber und Betriebsrat haben die freie Entfaltung der Persönlichkeit der im Betrieb beschäftigten Arbeitnehmer zu schützen und zu fördern ...“ (§ 75 BetrVG).

Führung hat viele Facetten - so verwundert es nicht, dass es auch viele Führungstheorien gibt.

5.1 Führungseigenschaften - welche sind wichtig?

Wie Historiker die Geschichte mit „großen“ Persönlichkeiten (Helden, Bösewichten und Lichtgestalten) erklären, betont die Eigenschaftstheorie, dass Menschen durch ihre herausragenden Persönlichkeitsmerkmale den Führungserfolg bestimmen. Sie geht davon aus, dass es deutliche Unterschiede zwischen den Persönlichkeitsmerkmalen von Führungskräften und Mitarbeitern gibt.

Beispiel: Ein Handwerksunternehmer führt seit einem Jahrzehnt einen Installationsbetrieb. Sein Führungserfolg wird seiner Tatkraft, seiner Belastbarkeit und seinem Durchsetzungsvermögen zugeschrieben.

Als Persönlichkeitsmerkmale werden oft Eigenschaften wie Verantwortungsbereitschaft, Überzeugungskraft, Stressresistenz, Kontaktfähigkeit, Selbstsicherheit, Aktivität und Energie, Entscheidungsfähigkeit, Durchsetzungsvermögen, Belastbarkeit, Intelligenz, Verhandlungsgeschick, Organisationstalent, Kreativität und Flexibilität genannt.

In der betrieblichen Praxis variiert der Eigenschaftskatalog von Unternehmen zu Unternehmen. Deshalb wurde schon frühzeitig untersucht, welche Merkmale über alle Betriebe hinweg Führungserfolg bewirken. Als Kriterien verwendete man die Leistung der Gruppe, den Grad des Zusammenhalts oder die Arbeitszufriedenheit der Mitarbeiter.

Die Ergebnisse waren enttäuschend. Sie streuten sehr stark von Studie zu Studie. Konnten einzelne Studien z. B. einen gesicherten statistischen Zusammenhang zwischen Persönlichkeitsmerkmalen wie Durchsetzungsvermögen und Führungserfolg nachweisen, gelang dies anderen nicht.

OCEAN-Modell

Erst als man die Persönlichkeitsmerkmale mit dem OCEAN-Modell sinnvoll klassifizieren konnte, gelang der Durchbruch.

Das OCEAN-Modell unterscheidet fünf Faktoren: Extraversion, Offenheit für neue Erfahrung, Verträglichkeit, Gewissenhaftigkeit und Neurotizismus. Die englischen Begriffe dazu sind: **O**peness (für Offenheit), **C**onscientiousness (für Gewissenhaftigkeit), **E**xtraversion, **A**greeableness (für Verträglichkeit) und **N**euroticism (für Neurotizismus).

Die Anfangsbuchstaben ergeben das Wort **„OCEAN“**, daher der Name des Modells.

- **Offenheit für neue Erfahrung** (**O**peness)[30]
  Personen mit hohen Werten sind wissbegierig, kreativ, unabhängig in ihrem Urteil, bevorzugen Abwechslung, haben eine hohe Wertschätzung für neue Erfahrungen, interessieren sich für öffentliche Ereignisse.
- **Gewissenhaftigkeit** (**C**onscientiousness)
  Personen mit hohen Werten sind ordentlich, zuverlässig, hart arbeitend, diszipliniert, pünktlich, ehrgeizig, systematisch.
- **Extraversion**
  Personen mit hohen Werten sind gesellig, aktiv, gesprächig, personenorientiert, freundlich, optimistisch, mögen Anregungen und Aufregungen.
- **Verträglichkeit** (**A**greeableness)
  Personen mit hohen Werten sind mitfühlend, verständnisvoll, wohlwollend, neigen zu zwischenmenschlichem Vertrauen, zur Kooperation und sind kompromissbereit.
- **Neurotizismus** (**N**euroticism)
  Personen mit hohen Werten neigen dazu, nervös, ängstlich, traurig, unsicher und verlegen zu sein, sich Sorgen um die Gesundheit zu machen. Sie neigen zu unrealistischen Ideen, sind weniger in der Lage, ihre Bedürfnisse zu kontrollieren und auf Stresssituationen angemessen zu reagieren.

Die Faktoren wurden aufgrund eines statistischen Verfahrens empirisch nachgewiesen. Jeder dieser fünf Faktoren umfasst **sechs Facetten.**

Studien[31] weisen nach, dass drei der fünf Faktoren zur Herausbildung informeller Führer in Teams und zum Erfolg formeller Führer besonders beitragen. Diese drei Faktoren sind **O**ffenheit, Gewissenhaftigkeit (**C**onscientiousness) und **E**xtraversion.

Faktoren für Führungserfolg

Die für den Führungserfolg **wichtigsten** Faktoren beinhalten folgende Facetten:

- **Extraversion:** Freundlichkeit, Geselligkeit, Durchsetzungsfähigkeit, Aktivität, Stimulation und positive Emotionen.
- **Offenheit:** Offenheit für Fantasie, Ästhetik, Gefühle, neue Aktivitäten, Ideen und für Norm- und Wertesysteme.
- **Gewissenhaftigkeit**: Kompetenz (Selbstwirksamkeit), Ordnungsliebe, Pflichtbewusstsein, Leistungsstreben, Selbstdisziplin und Besonnenheit.

Dabei ist zu beachten, dass die Facetten eines Persönlichkeitsfaktors unterschiedlich ausgeprägt sein können. So kann jemand sehr offen für neue Aktivitäten und Ideen sein, aber nicht für neue Wertesysteme.

Zentral für den Führungserfolg ist die **Extraversion,** noch wichtiger ist sie bei der Herausbildung der informellen Führung. Die Studien zeigen, dass sich aktive, auf andere zugehende und optimistische Personen durchsetzen, wobei nachgewiesen wurde, dass Personen mit zu hoher Durchsetzungsfähigkeit („Ellenbogenmentalität") weniger Erfolg hatten als solche mit einem mittleren Maß an Durchsetzungsfähigkeit[32]. **Extravertierte** haben bessere soziale Fertigkeiten, mehr Durchsetzungsvermögen und können ihren Emotionen Ausdruck verleihen, was bei der Teamarbeit und in Führungsfunktionen von Vorteil ist.

Daneben kennzeichnen Kompetenz, Selbstdisziplin und Leistungsstreben (Facetten der **Gewissenhaftigkeit)** sowie Flexibilität und Kreativität (Facetten der **Offenheit**) erfolgreiches formelles und informelles Führungspersonal. Personen mit hohen Werten bei **Gewissenhaftigkeit** planen und organisieren besser als solche mit einem geringen Wert; sie sind verlässlich. **Offene** Personen lernen gern, sind kreativ und flexibel. Daher sind sie bei betrieblichen Veränderungen angepasster als Personen mit einem geringen Wert.

Emotionale Stabilität - d. h. der Neurotizismus ist gering ausgeprägt - steht auch in einem direkten Zusammenhang zum effektiven Führen. Personen mit einer geringen emotionalen Stabilität scheitern an vielen belastenden Führungssituationen[33].

Ein weiteres Konzept zur Vorhersage von Führungserfolg ist die **Emotionale Intelligenz** mit ihren vier Kompetenzen (siehe Kapitel 4 „Selbstreflexion - emotional kompetenter werden"). Personen mit gut ausgeprägten persönlichen und sozialen Kompetenzen (Einfühlungsvermögen und Beziehungsmanagement) gelingt es, insbesondere in Zeiten des Umbruchs ein Unternehmen zu führen, wenn sie auf die Beschäftigten zugehen, Beziehungen nicht vernachlässigen und die Leistungen ihrer Mitarbeiter auch emotional würdigen.

Myers-Briggs-Typologie

Nicht zu vergessen ist in diesem Zusammenhang die Myers-Briggs-Typologie. Auch dort werden die Führungspersönlichkeiten[34] beschrieben. Personen mit den Präferenzen von **Extraversion, Intuition, Denken und Urteilen** haben in vielen Führungstätigkeiten Vorteile.

Weitere Merkmale sind **Intelligenz und Leistungsmotivation**[35]. Besonders der Intelligenz wird eine wichtige Rolle beim Führungserfolg zugeschrieben.

Methoden zur Erfassung der Merkmale

Man erfasst die oben aufgeführten Persönlichkeitsmerkmale mit Interviews (Einstellungsgespräch), biografischen Fragebögen, psychologischen Persönlichkeitstests, der Postkorbmethode, der führerlosen Gruppendiskussion und mit Management-Übungen. Werden diese Methoden kombiniert eingesetzt, spricht man von einem sog. „Assessment Center“ (siehe dazu Abschnitt 10.3 „Personalentwicklung“).

Praktische Schlussfolgerungen

Die aktuelle Führungsforschung zeigt, dass die Persönlichkeitsmerkmale Extraversion, Gewissenhaftigkeit und Offenheit für neue Erfahrung neben Fachkenntnissen und Fähigkeiten (Intelligenz) zum Führungserfolg und zur Herausbildung von Führung besonders beitragen. Sind diese Eigenschaften bei einer Führungskraft tendenziell vorhanden, kann sie darauf aufbauend ein wirksames Führungskonzept entwickeln. Bei Auswahlverfahren können erfahrene Vorgesetzte und Experten beobachten, ob Bewerber für Führungspositionen sie zumindest teilweise mitbringen. Dabei muss beachtet werden, dass die täglichen Führungsaufgaben den stärksten Einfluss auf das Führungsverhalten haben und dies die Persönlichkeitsmerkmale beeinflusst.

Beispiel

Beispiel: Eine Führungskraft wird durch die Führungspraxis (tägliche Besprechungen, Netzwerke bilden, Kommunikation usw.) vermehrt extravertiertes Verhalten zeigen, was wiederum zur Herausbildung von Extraversion beiträgt, sollte sie nicht schon von vornherein stark extravertiert sein.

Menschen sind sowohl extravertiert als auch introvertiert. Wer seine extravertierte Seite mehr und mehr zeigt, wird im Hinblick auf die Kommunikation Führungserfolg haben. Welche Kommunikationsfertigkeiten und Methoden dabei förderlich sind, zeigt das Kapitel „Kommunikation“.

Dies gilt auch für die Merkmale Offenheit und Gewissenhaftigkeit. Auch hier bietet eine Vielzahl von Methoden Hilfe, wenn es darum geht, sich diese Merkmale anzueignen (siehe dazu die Abschnitte „Vertrauensbildung“, „Brainstorming“, „Zeitmanagement“).

5.2 Charismatisch führen – Fallen kennen

Eine Ausformung der Eigenschaftstheorie ist die charismatische Führung. Die Führung beruht auf dem Charisma (aus dem Griechischen: Geschenk, Gnadengabe) der Führungskraft, sie ist also mit außergewöhnlichen Eigenschaften ausgestattet.

Nach schlechten Erfahrungen mit charismatischen Führungskräften in der deutschen Geschichte wurde in Deutschland die charismatische Führung lange Zeit auch in der Wirtschaft sehr skeptisch betrachtet, kam jedoch im Zuge der Globalisierung über die Vereinigten Staaten wieder nach Europa und gilt nun auch bei uns als „New Leadership Approach"[36].

Man spricht von Charisma einer Führungskraft, wenn sie in den Augen der Mitarbeiter außergewöhnliche Eigenschaften hat. Mitarbeiter schreiben der Führungskraft diese besonderen Eigenschaften zu. Insbesondere in Zeiten wirtschaftlicher, politischer und technologischer Umbrüche wird der Ruf nach charismatischen Führungskräften laut.

Dass eine Führungskraft eine Vision hat von dem, was in Zukunft sein kann, ist Kern der charismatischen Führung. Die Mitarbeiter identifizieren sich mit der Vision und verändern ihre Einstellungen und Verhaltensweisen. Oft haben Unternehmensgründer solch eine Vision und kommunizieren sie außerordentlich erfolgreich, sodass die Mitarbeitenden von ihrer starken Ausstrahlungskraft eingenommen sind und sie als begnadete Führungskraft sehen. Sie sagen, dass die Führungskraft Charisma hat, also eine besondere Eigenschaft, die andere Führungskräfte nicht haben.

Beispiel

Beispiel: Ein neues technisches Produkt soll in Zukunft das Alltagsleben der Bevölkerung erleichtern. Dadurch, dass es preiswert ist, können sich viele das Produkt leisten. Zudem leistet es einen Beitrag zur Umweltschonung. Der Unternehmensgründer kommuniziert seine Vision sehr emotional, und die Mitarbeiter sind begeistert.

In der Computer- und Kommunikationsindustrie galt beispielsweise Steve Jobs, Mit-Firmengründer von Apple, jahrzehntelang als charismatischer Führer und Visionär.

Die Merkmale von charismatischen Führungskräften[37] sind:

- Sie haben eine Vision, einen Entwurf von dem, was sein könnte, der andere inspiriert. Der Zukunftsentwurf verspricht deutlich besser zu sein als der derzeitige Zustand (z. B. eine Dienstleistung oder ein Produkt). Sie können andere von der Wichtigkeit des Zukunftsentwurfs überzeugen.

- Um die Vision zu realisieren, gehen sie ein erhöhtes persönliches Risiko ein, setzen auf das Ganze, sind zu vielen persönlichen Opfern bereit, gehen oft ungewöhnliche und neue Wege.
- Ihr Verhalten ist geprägt von Durchsetzungsfähigkeit, persönlicher Stärke und Sendungsbewusstsein.
- Sie haben Vertrauen in die Belegschaft und fördern ihr Selbstvertrauen. Dadurch steigern sie deren Erwartungen, schwierige Ziele zu erreichen, um schließlich den Zukunftsentwurf zu realisieren.

Fallen charismatischer Führung

Wie in der Politik haben charismatische Führungskräfte auch in der Wirtschaft ihre Schattenseiten. Sie können Mitarbeiter rücksichtslos manipulieren und ausbeuten[38]. Jede Kritik an ihrer Person wird als Angriff auf ihre Vision gesehen, und nicht selten sind sie zu keiner Selbstkritik (siehe Kapitel „Selbstreflexion“) fähig. Charismatische Führungskräfte laufen mitunter Gefahr, den Bezug zur Realität zu verlieren.

Praktische Schlussfolgerungen

Visionen bedürfen immer einer kritischen Hinterfragung, insbesondere dann, wenn bei ihrer Umsetzung Korruption, Lüge, Betrug, Diebstahl und Ausbeutung in Kauf genommen wird und gegen ethische Grundsätze insgesamt verstoßen wird. Auch charismatische Führungskräfte sind nicht gegen schlechte Führung gefeit und sollten daher folgende Tipps beachten[39]:

- Amtszeit und Macht begrenzen.
- Den Bezug/Kontakt zur Realität bewahren.
- Sich nicht nur dem Job, sondern auch der Familie und Freunden widmen.
- Den eigenen „Hunger“ nach Macht, Geld und Erfolg kennen und kontrollieren.
- Glaube nicht an den „Hype“ um deine Person.
- Sich selber von Zeit zu Zeit infrage stellen.

5.3 Veränderungen herbeiführen – transformationale Führung

Besonders in Zeiten des schnellen technologischen und wirtschaftlichen Wandels wird der Ruf nach einer Führung laut, die diesen Umständen gerecht wird. Um wirtschaftlich überleben zu können, müssen die Führungskräfte in der Lage sein, den Betrieb umzugestalten. Dazu bedarf es „transformationaler Führung“.

Sie geht auf den amerikanischen Politologen und Historiker Burns zurück, der davon die transaktionale Führung unterschied, deren Ziel es ist, den bestehenden Zustand zu optimieren.

Einer der wichtigsten Vertreter dieser Art der Führung war der Industrie- und Organisationspsychologe Bernard M. Bass[40], der dazu eine Vielzahl von Untersuchungen durchführte. Bass betont, dass gute Führung immer transformational und transaktional ist, legt jedoch den Schwerpunkt auf transformational.

Bei der transaktionalen Führung in den Betrieben macht der Vorgesetzte im übertragenen Sinne ein „Tauschgeschäft". Er bietet den Mitarbeitern finanzielle Belohnungen im Tausch für die höhere Produktivität. Oder er verweigert finanzielle Belohnungen, wenn die Produktivität nachlässt. Geben und Nehmen bestimmt das Führungsgeschehen.

Beispiel: Die Mitarbeiter arbeiten samstags auf einer Baustelle, der Vorgesetzte zahlt Zuschläge zum Lohn.

Bei der transformationalen Führung dagegen verändert die Führungskraft die Wahrnehmung ihrer Mitarbeiter, vermittelt neue Sichtweisen und Bezugspunkte des Verhaltens und Erlebens (Werte). Sie kommuniziert neue Idealvorstellungen. Dadurch mobilisiert sie bei den Mitarbeitern Kräfte, und Motivation sowie Selbstvertrauen steigen. Die Mitarbeitenden werden aufgrund des Führungsverhaltens „verwandelt".

Beispiel: Ein Handwerksunternehmer übernimmt den väterlichen Elektrobetrieb mit fünf Mitarbeitern. Er richtet ihn neu aus. Sein Schwerpunkt sind nun die erneuerbaren Energien mit ihrem positiven Effekt auf die Umwelt. Er spricht mit seinen Mitarbeitern darüber, kommuniziert die neue Firmenphilosophie, begeistert sie und flößt ihnen Vertrauen ein, den Wandel zu schaffen. Um sie dafür zu qualifizieren, bietet er Hilfen an.

Kennzeichen transformationaler Führung

Vier „I" machen die transformationale Führung aus.

„Idealized Influence" (Die Führungskraft ist Vorbild)

Die Führungskraft ist in fachlicher und persönlicher Hinsicht ein Vorbild. Ihre Person erzeugt Respekt, sie ist glaubwürdig, sie stellt ihre persönlichen Interessen zurück und vermittelt Stärke. Sie lebt ihre Idealvorstellungen. Die Mitarbeiter sind auf sie stolz und arbeiten gern mit ihr zusammen. Sie arbeitet gern im Team und spricht offen über ihre Wertvorstellungen (z. B. Umweltschutz).

„Inspirational Motivation" (Die Führungskraft inspiriert die Mitarbeiter)

Die Führungskraft äußert ihre Idealvorstellungen und das, was sie sich vorstellt, überzeugend, blickt optimistisch in die Zukunft. Sie ist im Hinblick auf die Zielerreichung zuversichtlich und begeistert.

„Intellectual Stimulation" (Die Führungskraft vermittelt neue Sicht- und Denkweisen)

Die Führungskraft sucht und findet neue Wege, Aufgaben zu lösen. Sie betrachtet die Lösungsansätze aus unterschiedlichen Blickwinkeln, sie regt das Denken an.

„Individualized Consideration" (Die Führungskraft geht auf den Einzelnen ein und fördert ihn)

Die Führungskraft nimmt sich Zeit, Mitarbeitern etwas beizubringen. Sie erkennt die Stärken und Schwächen der Mitarbeiter und gibt ein konstruktives Feedback.

> **Praktische Schlussfolgerungen**
>
> Auch bei der transformationalen Führung steht die Personalentwicklung im Vordergrund. Wer einen Betrieb verändern möchte, muss seine Vorstellungen auf seine Mitarbeiter übertragen, sie begeistern und geistig fordern. Führungskräfte sollten Glaubwürdigkeit vermitteln, über ihre (neuen) Vorstellungen sprechen und Mitarbeiter in den Änderungsprozess einbeziehen.

5.4 Führungsstile – den geeigneten Führungsstil finden

In der zweiten Hälfte des letzten Jahrhunderts untersuchten die Forscher vermehrt das **Verhalten** von Führungskräften. Sie beschrieben wiederkehrende Verhaltensmuster **(= Führungsstile)** von Vorgesetzten und setzten sie mit dem Führungserfolg in Beziehung.

Führungsstile als wiederkehrende Verhaltensmuster

Die amerikanischen Industriepsychologen Hemphill und Fleishman[41] sammelten zunächst etwa 1.800 für den Führungserfolg kritische, d. h. wichtige Verhaltensweisen. Experten stuften von diesen 150 als besonders bedeutsam ein. Die statistische Analyse zeigte, dass ihnen zwei voneinander unabhängige Faktoren zugrunde liegen – die Aufgaben- und die Mitarbeiterorientierung.

- **Die Aufgabenorientierung des Vorgesetzten**
  Damit ist das Ausmaß gemeint, in dem eine Führungskraft Ziele und Leistungsstandards setzt und dafür sorgt, dass sie erreicht werden. Gleichzeitig legt sie Wert darauf, dass ihre Stellung und Funktion anerkannt wird.

  Beispiele[42]:

  - Die Führungskraft besteht darauf, dass alles so gemacht wird, wie sie es sich vorstellt.
  - Die Führungskraft herrscht mit eiserner Hand.

- **Die Mitarbeiterorientierung/Rücksichtnahme der Führungskraft**
  Damit ist das Ausmaß gemeint, in dem eine Führungskraft sich für die Belange der Mitarbeiter einsetzt, ihnen Vertrauen entgegenbringt, sie als Menschen akzeptiert und ihre Maßnahmen erklärt.

  Beispiele[43]:

  - Die Führungskraft steht ihren Mitarbeitern in persönlichen Dingen zur Seite.
  - Die Führungskraft macht es ihren Mitarbeitern leicht, unbefangen mit ihr zu reden.

Das Verhaltensgitter von Blake/Mouton/McCanse

Aufbauend auf den Forschungen zur Mitarbeiterorientierung und Aufgabenorientierung haben die amerikanischen Unternehmensberater Blake, Mouton und McCanse[44] eine Verhaltenstheorie der Führung entwickelt, die in Deutschland Anklang[45] fand und findet.

Sie soll Verhaltensweisen identifizieren, die im Hinblick auf den Führungserfolg zielführend sind bzw. ihn infrage stellen.

Beispiel: Ein Unternehmensinhaber legt großen Wert darauf, seine Entscheidungen selbst zu treffen und sich nur selten von anderen beeinflussen zu lassen. Er ist der Meinung, dass seine Mitarbeiter keinen vernünftigen Beitrag zur Entscheidungsfindung leisten können. Nun gab es eine Fehlentscheidung, und er überdenkt sein Verhalten.

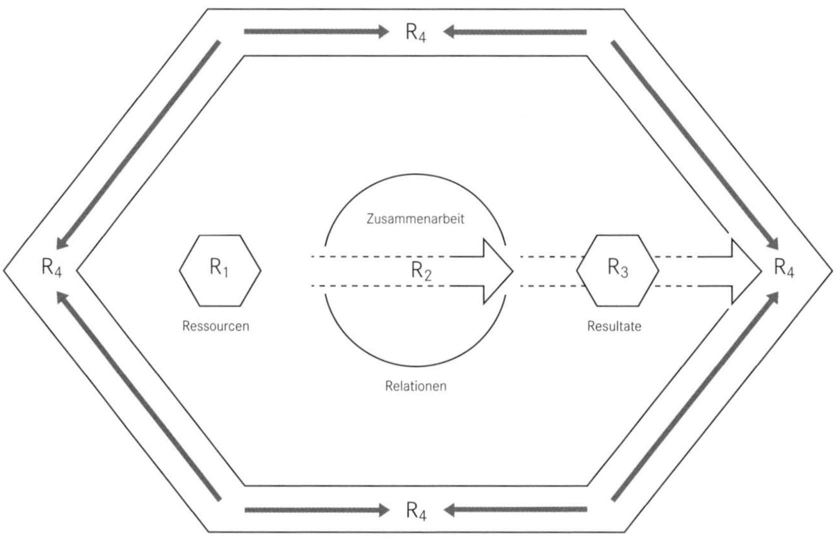

Ressourcen, Relationen, Resultate und Reflexion (R4) nach Blake/McCanse

Führen bedeutet für Blake und McCanse[46], betriebliche Ziele durch den besten Einsatz der Mitarbeiter entwickeln zu können. Organisatorische und persönliche Produktivität sollen optimiert werden. Dazu unterscheiden sie Ressourcen, Relationen, Resultate und Reflexion (siehe obige Abbildung).

Sie bezeichnen als Ressource R1 das Humankapital, das Menschen am Arbeitsplatz einbringen: ihr Wissen, Können und ihre Motivation. Sie sind die Voraussetzung dafür, dass im Betrieb die anderen Produktionsfaktoren (finanzielle und technische Mittel) zum Einsatz kommen.

Mit Ressource R2 ist die Zusammenarbeit am Arbeitsplatz (mit Kollegen, Kunden, Klienten, anderen Abteilungen usw.) gemeint. Hier liegt auch der Einflussbereich der Führungskraft. Erfolgreichen Führungskräften gelingt es, die Zusammenarbeit zu optimieren und so günstige Resultate R3 zu erzielen. Resultate R3 sind in Zahlen (Produktivität, Umsatz, Servicegrad usw.) messbar.

R4 steht für Reflexion durch Selbstbeobachtung, informelles Feedback und Überdenken des eigenen Verhaltens im Rahmen der konstruktiven Kritik (Was kann das nächste Mal besser gemacht werden?). Kapitel 4 „Selbstreflexion" geht auf diesen Bereich näher ein.

Mit einem geeigneten Führungsstil kann eine Führungskraft die Ressourcen R1 entwickeln und zur Geltung bringen. Ihren vorwiegenden Führungsstil kann sie anhand bestimmter Verhaltensweisen selber feststellen; sie kann aber auch den Führungsstil, den sie nur gelegentlich anwendet (z. B. wenn sie unter extremen Zeitdruck steht), feststellen.

Wie kann man nun den Führungsstil feststellen? Dazu werden sechs Bereiche der Führung und die dazugehörenden Verhaltensweisen beschrieben:

- Wie löst die Führungskraft Konflikte?
- Wie ist das Initiativverhalten der Führungskraft?
- Wie beschafft sie sich Informationen?
- Wie äußert sie ihre Meinung/vertritt sie ihren Standpunkt?
- Wie ist ihr Entscheidungsverhalten?
- Wie geht sie mit dem Instrument der konstruktiven Kritik um?

Jede Verhaltensweise eines Führungsbereichs wird einem Führungsstil zugeordnet. So kann eine Führungskraft ihren derzeitigen Führungsstil bestimmen.

Die Führungsstile sind in einem Verhaltensgitter angeordnet, das auf den beiden Faktoren Aufgaben- und Mitarbeiterorientierung fußt.

Die beiden Dimensionen Aufgaben- bzw. Mitarbeiterorientierung werden im Verhaltensgitter als Sach- bzw. Menschenorientierung bezeichnet. Sie werden in einem

Koordinatensystem dargestellt. Auf beiden Achsen wird eine Skala von 1 bis 9 aufgetragen. Daraus ergibt sich ein Gitter – das Verhaltensgitter. Es umfasst 81 Felder. Jedes Feld verdeutlicht ein bestimmtes Verhaltensmuster (= Führungsstil).

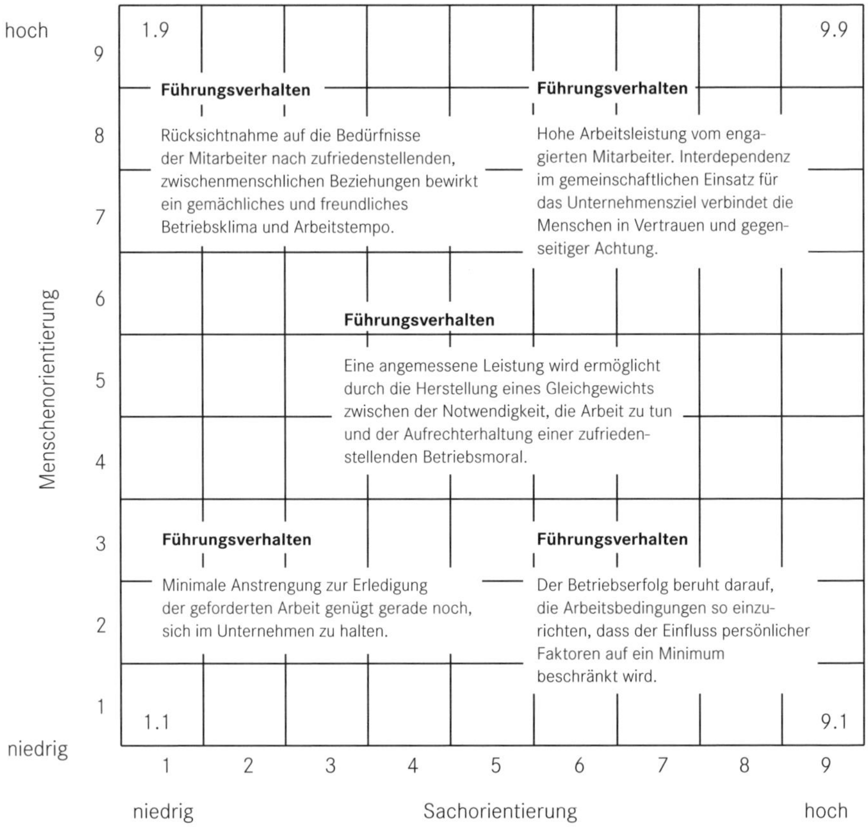

Das Verhaltensgitter[47] nach Blake, Mouton und McCanse

Näher erläutert werden **fünf** Verhaltensmuster:

1.1 Geringe Aufgaben- und geringe Beziehungsorientierung

Die Führungskraft strengt sich wenig an, um die anstehenden Aufgaben zu lösen. Die Einstellung der Führungskraft ist gekennzeichnet durch „Tut mir leid, das geht mich nichts an". Das Verhalten hat Ähnlichkeit mit der Laissez-Faire-Führung.

1.9 Geringe Aufgaben- und hohe Beziehungsorientierung

Die Führungskraft geht stark auf die Bedürfnisse und Wünsche der Mitarbeiter ein und schafft so ein angenehmes Betriebsklima. Das Arbeitstempo ist gemächlich. Das Motto könnte „Don't worry, be happy" lauten.

5.5 Durchschnittliche Aufgaben- und Beziehungsorientierung

Der Vorgesetzte versucht zwischen den betrieblichen Belangen und den Bedürfnissen der Mitarbeiter einen Kompromiss zu finden. Das Motto der Führungskraft könnte lauten: „Damit kann ich leben."

9.1 Hohe Aufgaben- und geringe Mitarbeiterorientierung

Der Vorgesetzte plant, organisiert, leitet und kontrolliert unter Berufung auf seine formale Autorität. Die persönlichen Beziehungen zu den Mitarbeitern werden auf ein Minimum reduziert. Motto: „Mit Nettsein kommt man nicht weiter."

9.9 Hohe Aufgaben- und hohe Mitarbeiterorientierung

Nach Ansicht der Autoren des Verhaltensgitters ist dies der optimale Führungsstil. Engagierte Mitarbeiter erbringen eine hohe Arbeitsleistung. Dazu die Aussage eines Unternehmers: „Hohe Aufgabenorientierung und hohe Personenorientierung sind keine Gegensätze. In einem erfolgreichen Team setzen sich Vorgesetzte und Mitarbeiter gemeinsam hohe Ziele. Unter diesen Bedingungen werden alle begeistert zusammenarbeiten, zufrieden sein und das Unternehmen voranbringen."[48]

Weitere Führungsstile

Aus der Kombination von Stil 1.9 mit Stil 9.1 entsteht ein weiterer Stil, den die Verfasser als **patriarchalische Orientierung** bezeichnen. Dabei gewährt der Patriarch seinen Mitarbeitern Belohnung und Anerkennung, wenn diese im Gegenzug gehorchen und loyal sind.

Schließlich wird noch der **opportunistischen Stil** unterschieden. Hier steht der persönliche Vorteil der Führungskraft im Vordergrund. Die Führungskraft bedient sich aller vorher beschriebenen Führungsstile, um z. B. Karriere zu machen.

Praktische Schlussfolgerungen

Wer das psychologische Kapital seines Betriebes wirksam berücksichtigen will, kommt an einem mitarbeiterorientierten Führungsstil nicht vorbei. Die Idealvorstellung, immer menschen- und sachorientiert in einem hohen Maße zu entscheiden und Konflikte zu lösen, ist im Einzelfall richtungsweisend, muss jedoch abgewogen werden. Dabei spielt die Führungssituation eine besondere Rolle, worauf die weiter unten aufgeführten Modelle verweisen. Kritisch muss allerdings davor gewarnt werden, die Verhaltensrichtlinien des Modells rezepthaft umzusetzen. Sie müssen immer wieder neu interpretiert werden.

5.5 Situativ führen – verschiedene Führungsstile einsetzen

In der betrieblichen Praxis wird mitunter kritisiert, dass die reinen Führungsstil-Theorien die betriebliche Situation (Mitarbeitergruppen, Zeitdruck, Konkurrenzsituation u. a.) zu wenig berücksichtigen. Starr würde z. B. der kooperative Stil propagiert, obwohl der Zeitdruck so groß sei, dass die Mitarbeiter in die Entscheidungsfindung gar nicht einbezogen werden könnten.

Führungskontinuum

Eine der ersten Theorien, in denen die Führungssituation mit einbezogen wurde, ist das Führungskontinuum[49]. Dort werden sieben Führungsstile unterschieden, aus denen die Führungskraft auswählen kann, um situationsangemessen zu handeln (siehe folgende Abbildung). Die Skala reicht von „autonom" bis „autoritär" -je nachdem, ob die Willensbildung mehr bei den Vorgesetzten oder mehr bei den Mitarbeitern liegt.

Um den richtigen, d. h. der Situation und den Mitarbeitern angepassten Führungsstil zu wählen, sollen die Führungskräfte sich selbst reflektieren, die Bedürfnisse, Erwartungen und Erfahrungen der Mitarbeitenden in Kenntnis bringen sowie die organisatorischen Rahmenbedingungen berücksichtigen.

Welche **internen Faktoren** sollte die Führungskraft berücksichtigen?

- Welche Werthaltungen prägen die Führungskraft? Ist sie partizipativ eingestellt, d. h., sollen Mitarbeiter prinzipiell bei Entscheidungen mitwirken? Oder ist sie der Überzeugung, dass sie für die Entscheidungen und ihre Folgen allein verantwortlich ist und dafür bezahlt wird?
- Das Vertrauen, das die Führungskraft zu ihren Mitarbeitern hat. Wie kompetent sind die Mitarbeiter ihrer Meinung nach? Können sie die Aufgabe alleine bewältigen?
- Ihre Vorstellungen vom richtigen Führungsstil insgesamt.
- Die eigene Toleranz von Unsicherheit. Vorgesetzte mit einer geringen Toleranz von Unsicherheit befürchten, dass sie das Heft aus der Hand geben, wenn sie delegieren oder die Lösung eines Problems ihren Mitarbeitern übergeben.

Willensbildung beim Vorgesetzten						**Willensbildung beim Mitarbeiter**
1	**2**	**3**	**4**	**5**	**6**	**7**
Vorgesetzter entscheidet ohne Konsultation der Mitarbeiter	Vorgesetzter entscheidet; er versucht aber, die Mitarbeiter von seiner Entscheidung zu überzeugen, bevor er sie anordnet	Vorgesetzter entscheidet; er gestattet jedoch Fragen zu seinen Entscheidungen, um dadurch Akzeptanz zu erreichen	Vorgesetzter informiert Mitarbeiter über beabsichtigte Entscheidungen; Mitarbeiter können ihre Meinung äußern, bevor der Vorgesetzte die endgültige Entscheidung trifft	Mitarbeiter/ Gruppe entwickelt Vorschläge; Vorgesetzter entscheidet sich für die von ihm favorisierte Alternative	Mitarbeiter/ Gruppe entscheidet, nachdem der Vorgesetzte die Probleme aufgezeigt und die Grenzen des Entscheidungsspielraums festgelegt hat	Mitarbeiter/ Gruppe entscheidet, Vorgesetzter fungiert als Koordinator nach innen und außen
„autoritär"	„patriarchalisch"	„informierend"	„beratend"	„kooperativ"	„delegativ"	„autonom"

Das Kontinuum der Führungsstile von Tannenbaum und Schmidt (nach Wunderer)[50]

Welche **Faktoren, die bei den Mitarbeitern liegen,** sollte der Vorgesetzte berücksichtigen?

Mitarbeiterbezogene Faktoren

- Haben die Mitarbeiter ein großes Bedürfnis nach Selbstständigkeit?
- Wie stark ist ihre Bereitschaft, überhaupt Verantwortung zu übernehmen, ausgeprägt?
- Wie stark ist ihre Toleranz von Unsicherheit ausgeprägt?
- Interessieren sie sich für das Problem, und sehen sie es für wichtig an?
- Verstehen und identifizieren sie sich mit den Zielen des Unternehmens?
- Haben sie die Erfahrung und das Wissen, das Problem zu lösen?
- Erwarten sie, dass sie an der Entscheidungsfindung beteiligt werden?

Welche **Faktoren, die in der Situation liegen,** sind zu berücksichtigen?

Situative Faktoren

- In welcher Unternehmenskultur arbeitet der Vorgesetzte? Ist das Unternehmen dafür bekannt, dass es den Mitarbeitern bei der Gestaltung der Arbeitsbedingungen einen Spielraum einräumt? Wie groß ist die Arbeitseinheit, die der Vorgesetzte leitet? Ist sie auf mehrere Standorte verteilt?
- Wie effektiv arbeitet die Gruppe zusammen? Ist sie ein eingespieltes Team?
- Das Problem als solches: Haben die Mitarbeiter dazu Expertenwissen?
- Muss schnell entschieden werden? Liegt Zeitdruck vor?

Beispiel

Ein Handwerksunternehmer vertraut seinem Mitarbeiter, eine Trockenbauaufgabe selbstständig fachgerecht auszuführen. Er wählt den delegativen Stil, der auch seiner Grundüberzeugung entspricht.

Praktische Schlussfolgerungen

Das Kontinuum zeigt die Vielfalt der Wege einer effektiven Führung und kann als grobes Raster zur Bestimmung des eigenen Führungsstils verwendet werden. Den Vorgesetzten gibt es Hinweise darauf, welchen Führungsstil sie in konkreten betrieblichen Situationen anwenden können.

Situativ Führen: Die Leistungsbereitschaft der Mitarbeitenden berücksichtigen[51]

Die betriebliche Praxis zeigt, dass leistungsbereite und fähige Mitarbeiter anders zu führen sind als Neulinge im Betrieb. Auf diesen Aspekt der Führung geht das Bereitschaftsgradmodell (früher: Reifegradmodell) ein. Der amerikanische Begriff dazu ist „readiness to perform“.

Leistungsbereite Mitarbeiter führen

Hier wird neben den Dimensionen „beziehungsorientiert“ und „aufgabenbezogen“ eine weitere Variable eingeführt: der Bereitschaftsgrad des Mitarbeiters.

Beziehungsorientiertes Verhalten bedeutet, dass die Führungskraft in der Zusammenarbeit die Pforten der Kommunikation weit öffnet, aktiv zuhört und in einen emotionalen Bezug zu den Mitarbeitenden tritt. Sie anerkennt Leistungen, motiviert und fördert sie.

Beim **aufgabenorientierten Verhalten** steht die Vorgabe von Zielen, Aufgaben, Terminen im Vordergrund. Vorgesetzte klären, was wo wie von wem gemacht werden soll. Die erwartete Qualität wird beschrieben.

Mit **Bereitschaft des Mitarbeiters**, sich in den Betrieb einzubringen, ist gemeint, wie sein Können und seine Motivation ausgeprägt sind, sich ziel- und aufgabenorientiert zu verhalten. Die Definition folgt dem gängigen Schema der Einschätzung des Leistungsverhaltens nach Können und Wollen, wobei das Wollen nochmals im Hinblick auf die Motivation und das Selbstvertrauen des Mitarbeiters unterteilt wird.

Hersey, Blanchard und Johnson[52] unterscheiden vier Formen der Bereitschaft:

- **Bereitschaftsgrad R1**
  Die Mitarbeitenden haben ein geringes Können und sind unsicher, oder sie haben ein geringes Können und sind gering motiviert.

- **Bereitschaftsgrad R2**
  Die Mitarbeiter haben ein geringes Können, sind jedoch motiviert, oder sie haben ein geringes Können, haben jedoch Vertrauen in die Führungskraft, wenn sie von ihr gelenkt werden.

- **Bereitschaftsgrad R3**
  Mitarbeiter haben zwar das notwendige Können, sind jedoch unsicher, wenn sie allein arbeiten, oder sie haben das Können, sind jedoch unmotiviert, es zu zeigen.

- **Bereitschaftsgrad R4**
  Die Mitarbeiter haben das notwendige Können und die Bereitschaft, es zu zeigen, oder sie sind fähig und trauen sich die Aufgaben zu.

Der angemessene Führungsstil (siehe Abbildung) lässt sich ermitteln, indem man vom Bereitschaftsgradkontinuum eine senkrechte Linie nach oben einzeichnet.

Vorgesetzter als Personalentwickler

In der Abbildung ist noch die Normalverteilungskurve oder Lebenskurve eingezeichnet. Sie weist daraufhin, dass die Führungskraft ihre Mitarbeiter weiterentwickeln soll: von Bereitschaftsgrad 1 zum Bereitschaftsgrad 4. Damit ist die wichtige Funktion des direkten Vorgesetzten als Personalentwickler beschrieben.

Das Verhalten der Mitarbeiter soll in mehreren Schritten verändert werden.

Bei geringer Leistungsbereitschaft (R1) wird der Vorgesetzte noch genaue Anweisungen geben. Um sie zu erhöhen, soll der Vorgesetzte einen umrissenen Aufgabenbereich delegieren. Die gezeigte Leistung wird dann belohnt und anerkannt, also positiv verstärkt. Die Beziehungsorientierung wird so lange gezielt eingesetzt, bis der

Mitarbeiter in der Lage ist, verantwortungsbewusst zu arbeiten. Danach werden die Aufgaben- und Beziehungsorientierung nach und nach zurückgenommen.

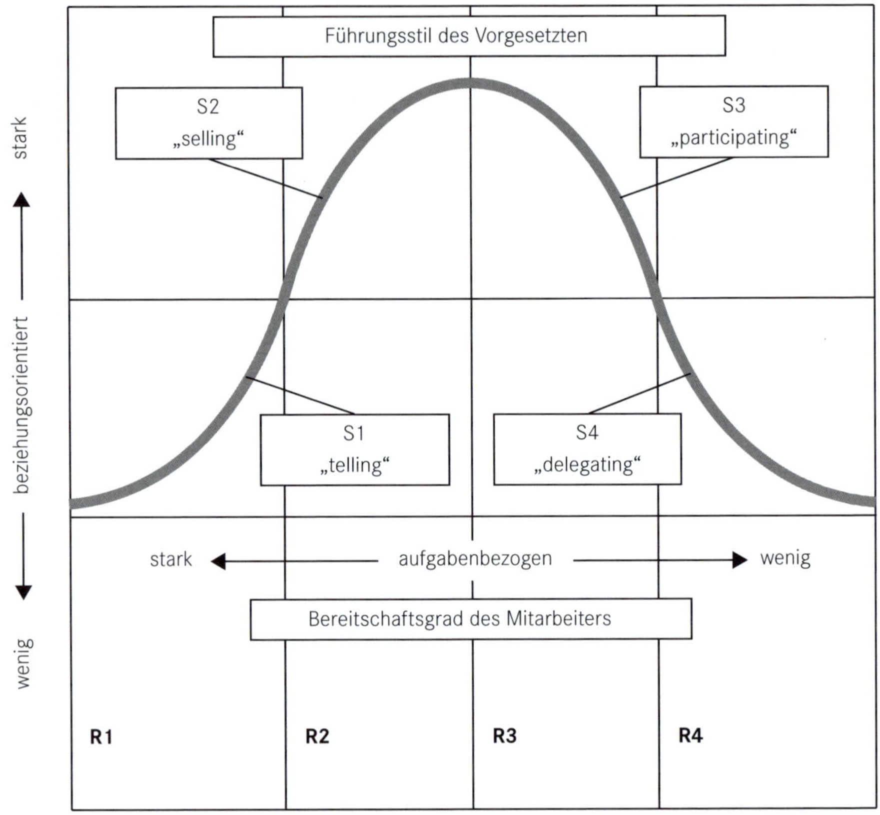

„Situative Führung" von Hersey, Blanchard und Johnson (2013)

Führungsstile situativer Führung

Die Autoren sehen vier Führungsstile als angemessen an, um situationsgerecht zu führen:

(1) „Telling"

Bei Mitarbeitern mit dem Bereitschaftsgrad 1 ist dieser Stil zu empfehlen. Das Verhaltensmuster der Führungskraft prägt stark aufgabenbezogenes und wenig mitarbeiterbezogenes Verhalten, d. h. die Führungskraft gibt genaue Anweisungen und kontrolliert die Leistung des Mitarbeiters. Die Aufgabenübertragung und Leistungskontrolle stehen im Vordergrund. Manche Autoren[53] nennen diesen Stil wertend „autoritär".

(2) „Selling“

Bei Mitarbeitern mit einem geringen bis mittleren Bereitschaftsgrad wird der Führungsstil „Selling“ empfohlen. Starke Aufgaben- und Beziehungsorientierung kennzeichnen diesen Stil. Der Vorgesetzte weist an und führt direktiv. Er schätzt das Können des Mitarbeiters gering ein. Durch sein Beziehungsverhalten verstärkt er den Mitarbeiter darin, wenn dieser sich bemüht, die Aufgabe ordnungsgemäß zu erledigen. Der Vorgesetzte wirkt damit integrierend. Manche Autoren nennen diesen Stil daher „integrierend“[54]

(3) „Participating“

Dieser Stil wird bei mittlerem bis hohem Bereitschaftsgrad vorgeschlagen. Geringe Aufgabenorientierung und hohe Beziehungsorientierung kennzeichnen diesen Stil. Die Mitarbeiter wissen, was, wann und wie sie die Aufgaben erledigen müssen. Da sie jedoch geringer motiviert sind oder sie sich die Aufgaben nicht zutrauen, müssen sie ermutigt werden, an die Aufgaben heranzugehen. Der Vorgesetzte erkundet, wo die Mitarbeiter Probleme bei der Durchführung sehen, und räumt mögliche Bedenken aus.

(4) „Delegating“

Ist der Bereitschaftsgrad hoch, wird der delegative Stil vorgeschlagen. Die Aufgaben werden delegiert, und jede weitere Einflussnahme durch den Vorgesetzten erübrigt sich. Geringe Aufgaben- und geringe Beziehungsorientierung sind Merkmale dieses Stils. Wenn die Mitarbeiter fähig und motiviert sind bzw. sich die Aufgaben zutrauen, sollen sie mit Selbstständigkeit belohnt werden. Die Zufriedenstellung des Bedürfnisses nach Selbständigkeit ist nach Maslow[54] ein höherer subjektiver Ansporn als z. B. die Befriedigung des Bedürfnisses nach Anerkennung. Starke Beziehungsorientierung betrachten diese Mitarbeiter als Bevormundung. Man überlässt den Mitarbeitern den „Ball“ und vertraut darauf, dass die Mitarbeiter einen nicht mit Details belästigen.

> **Praktische Schlussfolgerungen**
>
> Die Einbeziehung des Bereitschaftsgrads der Mitarbeiter in die Führungsüberlegungen orientiert sich an dem in der Praxis oft verwendeten „Kann nicht/ Will nicht“- Schema, das sehr leicht nachvollziehbar ist. Wichtig ist der Aspekt, die Mitarbeiter weiterzuentwickeln, sodass sie selbstständig arbeiten können. Erfolgreiche Vorgesetzte werden sich davon leiten lassen.

Fragen zur Selbstkontrolle

1. Was überwiegt bei Ihnen: das Führen oder das Managen?
2. Bei welchem für den Führungserfolg förderlichen Persönlichkeitsmerkmal besteht bei Ihnen Entwicklungsbedarf?
3. Auf welche Art der Führung legen Sie mehr Wert - auf die transaktionale oder die transformationale Führung?
4. Welchen Führungsstil bevorzugen Sie?
5. Haben Sie bei sich den patriarchalischen Führungsstil beobachtet?
6. Wenn Sie situativ führen: Berücksichtigen Sie bei der Wahl des Führungsstils die Leistungsbereitschaft der Mitarbeiter?

6. Management - Managementaufgaben bewältigen

Eine Kernkompetenz von Führungskräften ist das Managen der laufenden Aufgaben. Dazu werden im nachfolgenden Kapitel die erforderlichen Kompetenzen vermittelt. Ohne eine effiziente Erledigung der laufenden Aufgaben scheitert auch das Führen im eigentlichen Sinne, d. h., Mitarbeiter für anstehende Veränderungen zu gewinnen.

In diesem Kapitel erfahren Sie, wie Sie

- den Regelkreis der Managementaufgaben anwenden,
- Ziele setzen und die Anforderungen an Ziele beschreiben,
- die Aufgabenplanung beschreiben,
- Vorteile des Delegierens nutzen,
- die Widerstände beim Delegieren überwinden,
- beim Delegieren zielführend vorgehen,
- erfolgsorientiert kontrollieren,
- beim Feedback vorgehen,
- konstruktiv kritisieren und
- Management-Konzepte zielführend anwenden.

6.1 Regelkreis der Managementaufgaben

Versteht man die Tätigkeit einer Führungskraft als Abfolge von Aufgaben, die miteinander vernetzt sind und in einer bestimmten Reihenfolge ablaufen, kann dazu das System der Managementaufgaben als Regelkreis herangezogen werden.

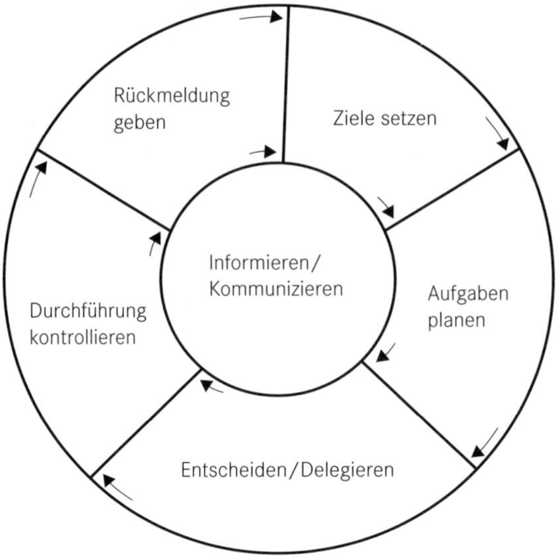

Die im Regelkreis angeordneten Managementaufgaben

Der Regelkreis besteht aus einem äußeren und einem inneren Kreis. Im Innenkreis stehen die Aufgaben **„Informieren“** und **„Kommunizieren“**. Ohne diese können die anderen Aufgaben nicht wahrgenommen werden. Dem inneren Kreis ist deshalb ein eigenes Kapitel gewidmet.

Im äußeren Kreis stehen die einzelnen Teilaufgaben:

- **Ziele setzen**
  Aus übergeordneten Zielen und der derzeitigen Situation formulieren Führungskräfte anzustrebende Ziele für ihren Betrieb. Zunehmend werden dabei Mitarbeiter einbezogen.

- **Aufgaben planen**
  Im nächsten Schritt planen Führungskräfte, wie die Ziele verwirklicht werden können. Aus den Zielen leiten sich die Aufgaben ab, die Vorgesetzte und Mitarbeiter erledigen müssen.

- **Entscheiden/Delegieren**
  Bestehen mehrere Möglichkeiten, wie man die Aufgabe erledigt, müssen Entscheidungen getroffen werden. Eine wichtige Entscheidung ist, welche Aufgaben der Vorgesetzte seinen Mitarbeitern zur selbstständigen Erledigung delegiert.

- **Durchführung kontrollieren**
  Bei der Durchführung der gestellten Aufgaben durch den/die Mitarbeiter besteht die Aufgabe des Vorgesetzten, die Durchführung zu kontrollieren.

- **Rückmeldung geben (Anerkennung und Kritik)**
  Eine wichtige Aufgabe des Vorgesetzten im Rahmen der Personalführung ist es, jedem Mitarbeiter eine Rückmeldung über die geleistete Arbeit zu geben, d.h., sie anzuerkennen oder zu kritisieren.

6.2 Ziele setzen

Begriff Ziel

Moderne Führungskonzepte betonen die Zielsetzung deshalb, weil sie sich auf Motivation, Zufriedenheit und Leistung der Mitarbeiter positiv auswirkt.

Ziele in diesem Zusammenhang sind angestrebte Leistungsergebnisse, die einzelne Mitarbeiter, Gruppen oder der gesamte Betrieb erreichen möchten.

Ein Blick auf die Vielfalt der Ziele von Kunden, Mitarbeitern, Unternehmen, Staat, Banken und Lieferanten zeigt, unter welch komplexen Bedingungen Führungskräfte Ziele setzen müssen.

Die **Vorteile der Zielsetzung** liegen auf der Hand:

Vorteile der Zielsetzung

- Ziele lenken das Verhalten der Mitarbeiter. Kennen Mitarbeiter die Ziele, kennen sie die Erwartungen des Betriebes; die Unsicherheit bei alltäglichen Entscheidungen wird geringer, das Verhalten ergebnisorientierter.
- Ziele mobilisieren die zum Handeln notwendigen Kräfte.
- Ziele bewirken erhöhte Ausdauer beim Arbeiten.
- Ziele lenken die Aufmerksamkeit beim Arbeiten.
- Ziele geben Tätigkeiten und dem Einsatz von Produktionsfaktoren einen Sinn.
- Ziele bestimmen die Struktur eines Unternehmens, bestimmen Informations- und Kommunikationswege und die Arbeitsteilung, und sie dienen der Organisation einer effizienten Unternehmung.
- Ziele geben wieder, was Führungspersonen als wichtig ansehen. Ziele sind damit der Ausgangspunkt für Planung, Durchführung und Kontrolle.

Wie müssen Ziele aussehen, damit sie eine positive Wirkung auf die Leistung von Mitarbeitern haben?

Neben **Anerkennung, Training und Organisationsänderungen** hat das Zielsetzen einen positiven Effekt auf die **Produktivität** der Mitarbeiter. Aber nicht alle Ziele wirken sich positiv auf die Leistung aus. Dies hängt davon ab, ob sie klar formuliert sind, die Persönlichkeit des Mitarbeiters fordern und ob die Mitarbeiter überzeugt davon sind, dass sie erreichbar sind.

Ziele müssen klar sein

Anforderungen an Ziele

Klare Ziele sind konkret, überprüfbar und detailliert. Nicht eindeutig formulierte Ziele wie „Machen Sie nur“ oder „Fangen Sie erst mal an“ genügen nicht. Der Mitarbeiter kann seine Energie, Ausdauer und Aufmerksamkeit nur dann bündeln, wenn er klar umrissene Ziele hat. Durch klare Ziele werden Missverständnisse von vornherein ausgeschaltet. Ziele sind dann klar und überprüfbar, wenn sie **messbar** sind. Dazu müssen Ziele Zeitvorgaben, Zahlen, Prozentsätze etc. enthalten.

Die Ziele müssen herausfordernd sein

Ziele, die über das Übliche nicht hinausgehen, motivieren Mitarbeiter wenig. Unterforderung stellt sich ein. Daher sollte man Mitarbeitern fordernde, jedoch nicht überfordernde Ziele setzen. Bei Aufgaben mittlerer Schwierigkeit ist der Motivationseffekt der Zielsetzung am höchsten. Was im Einzelfall eine schwere bzw. leichte Aufgabe ist, hängt vom Ausbildungsstand, der Erfahrung und den Fähigkeiten des Mitarbeiters ab.

Der Mitarbeiter muss sich die Zielerreichung zutrauen

Ob Ziele letztlich die Produktivität steigern, ist auch davon abhängig, ob sich ein Mitarbeiter zutraut, das Ziel zu erreichen. Mitarbeiter mit einem gesunden Selbstvertrauen werden sich eher zutrauen, auch schwierige Ziele zu erreichen, als solche, denen dieses fehlt. Menschen mit gesundem Selbstvertrauen sind davon überzeugt, dass sie die erforderlichen Fähigkeiten für die Zielerreichung haben und dass sie das Ziel erreichen, wenn sie sich anstrengen.

Die SMART-Formel hilft, die Anforderungen an Ziele wiederzugeben.

	Amerikanisch	Deutsch
S	Specific	spezifische, klare, genaue Zielangaben
M	Measurable	messbare, überprüfbare Angaben
A	Attainable, action oriented	aktionsorientiert, erreichbar
R	Realistic, relevant, results oriented	realistisch, relevant, ergebnisorientiert
T	Time-bound, timelines	Die Ziele sollten Terminangaben enthalten

Wenn Ziele ... sind	dann ist die Leistung ...
• genau und klar	• höher
• ungenau	• geringer
• schwieriger/herausfordernder	• höher
• gemeinsam erarbeitet	• höher
• von den Mitarbeitern akzeptiert	• höher
• abgelehnt von den Mitarbeitern	• geringer
• mit Belohnungen verbunden	• höher

„Smarte" Ziele und ihre Bedeutung für die Leistung[56]

6.3 Aufgaben planen

Aufgabenplanung

Wer weiß, wohin er will, wird im nächsten Schritt planen, wie er dorthin kommt, und sich für einen Weg entscheiden. Viele Vorgesetzte planen periodisch und legen Prioritäten fest.

Dabei gilt der Grundsatz: Je sorgfältiger die Planung der Auftragserledigung, desto weniger Zeit benötigt man für die Durchführung.

Die tägliche Aufgabenplanung

Arbeitsbesprechungen

In vielen kleinen und mittleren Betrieben finden morgens **Arbeitsbesprechungen** statt, um die anfallenden Tagesaufgaben zu planen. Vorgesetzte und Mitarbeiter listen die Aufgaben auf, schätzen die Dauer der Aufgabenerledigung, planen Pufferzeit ein, entscheiden über Prioritäten und übertragen Unerledigtes.

Aufgaben auflisten

Die Aufgaben leiten sich aus dem Wochen- und Monatsplan ab. Der Aufgabenkatalog enthält jedoch zusätzlich neu anfallende Arbeiten, unerledigte Arbeiten vom Vortag und periodisch wiederkehrende Aufgaben.

- Der Katalog sollte vollständig sein, d. h. alle wichtigen Aufgaben enthalten (Vollständigkeit).
- Die Aufgaben sollen so genau wie möglich beschrieben werden, d. h., aus dem Katalog soll klar hervorgehen, was der einzelne Mitarbeiter machen muss (Präzisierung).
- Die Aufgaben sollen so knapp wie möglich dargestellt werden (Prägnanz).
- Die Aufgaben sollen mit Tätigkeitswörtern beschrieben werden und beobachtbar sein.

Dauer (Länge) der Aufgabenerledigung schätzen

Im zweiten Schritt schätzt man den Zeitbedarf pro Aufgabe und ermittelt die Gesamtzeit. Liegen noch keine Erfahrungswerte vor, anhand derer man den Zeitbedarf ermitteln kann, wird man die Erfahrungswerte bei ähnlichen Aufträgen heranziehen. Bereits an dieser Stelle kann es vorkommen, dass man realistischerweise den Aufgabenkatalog reduziert.

Pufferzeit für Unvorhergesehenes einplanen

Erfahrene Vorgesetzte wissen, dass täglich nicht planbare Aktivitäten anfallen. Daher schlagen Zeitexperten vor, nur rund 60 % der verfügbaren persönlichen Zeit zu planen, um somit einen Spielraum für spontane und nicht vorhersehbare Aktionen zu haben. Bezogen auf die Mitarbeiterführung bedeutet dies, dass Führungskräfte noch mehr die **Delegation** von Aufgaben in Betracht ziehen müssen.

Entscheiden über Prioritäten und Delegation von Aufgaben

Liegen Aufgabenkataloge mit Schätzungen des Zeitbedarfs vor, wird häufig deutlich, dass der Arbeitstag zur Erledigung nicht ausreicht. Es müssen Prioritäten gesetzt werden. Eine grundsätzliche Methode der Arbeitsentlastung und der modernen Mitarbeiterführung ist die **Delegation von Aufgaben**, die nachfolgend vorgestellt wird.

Nachkontrollieren - Unerledigtes übertragen

Am Ende eines Arbeitstages werden einige Aufgaben unerledigt sein. Diese sind auf den nächsten Tag zu übertragen.

Die einzelnen Schritte kann man sich auch besser merken, wenn man aus den Anfangsbuchstaben der Tätigkeiten das Wort „ALPEN“ bildet:

- **A**ufgaben auflisten
- **L**änge der Aufgabenerledigung schätzen
- **P**ufferzeit für Unvorhergesehenes einplanen
- **E**ntscheiden über Prioritäten und Delegation von Aufgaben
- **N**achkontrollieren - Unerledigtes übertragen

6.4 Entscheiden/Delegieren

In vielen Führungskonzepten kommt der Delegation von Aufgaben (Delegation = Übertragung von Aufgaben zur vollen Verantwortung) große Bedeutung zu. Mehrere Gründe sprechen dafür:

Delegation entlastet die Vorgesetzten

Bei der Vielzahl der täglichen Aufgaben sind Vorgesetzte oft überlastet und überfordert. Delegation von Tätigkeiten bringt Entlastung.

Delegation erhöht die Arbeitszufriedenheit der Mitarbeiter

Wie aus der Motivationspsychologie bekannt ist, löst die Übertragung von Verantwortung bei vielen Mitarbeitern einen Motivationsschub aus, der sich wiederum positiv auf die Leistung auswirkt.

Delegation fördert Selbstständigkeit und Fähigkeiten

Mitarbeiter erweitern ihren Horizont, wenn sie anspruchsvollere Aufgaben übertragen bekommen und dafür verantwortlich sind.

Bei Delegation nutzt der Betrieb das Know-how der Mitarbeiter

Ohne Delegation bleiben oft die Erfahrungen und Kenntnisse der Mitarbeiter ungenutzt.

Welche Aufgaben können delegiert werden?

- Routineaufgaben
- Aufgaben, für die Spezialwissen erforderlich ist
- Detailfragen
- vorbereitende Tätigkeiten (z. B. Informationsbeschaffung)

Welche Aufgaben können nicht delegiert werden?

- Führungsaufgaben (z. B. Ziele setzen, entscheiden, kontrollieren)
- außergewöhnliche Fälle (z. B. wichtige Aufgaben von großer Tragweite/mit hohem Risiko)
- vertrauliche Angelegenheiten

Wie delegieren?

Beim Delegieren ist eine Reihe von Punkten zu beachten, die oft als die sechs Regeln für einen Delegationsauftrag beschrieben werden. Sie können sich die Regeln anhand der nachfolgenden sechs **W-Fragen** merken.

W-Fragen

1. Was ist zu tun?

- Welche Aufgabe im Einzelnen wird delegiert?
- Welche Qualität wird erwartet?
- Welche Abweichungen können akzeptiert werden?

2. Wer wird beauftragt?

- Wer ist für die Aufgabe aufgrund von Erfahrung, Wissen und Können geeignet?
- Wer soll mitwirken?

3. Warum soll der Mitarbeiter die Aufgabe ausführen?

- Welche Zielsetzung hat die Aufgabe?
- Welche positiven Konsequenzen hat die Zielerreichung für den Betrieb/Mitarbeiter?

4. Wie soll der Mitarbeiter die Aufgabe ausführen?

- Welches Verfahren soll angewendet werden?
- Was ist dabei zu beachten?
- Wer ist zu informieren?

5. Womit soll sie gemacht werden?

- Welche Arbeitsmittel sollen verwendet werden?
- Was wird an Unterlagen benötigt?

6. Wann soll die Arbeit begonnen werden/beendet sein?

- Welche Zwischentermine gibt es?
- Wann soll der Mitarbeiter über den Fortschritt berichten?
- Wann kontrolliert die Führungskraft?

Widerstände bei Mitarbeitern gegen Delegation

Dass Vorgesetzte teilweise nicht die Chancen der Delegation nutzen, lässt sich mit ihrer X-theoretischen Einstellung (siehe Kapitel 2) erklären. Aufgrund eines negativen Bilds von Mitarbeitern verzichten Führungskräfte darauf, z. B. Routinetätigkeiten zu delegieren. Auch mag im einen oder anderen Fall mangelnde Kenntnis der anstehenden Aufgaben und der damit verbundenen Probleme eine Rolle spielen.

Wenn Mitarbeiter gegen Delegieren Widerstand zeigen, kann das mitunter an ihrem mangelnden Können oder Wissen liegen. Aber auch **fehlende Motivation** kann die Ursache sein. In diesem Fall sollte ein **Mitarbeitergespräch** geführt werden.

6.5 Durchführung kontrollieren

Bei der Umsetzung der Aufgaben haben Vorgesetzte die Aufgabe, zu kontrollieren. Wie das folgende Beispiel zeigt, messen erfahrene Führungskräfte neben Vertrauen der **Kontrolle** große Bedeutung zu.

Beispiel

Wie wichtig Kontrolle ist, weiß die Geschäftsführerin einer Landmetzgerei sehr genau. Ihre drei Filialen befinden sich im Umkreis von 30 Kilometern von der Zentrale. „Die Mitarbeiter sind einer der Hauptrisikofaktoren im Filialgeschäft – unfreundliche und inkompetente Mitarbeiter sind schädlich für das Geschäft", sagt sie. Daher kümmert sie sich persönlich um die Kontrolle der Filialen und empfiehlt, mindestens zweimal die Woche in Filialen nach dem Rechten zu sehen.

Unterschied zwischen erfolgreichen und nicht erfolgreichen Führungskräften

In einer sorgfältig angelegten Studie belegte die amerikanische Wissenschaftlerin Komaki, dass gute Führungskräfte sich in zwei Punkten von schlechten unterscheiden:

- Sie beobachteten das Leistungsverhalten ihrer Mitarbeiter bis zu 50 % länger, sammelten dementsprechend mehr Informationen über die Leistungen ihrer Mitarbeiter als die schwachen Vorgesetzten.
- Sie bevorzugten Stichprobenkontrollen, während schwache Vorgesetzte sich mit Berichten von Mitarbeitern oder Dritten begnügten. Tatsache war, dass 11 von 12 erfolgreichen Vorgesetzten die Arbeit ihrer Mitarbeiter stichprobenhaft kontrollierten, während diese Methode lediglich 4 von 12 schwachen Vorgesetzten anwendeten.

Warum kontrollieren?

Für Kontrollen gibt es viele Gründe.

- Kontrollen zeigen, ob Soll und Ist voneinander abweichen und
- stoßen die Ursachenanalyse an, wenn Abweichungen bestehen.
- Kontrollen stoßen den Prozess der Problemlösung an und stellen damit sicher, dass Leistungsstandards erreicht werden.

Was und wie wird kontrolliert?

Arbeitsergebnisse entstehen aus dem menschlichen Arbeitsverhalten und aus der Leistungsabgabe von Dienstleistungs- oder Produktionsfaktoren.

Dementsprechend kann man die Arbeitsergebnisse, das Arbeitsverhalten und ganz allgemein den Arbeitsablauf kontrollieren.

Bei Kontrollen des **Arbeitsablaufs** gewinnt der Vorgesetzte Informationen über den Fortschritt der Auftragserledigung. Seine Aufmerksamkeit ist auf den Arbeitsprozess gerichtet, wobei einzelne Mitarbeiter oder eine Gruppe von Mitarbeitern unter Zuhilfenahme von Maschinen Arbeitsergebnisse produzieren. Bekommt der Vorgesetzte das fertige Produkt oder die fertige Dienstleistung zu Gesicht, kann er das **Arbeitsergebnis** kontrollieren. Bei der Entstehung des Arbeitsergebnisses kann er auch seine Aufmerksamkeit auf das **Arbeitsverhalten der Mitarbeiter** lenken.

Arten der Kontrolle

Was eine Führungskraft in erster Linie kontrolliert, steht in direktem Bezug zu der **Akzeptanz der Kontrolle**. Die Kontrolle von Verhaltensweisen stößt erfahrungsgemäß bei Mitarbeitern auf großen Widerstand, während Ablauf- und Ergebniskontrollen **eher** akzeptiert werden.

Ein Blick in die Praxis zeigt, dass Vorgesetzte die Kontrolle von Fall zu Fall sehr unterschiedlich wahrnehmen. Die Art, wie sie kontrollieren, wirkt sich wiederum auf die Leistungen ihrer Mitarbeiter aus: Sie führen **Stichprobenkontrollen** vor Ort durch, **erfragen Informationen direkt vom verantwortlichen Mitarbeiter** und **befragen Dritte**.

Stichprobenkontrollen sind am wirksamsten, da bei möglichen Missverständnissen sofort Korrekturen vorgenommen werden können und sie eine gute Informationsbasis für Kritik und Anerkennung sind.

6.6 Rückmeldung geben (Anerkennung und Kritik)

Stellen Führungskräfte bei Kontrollen Abweichungen von vereinbarten Leistungsstandards fest, werden sie vorliegende Arbeitsergebnisse oder das Arbeitsverhalten von Mitarbeitern kritisieren und versuchen, dahingehend auf die Mitarbeiter einzuwirken, dass Fehler korrigiert bzw. in Zukunft vermieden werden.

Wer positive Verhaltensweisen oder gute Arbeitsergebnisse beobachtet und motivieren will, wird Mitarbeitern Anerkennung für **gute** Leistungen aussprechen.

Vorgesetzte bringen Kritik und Anerkennung in Verhaltensweisen zum Ausdruck, die erkennen lassen, wie sie das Arbeitsverhalten oder -ergebnis ihrer Mitarbeiter einschätzen. Sie können dies **verbal** (z. B. durch die Bemerkung „Gut gemacht") oder **nonverbal** (durch Körpersprache, z. B. durch Mimik) zeigen.

Wirksam anerkennen und kritisieren setzt voraus, dass Vorgesetzte entsprechende **Beeinflussungsformen kennen**[57].

Durch **Hinzufügen einer angenehmen Konsequenz** (z. B. Anerkennung) wird das Verhalten der Mitarbeiter häufiger, das gewünschte Verhalten wird dadurch verstärkt. Diese Form der Beeinflussung ist über einen längeren Zeitraum wirksamer als negative Konsequenzen, z. B. Strafen.

Neben erwünschtem Verhalten beobachten Vorgesetzte auch **unerwünschte** Verhaltensweisen (z. B. grob fahrlässiges Verhalten). Auf sie kann über Kritik Einfluss genommen werden.

Verhaltensabhängig kritisieren

Verhaltensabhängig kritisieren vermindert die Zahl der unerwünschten Verhaltensweisen.

Die Verhaltenslehre führt noch eine weitere Methode an, wie Vorgesetzte dafür sorgen können, dass unerwünschtes Verhalten „ausläuft": Folgt auf unerwünschtes Verhalten kein Gewinn, so nimmt es in seiner Häufigkeit und Stärke ab. Man spricht in diesem Zusammenhang vom „Löschen" von Verhaltensweisen.

Beispiel

Der Vorgesetzte beobachtet, wie einer der Mitarbeiter sein Werkzeug rasch und unordentlich einpackt, damit er schneller in den Feierabend kommt. Erst am nächsten Morgen ordnet er sein Werkzeug. Das Verhalten des Mitarbeiters hat für ihn einen Gewinn: früher in den Feierabend gehen. Daraufhin veranlasst der Vorgesetzte, dass der Mitarbeiter nicht mehr früher in den Feierabend gehen darf (z. B. durch Kernarbeitszeit). Der Mitarbeiter merkt, dass sein Verhalten keinen Gewinn mehr für ihn hat. Das unerwünschte Verhalten geht zurück.

Leistungsverhalten und/oder -ergebnisse anerkennen bzw. kritisieren

Nicht die Person kritisieren

Wer stichprobenmäßig kontrolliert, kennt die Arbeitsergebnisse und das Leistungsverhalten seiner Mitarbeiter. Umso erstaunlicher ist der häufig anzutreffende Fehler, **persönlich** zu werden, d. h., nicht das konkrete Verhalten, sondern die Person zu kritisieren.

Das infrage stehende Verhalten muss immer **konkret, beobachtbar und genau** beschrieben werden. So weiß der Mitarbeiter, auf **was** sich die Einschätzung des Vorgesetzten bezieht.

Sieht der Vorgesetzte nur das Endergebnis einer Handlung, so wird er in Betracht ziehen müssen, dass dieses auch durch **leistungshemmende oder leistungsfördernde** Faktoren beeinflusst sein kann, die der Mitarbeiter nicht zu vertreten hat (z. B. durch Maschinen, Kollegen, Verkehrsstaus usw.).

Leistungshemmende Faktoren berücksichtigen

Beispiel

Eine Mitarbeiterin hat es nicht geschafft, eine vereinbarte Zahl an Rechnungen an diesem Tag auszufertigen, weil das EDV-System zeitweise abgestürzt ist. Am späten Nachmittag kommt der Vorgesetzte von einer Baustelle zurück. Im persönlichen Gespräch erfährt er von diesem leistungshemmenden Faktor.

Verhaltens- bzw. ergebnisabhängig anerkennen und kritisieren

Möchte der Vorgesetzte, dass wünschenswertes Verhalten häufiger und nicht wünschenswertes seltener wird, bewirkt er das, indem er **verhaltensabhängig** anerkennt bzw. kritisiert.

Beispiel

Ein Glasermeister beobachtet, wie ein neuer Mitarbeiter präzise die alten Fensterrahmen herausschlägt, mit dem Ergebnis, dass die Fensterlaibungen nicht beschädigt werden. Er möchte dieses Verhalten seines Mitarbeiters verstärken, und lobt ihn deswegen. Seine Anerkennung richtet er am Verhalten des Mitarbeiters aus. Dadurch erfährt der Mitarbeiter, **was** zu einem Lob führt.

Ziel des verhaltensabhängigen Anerkennens bzw. Kritisierens ist, dass die Mitarbeiter wissen, welches Verhalten zu welcher Konsequenz führt. Erfahrene Mitarbeiter kennen diese sogenannten „Wenn-dann-Beziehungen".

Sofort und angemessen anerkennen oder kritisieren

Wer wirksam Mitarbeiterleistungen beeinflussen möchte, der wird **sofort** anerkennen oder kritisieren müssen. Die sofortige Rückmeldung gewährleistet, dass der Mitarbeiter einen unmittelbaren Bezug zu seinem Verhalten herstellt, das frisch in seiner Erinnerung ist.

Sättigungseffekt

Zu häufiges Anerkennen oder Kritisieren hat zur Folge, dass sich ein Sättigungseffekt einstellt. Die Konsequenz auf eine Verhaltensweise motiviert dann Mitarbeiter nicht mehr, sich weiter anzustrengen oder ein unerwünschtes Verhalten nicht mehr zu zeigen.

Beispiel

Ein Bäckermeister lobt eine erfahrene Verkäuferin mehrmals in der Woche dafür, dass sie sämtliche Waren auszeichnet. Das Lob verliert seine verstärkende Wirkung nach und nach.

Was bedeutet konstruktiv kritisieren?

konstruktiv kritisieren

Bewährt hat sich die konstruktive Kritik, die sich die Gesetze der Lernpsychologie zunutze macht. Sie ist ein wichtiges Führungselement (siehe dazu das Verhaltensgitter aus Abschnitt 5.4 „Führungsstile").

Vorgesetzte neigen nicht selten dazu, bei Kontrollen vornehmlich auf Fehler zu achten. Der Nachteil der einseitig ausgerichteten Wahrnehmung ist, dass erwünschte, positive Verhaltensweisen gern übersehen werden.

Bei der konstruktiven Kritik richtet der Vorgesetzte sein Augenmerk zunächst auf das, was positiv an einem Arbeitsergebnis ist, macht eine Ursachenanalyse und geht dann zusammen mit dem Mitarbeiter der Frage nach, was und wie etwas besser gemacht werden kann.

So wird aus dem ursprünglichen Kritikgespräch ein Problemlösungsgespräch. Bei der konstruktiven Kritik stellen sich die Fragen:

- Was ist an dem Arbeitsergebnis positiv? Warum wurde das so gemacht?
- Was kann/muss noch besser gemacht werden? Wie kann man es besser machen?

Die konstruktive Kritik ist nach vorne gerichtet und strebt echte Problemlösungen an.

6.7 „Management-by"-Konzepte

„Management-by"-Konzepte befassen sich mit dem gesamten Spektrum der Managementaufgaben (Ziele setzen, Aufgaben planen etc.) oder mit einer Aufgabe (z. B. Delegieren)[58]. Sie geben darüber hinaus Ratschläge, wie man führen soll.

Am bekanntesten sind die Konzepte „Management-by-Delegation", „Management-by-Exception" und „Management-by-Objectives".

- **Management-by-Delegation**
  In diesem Managementkonzept ist das Prinzip der Delegation Dreh- und Angelpunkt des Führungshandelns. Die Führungskraft verlagert Aufgaben zur selbstständigen Bearbeitung auf ihre Mitarbeiter. Sie selbst nimmt die Führungsaufgaben wahr.

Bedingt durch die Arbeitsteilung ist der Vorgesetzte für die Erledigung der Führungsaufgaben zuständig, die Mitarbeiter für die Erledigung der Sachaufgaben.

Man unterscheidet dabei zwischen der Führungs- und die Handlungsverantwortung.

Die Führungsverantwortung ist nicht delegierbar.

Mit der Übertragung der Aufgaben an Mitarbeiter sind auch die entsprechenden Befugnisse (Kompetenzen) verbunden. Aufgaben, Befugnisse und Verantwortung sind „kongruent". Dies wird als Kongruenzprinzip bezeichnet.

Voraussetzung für die Übertragung von Aufgaben zur selbstständigen Erledigung ist, dass die Mitarbeiter dazu auch fähig und willens sind. Nach dem Bereitschaftsgradmodell der Führung sollen Vorgesetzte dann den delegativen Führungsstil wählen, wenn die Bereitschaft (ausgeprägte Leistungsbereitschaft und ausgeprägte Fähigkeiten) ihrer Mitarbeiter groß ist.

Rückdelegation

Untersuchungen zeigen, dass es in Klein- und Mittelbetrieben Delegationslücken gibt. Da ist zunächst die **Rückdelegation.** Der Mitarbeiter sichert sich durch ständige Rückfragen bei seinem Vorgesetzten ab und überlässt ihm die Entscheidungen. Der Vorgesetzte trifft nun Entscheidungen, obwohl er die Entscheidungsbefugnis auf den Mitarbeiter übertragen hat. Auch Vorgesetzte verletzen das Delegationsprinzip, indem sie in den Entscheidungsbereich ihrer Mitarbeiter eingreifen, obwohl sie die Aufgaben delegiert haben **(Rücknahme der Delegation)**.

Rücknahme der Delegation

- **Management-by-Exception**
  Dieses Konzept schlägt vor, dass Vorgesetzte (nur) in Ausnahmefällen - bei Soll-Ist-Abweichungen - eingreifen. Dadurch kann sich der Vorgesetzte besser auf seine eigentlichen Führungsaufgaben konzentrieren. Der Vorgesetzte kümmert sich um Probleme, Beschwerden und Fehlschläge, die bei der Arbeit des Mitarbeiters auftreten. Forschungen zeigen, dass diese Form des Managements weniger wirksam ist als ein Management, das die Regeln der Anerkennung und Kritik berücksichtigt[59].

In der Praxis sind zwei Formen des Management-by-Exception zu beobachten. Zum einen gibt es eine passive Form. Der Vorgesetzte wartet, bis etwas schiefgelaufen ist, und ist der Auffassung, dass Probleme erst wiederholt auftreten müssen, ehe er handelt. Hat ein Vorgesetzter eine große Kontrollspanne, und/oder seine Mitarbeiter sind an anderen Dienststellen, wird diese Form oft praktiziert.

Die aktive Variante des Managementkonzepts-by-Exception bedeutet, dass Vorgesetzte gezielt eingreifen, wenn Unregelmäßigkeiten und Fehler auftreten. Sie richten ihren Fokus auf Soll-Ist-Abweichungen. In beiden Formen konzentriert sich die Führungskraft auf Unregelmäßigkeiten und Fehler. Wenn alles in Ordnung ist, greift sie nicht ein.

- **Management-by-Objectives**
  Im Unterschied zu Management-by-Delegation und Management-by-Exception ist Management-by-Objectives ein umfassendes Führungskonzept. Ihm liegen folgende Thesen zugrunde:
  - „Zielorientierung statt Verfahrensorientierung
  - regelmäßige Zielüberprüfung und -anpassung
  - Partizipation der Mitarbeiter bei der Zielbildung (Zielvereinbarung)
  - Leistungskontrolle und -beurteilung anhand von Soll-Ist-Vergleichen"[60].

  Mitarbeiter werden in die Zielfindung eingebunden, sie sollen die Ziele selbstständig erreichen. Vorgesetzte und Mitarbeiter kontrollieren gemeinsam die erzielten Leistungen.

Umfassendes Führungskonzept

Die Popularität der Management-by-Konzepte hat Mitarbeiter aufgrund ihrer Erfahrungen veranlasst, weitere Formen[61] hinzuzufügen.

Fragen zur Selbstkontrolle

1. Welche Managementaufgaben aus dem Regelkreis überwiegen bei Ihnen bei der täglichen Arbeit?
2. Wie können Sie die Aufgaben Ziele setzen, Aufgaben planen, Delegieren, Kontrollieren und Feedback geben im betrieblichen Alltag verbessern?
3. Wie können Sie das konstruktive Kritisieren (konstruktive Kritik) beim Mitarbeitergespräch umsetzen?

7. Konflikte im Unternehmen bewältigen

Eine Kernkompetenz von Führungskräften ist die Bewältigung auftretender Konflikte im Betrieb. Das folgende Kapitel vermittelt die Grundlagen zur Konfliktbewältigung im Betrieb und ist so gestaltet, dass Sie die Kompetenzen erwerben, um

- funktionale von dysfunktionalen Konflikten zu unterscheiden,
- die unterschiedlichen Einstellungen zu Konflikten zu kennen,
- wichtige Konfliktursachen beschreiben zu können,
- die Konfliktstufen zu unterscheiden,
- Mobbing als Form eines eskalierten Konflikts zu kennen,
- die Techniken zur Konfliktregelung zu unterscheiden und zu beschreiben,
- die kooperative Konfliktregelung beschreiben zu können,
- die individuellen Konfliktlösungsstile zu kennen.

Damit kennen Sie die Instrumentarien zur Konfliktprävention und zum Auf- und Ausbau eines Konfliktmanagements sowie zur Planung, Durchführung und Bewertung von Konfliktvermeidungs- und Deeskalationsstrategien.

7.1 Funktionale von dysfunktionalen Konflikten unterscheiden

Mancher Unternehmer steht Konflikten zwiespältig gegenüber. Lohnen sich Auseinandersetzungen im Endeffekt, oder bringen sie nur Ärger? Den Konfliktbefürwortern stehen die Skeptiker gegenüber, die dazu neigen, Konflikte zu vermeiden oder sie möglichst rasch zu beenden.

Dabei sind Konflikte innerhalb und außerhalb des Unternehmens unter dem Gesichtspunkt ihrer Ursachen nichts Außergewöhnliches. Manchmal sind unterschiedliche Ziele und Interessen die Ursache, bisweilen ist die Informationsbasis unterschiedlich, manchmal sind die Beteiligten nicht in der Lage, „über den Tellerrand hinauszuschauen".

All dem ist bei der Konfliktregelung Rechnung zu tragen, bei der es darauf ankommt, dass beide Parteien mit der Lösung einverstanden sind und sich keiner als Verlierer fühlt.

Konflikte liegen dann vor, wenn widerstreitende Handlungstendenzen aufeinandertreffen. Definition

Solche Handlungstendenzen können **innerhalb einer Person** liegen (z. B. möchte ein Mitarbeiter sowohl höheren Lohn als auch mehr Freizeit; beides ist aber nicht möglich, er muss sich entscheiden) oder **innerhalb einer Gruppe** (z. B. bevorzugt ein Mitarbeiter die eine Lösung, sein Kollege eine andere). In Konflikten kommen jedoch auch unvereinbare Handlungstendenzen zwischen **zwei oder mehreren Gruppen** zum Ausdruck (z. B. zwischen Arbeitgebern und Gewerkschaften).

Unterschiedliche Einstellungen zu Konflikten

Die traditionelle Einstellung gegenüber Konflikten ist negativ. Eine weitere Ansicht besagt, dass Konflikte unvermeidlich sind und man Konflikte unter Umständen sogar suchen müsse.

Konflikte haben im Betrieb nichts zu suchen

Die traditionelle Einstellung zu Konflikten geht davon aus, dass sich Konflikte grundsätzlich negativ auf die Leistungsziele des Betriebs auswirken. Daher sei es eine wichtige Aufgabe der Führungskräfte, dafür zu sorgen, dass sie nicht auftreten. Konflikte, so diese Auffassung, kosten Zeit und Geld. Beides sollte besser zur Erreichung von Leistungszielen verwandt werden. Außerdem würden Konflikte das Betriebsklima und die Arbeitszufriedenheit beeinträchtigen, sodass sie schon allein deswegen besser vermieden werden sollten. Mit Konflikten gingen Misstrauen und Missgunst einher, die eine gute Zusammenarbeit stören. Schließlich können erstklassige Dienstleistungen und Produkte nur von Mitarbeitern erbracht werden, die kooperieren, und nicht von solchen, die konkurrieren - und Kooperation sei bei heftigen Konflikten kaum möglich.

Konflikte sind unvermeidlich

Vertreter dieser Auffassung gehen Konflikten nicht aus dem Weg, da sie unvermeidlich sind. Sie suchen jedoch auch nicht den Konflikt. Wenn ein Konflikt auftritt, wird er gelöst.

Konflikte bringen den Betrieb weiter

„Wir brauchen vor allem Menschen, die gegenüber sich selbst ehrlich sind und mithin gegenüber ihrer Umgebung in der Firma und dem Markt. Das heißt unter Umständen auch, schwierige, schmerzhafte und unpopuläre Entscheidungen zu treffen. Vielleicht haben wir bei Entscheidungen bislang den Konsens ... etwas zu hoch bewertet, sodass man sich im Interesse des Konsenses zu häufig auf den kleinsten gemeinsamen Nenner einigte. Vielleicht muss die Fähigkeit, Konflikte offen auszutragen, unter Managern noch stärker geübt werden“, lautet die Aussage eines Vorstandsmitglieds einer großen Bank.

Mit seiner Einstellung zu Konflikten steht er nicht allein.

Die psychologische Forschung untermauert, dass auch Konflikte durchaus für den Betrieb gut sein können und es nicht Ziel sein kann, in jedem Fall Konflikte zu eliminieren.

Manche Konflikte führen zu einem konstruktiven Problemlösungsprozess und der Suche nach Mitteln und Wegen, aus einer Krise herauszukommen. Sie haben im Betrieb eine Funktion. Zudem ermutigen sie Menschen, unterschiedliche Auffassungen auszusprechen und Differenzen auszutragen.

Eine Studie fasst die positiven Ergebnisse von solchen betrieblichen Konflikten wie folgt zusammen:

- Konflikte führten zu einer Verbesserung der Produktivität.
- Durch Konflikte wurden die Beteiligten dem anderen gegenüber sensibler und lernten sich besser kennen.
- Konflikte veranlassten die Beteiligten, bessere Methoden der Zusammenarbeit zu entwickeln.
- Konflikte führten zu einer effektiveren Organisation des Betriebs.

Zwischen funktionalen und dysfunktionalen Konflikten unterscheiden

Die moderne Einstellung zum Konflikt besagt nicht, dass alle betrieblichen Konflikte gut sind. Sie bringt nur zum Ausdruck, dass es Konflikte gibt, die einen Nutzen (= eine nützliche Funktion) für den Betrieb haben und solche, die keinen Nutzen haben – also dysfunktional sind. Die Kunst dabei ist, zwischen funktionalen und dysfunktionalen Konflikten unterscheiden zu können.

Funktionale und dysfunktionale Konflikte

Funktionale Konflikte haben eine positive Auswirkung auf die betrieblichen Leistungen und die Arbeitszufriedenheit der Mitarbeiter. Demgegenüber stellen dysfunktionale Konflikte die Zielerreichung infrage und führen zu Unzufriedenheit. Sie dienen nicht der Klärung und Lösung eines widersprüchlichen Sachverhalts.

Was als funktionaler Konflikt gilt, ist von Fall zu Fall verschieden und kann letztlich nur anhand der betrieblichen Ergebnisse entschieden werden.

Beispiel

Zwei Mitarbeiter streiten sich darüber, wie das Material für die Baustelle optimal verladen wird. Nach einer heftigen Diskussion einigen sie sich auf die beste Methode. Der Konflikt war funktional in dem Sinne, dass er dem Betrieb genützt hat. In einem anderen Fall führte die Auseinandersetzung zu einem tiefen Zerwürfnis, sodass sie nicht mehr zusammenarbeiten wollen. Dieser Konflikt gilt als dysfunktional.

Die Forschung verweist darauf, dass funktionale Konflikte mit einem mittleren Ausmaß an Spannung und Auseinandersetzung einhergehen.

Zu wenig oder zu viel Auseinandersetzung zieht in vielen Fällen nicht die erwünschten Folgen nach sich. Bei einem geringen Ausmaß an Konflikten fehlt es an neuen Ideen, stagniert der Betrieb, und es macht sich Apathie breit; bei einem zu hohen Ausmaß an Konflikten breiten sich Chaos und Unzufriedenheit aus.

Die nachfolgende Tabelle zeigt den Zusammenhang zwischen Ausmaß des Konflikts, Merkmalen und Leistung des Betriebs.

Situation	Ausmaß des Konflikts	Merkmale des Betriebs	betriebliche Leistung
I	gering (bzw. kein Konflikt)	stagnierend, apathisch, keine Neuerungen	gering
II	mittel	innovativ, Suche nach Problemlösungen, zielorientiert	hoch
III	hoch	chaotisch, nicht kooperativ, viele Arbeitsunterbrechungen	gering

Ausmaß des Konflikts und betriebliche Leistung

7.2 Konfliktursachen erkennen

Außenstehende sind oft über die Heftigkeit von Konflikten verwundert, insbesondere dann, wenn sie die **Konfliktursachen** kennen. Sie neigen dann eher dazu, Konflikte als etwas Zwangsläufiges zu betrachten, das in der Arbeitswelt immer wieder vorkommt.

Typische Konfliktursachen

Häufige Konfliktursachen sind unterschiedliche Ziele und Interessen, unterschiedliche Wahrnehmungen, unterschiedliche Zeitperspektiven, Vorurteile, unterschiedliche Informationsbasis und die emotionale Gestimmtheit.

Unterschiedliche Ziele

Kommt es zu Konflikten im Betrieb, sind dafür oft die unterschiedlichen Ziele der Beteiligten verantwortlich. Manchmal stimmen die Ziele und Interessen des Betriebs und die der Mitarbeiter nicht überein.

In unmittelbarem Zusammenhang damit steht die Knappheit von Ressourcen. Wenn Ressourcen (Fahrzeuge, Werkzeug, Büroraum, Lagerraum usw.) knapp sind, müssen sie von mehreren Personen geteilt werden, um die betrieblichen Ziele zu erreichen. Betriebliche Konflikte sind damit programmiert. Auch bei Belohnungssystemen, die auf die individuelle Leistung abzielen und nicht auf die gesamte betriebliche Leistung, steigt das Konfliktpotenzial an.

Beispiel

Ein Unternehmer hat sich zum Ziel gesetzt, den Materialverbrauch seiner Mitarbeiter zu senken, da sich dadurch die Kosten seiner Leistungen verringern. Ein Mitarbeiter kennt dieses Ziel nicht und verbraucht großzügig Material, da er sich dadurch bequemeres Arbeiten verspricht.

Unterschiedliche Wahrnehmungen/Perspektiven

Typische Konfliktursachen

Oft ist der Konflikt aufgrund unterschiedlicher Ziele von unterschiedlichen Wahrnehmungen begleitet. Im obigen Beispiel nimmt der Unternehmer aufgrund seiner Ziele die Auftragserledigung anders wahr als der Mitarbeiter. Die Blickwinkel des Unternehmers und des Mitarbeiters sind in diesem Fall verschieden.

Unterschiedliche Zeitperspektiven

Wie man die Wirklichkeit erlebt, hängt auch von der Zeitperspektive ab. Fertigstellungstermine beeinflussen die Festsetzung von Prioritäten eines Handwerksunternehmers, Mitarbeiter haben oft eine andere Zeitperspektive, wenn sie diese nicht kennen.

Auch Lebensalter und -erfahrung spielen eine Rolle. Erfahrene Unternehmer denken mittel- und langfristig, während manche Mitarbeiter viel kurzfristiger denken.

Vorurteile

Nicht wegzudenken am Arbeitsplatz sind die Vorurteile, die zu Konflikten führen können. Verallgemeinerungen über Kollegen mit Migrationshintergrund, Frauen, aber auch ganze Berufsgruppen können unnötige Konflikte provozieren, indem das Verhalten einzelner Mitarbeiter damit etikettiert wird und sich diese dagegen zu Recht wehren.

Unterschiedliche Informationsbasis

Zwischen Vorgesetzten und Mitarbeitern kann es auch aufgrund eines unterschiedlichen Informations- und Kenntnisstands zu Konflikten kommen. Ein Unternehmer kennt die betriebswirtschaftlichen Daten, die einer Kalkulation zugrunde liegen, dem Mitarbeiter fehlen sie.

Emotionale Gestimmtheit

Nicht nur in Familienbetrieben kommt es zu einem Konflikt, weil es einem Beteiligten darum geht, aus einer momentanen Laune heraus einen Streit auszufechten. Die rationalen Gründe stehen dann im Hintergrund.

7.3 Eskalation und Mobbing vermeiden

Bei Konflikten besteht die Gefahr, dass sie eskalieren. Kleinere Missverständnisse werden als Böswilligkeiten interpretiert. Nicht selten folgen darauf verbale Attacken als Antwort, die in Drohungen ausarten können. Körperliche Angriffe können die Folge sein und schließlich juristische Auseinandersetzungen. Der Konflikt ist dann in einem Stadium, der die Lösung nur schwer möglich macht. Wer dysfunktionale Konflikte vermeiden will, wird rechtzeitig Missverständnisse und Meinungsverschiedenheiten klären.

Intensität des Konflikts	
Eskalation des Konflikts ↑	Juristische Auseinandersetzungen
	Körperliche Angriffe/**Mobbing**
	Drohungen/ Ultimaten
	Verbale Attacken, um sich durchzusetzen
	Offenes Infragestellen oder Herausfordern von anderen
	Kleinere Meinungsverschiedenheiten oder Missverständnisse

Konflikteskalation

Mobbing als Form eines eskalierten Konflikts

Mobbing (= schikanöse Handlungen) als extreme Form sozialen Stresses am Arbeitsplatz ist häufig bei eskalierten Konflikten zu beobachten. Bei einer Befragung von 50 Personen ergab sich folgende Mobbing-Hitliste[62]:

Häufigkeit von Mobbing-Handlungen in Prozent:

1.	Hinter dem Rücken wird schlecht über jemanden gesprochen	96%
2.	Abwertende Blicke oder Gesten	86%
3.	Kontaktverweigerung durch Andeutungen	84%
4.	Man wird wie Luft behandelt	80%
5.	Falsche oder kränkende Beurteilung der Arbeitsleistung	80%
6.	Gerüchte werden verbreitet	76%
7.	Ständige Kritik der Arbeitsleistung	76%
8.	Vorgesetzter schränkt Äußerungsmöglichkeiten ein	72%
9.	Entscheidungen werden infrage gestellt	70%
10.	Man erhält Arbeitsaufgaben weit unter dem Können	68%

Mobbing-Handlungen zielen vor allem darauf ab, die Ich-bezogenen Bedürfnisse zu verletzen; dies sind gerade diejenigen Bedürfnisse, deren Befriedigung Mitarbeiter motiviert, eine gute Leistung zu zeigen. Aber auch soziale Bedürfnisse werden verletzt.

Sich als Vorgesetzter nicht am Mobbing beteiligen

In einer schwedischen Untersuchung waren in über 50% der Fälle Kollegen am Mobbing beteiligt[63]. In einer deutschen Untersuchung waren jedoch auch in 90% der Fälle Vorgesetzte am Mobbing beteiligt. Oft spielen beim Mobbing informelle Gruppen eine Rolle. Aufgabe des Vorgesetzten ist es, schon im Anfangsstadium des Mobbings sie in ihre Schranken zu weisen und vor allem sich nicht am Mobbing zu beteiligen.

7.4 Konfliktmanagement – die Vielfalt der Konfliktregelungstechniken

Was kann man tun, wenn ein Konflikt dysfunktional zu werden droht, um ihn zu lösen? Diese Frage stellt sich allen Vorgesetzten.

Dazu gibt es eine Vielzahl von Konfliktmanagementtechniken. Die wichtigsten werden nachfolgend vorgestellt[64]:

- **Problemlösungstechnik**

Die Führungskraft sieht Konflikte als Soll-Ist-Abweichungen, die beim Zusammenarbeiten natürlicherweise entstehen. Viele Führungskräfte kennen diese Herangehensweise bei technischen oder organisatorischen Problemen. Die Führungskraft benennt dabei die Probleme und kommt mit ihren Mitarbeitern zusammen, um die Konflikte in einer offenen Aussprache und unter Berücksichtigung der Bedürfnisse und Interessen der Beteiligten zu lösen. Diese Technik gilt als der Königsweg bei der Konfliktlösung und liegt der kooperativen Konfliktregelung zugrunde.

Voraussetzung dafür ist, dass die am Konflikt Beteiligten sich nicht nur an ihren eigenen Interessen orientieren, sondern auf Zusammenarbeit bedacht sind (siehe weiter unten „Der individuelle Stil der Konfliktlösung“).

Richtig eingesetzt, hilft die Problemlösungstechnik nachhaltig, Mitarbeiterkonflikte zu lösen. Allerdings scheitert sie in der Praxis oft daran, dass alle Beteiligten Konflikte unter dem Blickwinkel „Setzt sich der andere durch, verliere ich“ sehen. Um diese Technik im Betrieb zu etablieren, sollte daher zunächst ein betriebliches Trainingsprogramm zum Konfliktverhalten absolviert werden (siehe auch „Konfliktverhalten durch Schulung ändern“). Durch die Beteiligung der Mitarbeiter und damit die Berücksichtigung ihrer Bedürfnisse ist gewährleistet, dass nachfolgende Entscheidungen wirksam umgesetzt werden.

Beispiel

Zwei Mitarbeiter möchten an einem Brückentag Urlaub haben. Die angespannte Personalsituation erlaubt jedoch nur, dass ein Mitarbeiter Urlaub bekommt. Die Führungskraft trifft sich mit den beiden Mitarbeitern. Sie benennt das Problem, sucht gemeinsam mit den beiden Mitarbeitern nach einer Lösung, die von allen getragen wird. Sie einigen darauf, dass Mitarbeiter A am ersten Brückentag, Mitarbeiter B am darauffolgenden Brückentag Urlaub bekommt. Dabei wurde berücksichtigt, dass A am ersten Brückentag mit seinem Kegelclub einen Ausflug macht und B am darauffolgenden Brückentag einen Geburtstag feiert.

- **Konfliktregelung durch Weisung**

Die Führungskraft regelt den Konflikt, ohne die Mitarbeiter einzubeziehen, aufgrund ihrer Weisungsbefugnis („Der Chef bin ich“). Der Vorgesetzte unterrichtet dabei lediglich über seine Entscheidung bzw. weist an.

Beispiel

Der Vorgesetzte entscheidet (im obigen Bespiel) allein, wer am ersten Brückentag Urlaub bekommt.

- **Konfliktmeidung**

Die Führungskraft geht Konflikten aus dem Wege und geht (noch) nicht auf die Probleme an sich ein. Sie meidet den Konflikt oder unterdrückt ihn. Die Technik des Meidens wird zwar nicht mittel- und langfristig erfolgreich sein, kann jedoch kurzfristig zur Beruhigung der Konfliktparteien beitragen.

Bisweilen fehlen auch alle für die Entscheidung notwendigen Informationen, sodass es geboten ist, nicht sofort einzugreifen. Auch kann es sein, dass andere aufgrund ihrer Autorität den Konflikt besser lösen können als man selber (z. B. bei Konflikten zwischen Mitarbeiter und Kunden).

Beispiel

Bei der Anlieferung von Baumaterial streiten der Fahrer und ein Bauhandwerker hitzig über den geeigneten Lagerplatz. Der Baustellenleiter sieht es, greift nicht sofort ein, sondern wartet, bis sich die Hitzköpfe etwas beruhigt haben.

- **Auf Kompromisse zielende Konfliktregelung**

Die Führungskraft willigt in Lösungen ein, bei denen die Mitarbeiter und/oder andere Abteilungen/Kunden ihr „auf halbem Weg entgegenkommen". Diese Technik bietet sich an, wenn die Konfliktparteien relativ gleichrangig sind und strikt an ihren Zielen festhalten. Man kann mit dieser Technik auch Zwischenergebnisse bei komplizierten Auseinandersetzungen erzielen.

Oft wird die Kompromissfindung als zweitbeste Lösung angesehen, wenn keine Problemlösung gefunden werden konnte. Auf Kompromisse zielende Konfliktregelung wird gern von Schlichtern angewandt.

Beispiel

Aufgrund der guten Auftragslage ist es notwendig, an einem Samstag zu arbeiten. Die Mitarbeiter lehnen das jedoch strikt ab. Man einigt sich auf einen Samstagvormittag.

- **Beschwichtigen, um den Konflikt zu regeln**

Die Führungskraft spielt den Konflikt herunter und betont die Gemeinsamkeiten zwischen ihr und dem Konfliktbeteiligten. („Nicht so schlimm", „Das Ganze ist nicht der Rede wert"). Man geht davon aus, dass dadurch die unterschiedlichen Positionen in den Hintergrund treten. Beschwichtigen hat wie Vermeiden lediglich eine kurzfristige Wirkung und ersetzt nicht die Problemlösung.

Beispiel

Ein Kunde fühlt sich von einem Mitarbeiter schlecht behandelt. Der Kunde beschwert sich. Der Vorgesetzte beschwichtigt den Kunden und betont die langjährige Zusammenarbeit seines Betriebs mit dem Kunden.

- **Gemeinsames Ziel identifizieren, um den Konflikt zu regeln („Wir ziehen am gleichen Strang").**

Durch Kommunikation setzen sich die Konfliktparteien ein gemeinsames Ziel, das nur dann erreicht wird, wenn beide Parteien kooperieren. Ohne die Hilfe der anderen Partei können die Ziele nicht erreicht werden.

Beispiel

In einer Rezessionsphase hat ein Betrieb zu wenige Aufträge und muss kurzarbeiten. Damit sind Lohneinbußen verbunden. Der Handwerksunternehmer macht seinen Mitarbeitern klar, dass der Betrieb durch Kurzarbeit überleben kann. Die Mitarbeiter willigen daraufhin ein.

- **Gemeinsame Widersacher und/oder widrige Umstände identifizieren, um den Konflikt zu regeln**

Widrigkeiten und äußere Widersacher (z. B. Wettbewerber) können vorübergehend Konflikte verdecken. Die Kräfte werden nun gegen den gemeinsamen Widersacher gebündelt eingesetzt. Es ist ein gemeinsames Ziel, nach außen hin eine Fassade der Harmonie zu zeigen.

Beispiel

Während einer Betriebsprüfung arbeiten die Mitarbeiter, die an und für sich zerstritten sind, nach außen hin harmonisch zusammen.

- **Ressourcenknappheit beseitigen, um den Konflikt zu regeln**

Bei Ressourcenknappheit (Räumlichkeiten, Werkzeug, Hilfsmittel usw.) steigt die Zahl der Verteilungskonflikte. Hat ein Mitarbeiter ein Hilfsmittel zugeteilt bekommen und der andere nicht, steigen die Spannungen. Wird die Ressourcenknappheit beseitigt, werden diese Konflikte dadurch gelöst.

Beispiel

Zwischen mehreren Mitarbeitern kommt es zu Spannungen, da ein Spezialwerkzeug von allen benötigt und benutzt wird. Der Vorgesetzte beschafft daraufhin ein zweites Spezialwerkzeug, um den Konflikt zu entschärfen.

- **Konfliktverhalten durch Schulung ändern**

Um Konflikte nicht dysfunktional werden zu lassen, empfiehlt es sich, Mitarbeiter zu schulen. Rollenspiele und gruppendynamische Übungen tragen zur Veränderung der Mitarbeiter im Hinblick auf Konflikterkennung und Konfliktlösung bei.

- **Strukturen ändern**

In größeren Betrieben ist eine Veränderung der Organisationsstruktur ein häufig zu beobachtendes Mittel, um dysfunktionale Konflikte zu beenden. Mit der Änderung der Strukturorganisation kommt es zu Job-Rotationen, Versetzungen und anderen Änderungen der Interaktionsmuster zwischen den Mitarbeitern und Vorgesetzten.

- **Konfliktlösung durch Einschaltung Dritter**

Einschaltung Dritter

Wenn eine Konfliktsituation verfahren ist und/oder wenn Vorgesetzte keinen anderen Ausweg (mehr) sehen, bietet es sich an, Dritte einzuschalten. Auch kann es sein, dass z. B. die andere Konfliktpartei von sich aus darauf besteht, einen Dritten einzuschalten. Diese Technik bietet sich insbesondere dann an, wenn es sich abzeichnet, dass eine Partei eine juristische Entscheidung herbeiführen will.

Bei der **Mediation** hilft ein Dritter zwei oder mehreren Parteien, den Konflikt zu lösen. Durch sachliche Argumentation soll eine Verhandlungslösung erzielt werden. Mediatoren haben keine bindende Autorität, sodass die Konfliktparteien die Empfehlungen ignorieren können. Mediatoren müssen in der Lage sein, den Konflikt sach- und situationsgerecht zu analysieren, Kommunikationsbarrieren überwinden helfen, von beiden Seiten akzeptiert werden und Beteiligte emotional stützen können. Mediation ist effektiv: In 60% der Fälle kommt es zu einer Einigung[65]. Dabei sollte die Konfliktintensität nicht hoch sein.

Bei der **Schlichtung** sind die Konfliktparteien gehalten, den Schlichterspruch aufgrund von gesetzlichen oder tarifvertraglichen Bedingungen zu akzeptieren. Insofern führt eine Schlichtung im Unterschied zur Mediation immer zu einer Lösung. Oft werden die Schlichter von beiden Konfliktparteien benannt, sodass ein Interessenausgleich naheliegt.

Schließlich gibt es noch die **Konfliktberatung,** bei der Experten im Konfliktmanagement den Konfliktparteien beratend zur Seite stehen. Durch Beratung sollen die Konfliktparteien in die Lage versetzt werden, den Konflikt selbst zu lösen.

7.5 Kooperative Konfliktregelung

Wohl die zielführendste Methode des Konfliktmanagements ist die kooperative Konfliktregelung, deren Kernstück die Problemlösung ist (siehe auch Abschnitt 7.4 „Problemlösung"). Ihr liegen folgende Prinzipien zugrunde[66]:

- Bedürfnisse und Interessen von beiden Seiten sollen berücksichtigt werden
- Verzicht auf Machtmittel
- Beziehung wird nicht gefährdet
- Sachorientierung
- gemeinsame Lösungssuche
- Anstatt eines „50 : 50"-Kompromisses wird z. B. nach einer „70 : 70"-Lösung („Gewinn für alle") gesucht.

Eine Form der kooperativen Konfliktregelung wird im Folgenden beschrieben.

Häufig mussten Vorgesetzte die negative Erfahrung machen, dass es bei der Auseinandersetzung weniger um das Problem, die Sache, als vielmehr um Sieg oder Niederlage ging. In der Praxis mündet diese Konfliktlösung in der Regel in zwei Methoden: Methode I (Ich gewinne, du verlierst) und Methode II (Du gewinnst, ich verliere). Beide Methoden verursachen jedoch nicht selten Stress, Unbehagen und Unzufriedenheit.

Besser ist es jedoch, eine andere Methode zu verwenden: die kooperative Konfliktregelung. Dabei werden Konflikte als Problemlösesituationen gesehen, die beide Konfliktpartner gemeinsam abarbeiten[67].

Methode I: Ich gewinne, du verlierst

Beispiel:

Der Meister kommt erbost zum Betriebsinhaber und verlangt, dass einem langjährigen Mitarbeiter gekündigt werde. Dieser habe seine Anweisungen nicht befolgt, andere aufgewiegelt und die Arbeit verweigert. Der Unternehmer kennt diesen Mitarbeiter genauer, und er weiß auch, dass der Meister aufgrund seiner autoritären Art Probleme mit dem Mitarbeiter hat. Er lehnt die Forderung des Meisters ab und sagt, dass er den Mitarbeiter nicht entlassen könne; der Meister beharrt jedoch darauf, dass dem Mitarbeiter gekündigt wird. Dem Mitarbeiter wird nicht gekündigt; der Meister ist frustriert und fühlt seine Autorität den Mitarbeitern gegenüber untergraben.

Indem der Betriebsinhaber sich durchsetzt, wendet er Methode I an. Der Betriebsinhaber gewinnt, der Meister verliert in diesem Moment.

In diesem Fall setzt der Inhaber seine Interessen durch (er gewinnt), die Interessen seines Meisters werden nicht oder nur spärlich berücksichtigt (er verliert).

Der Meister ist daraufhin frustriert und reagiert darauf mit Verärgerung, Wut oder Enttäuschung. Im Allgemeinen gilt: Wer wiederholt seine Interessen nicht durchsetzen kann, reagiert mit Resignation. Dem eigenen Gewinn steht damit der Verlust des Konfliktbeteiligten gegenüber. Und dies ist sicherlich langfristig keine Basis für eine gute Zusammenarbeit. Wer autoritär führt, wendet diese Methode an. Sie setzt voraus, dass der Vorgesetzte **Macht** hat, also seine Mitarbeiter belohnen oder bestrafen kann.

Methode II: Du gewinnst, ich verliere

Was wäre im obigen Beispiel geschehen, wenn der Meister sich durchgesetzt hätte? Der Vorgesetzte hätte in diesem Fall nachgegeben und den Mitarbeiter entlassen (der Meister gewinnt, der Betriebsinhaber verliert).

Nun geschieht genau dasselbe, nur mit umgekehrten Vorzeichen. Der Vorgesetzte hat seine Interessen nicht durchgesetzt. Vielleicht möchte er damit seinen Meister besänftigen, aber innerlich ist er nicht zufrieden; er mit seiner Erfahrung hat nachgegeben, und dies findet er nicht richtig.

Bei der Methode II ist folglich der Meister der Gewinner und der Betriebsinhaber der Verlierer.

Auf Dauer wird sich der Vorgesetzte diesen Stil nicht leisten können. Erfahrungsgemäß führt er zu **Autoritätsverlust** und Nachlassen der Gruppenleistung. Diese Methode wenden oft Vorgesetzte an, die den **Laissez-faire-Stil** bevorzugen.

Die kooperative Konfliktregelung

Bei der kooperativen Konfliktregelung werden Konflikte als **Probleme** gesehen und geklärt. Der Grundgedanke der Methode ist, dass Lösungen den **Bedürfnissen** beider Beteiligter Rechnung tragen müssen. Die Konfliktbeteiligten sind also beide Gewinner.

Für manche Vorgesetzte ist das selbstverständlich, für andere wiederum nahezu unvorstellbar.

Wie aber kann in einem Vorgesetzten-Mitarbeiter-Konflikt dieser Ausgleich gefunden werden?

Stufen der kooperativen Konfliktregelung

Die kooperative Konfliktregelung besteht aus **sechs Stufen:**

- Problemdefinition
- Lösungsvorschläge
- Bewertung der Lösungsvorschläge

- Entscheidung
- Realisierung der Entscheidung und
- Bewertung der Lösung.

„Markenzeichen“ der kooperativen Konfliktregelung ist die **Zweiwegkommunikation**, d. h., beide Konfliktbeteiligten tragen aktiv und kreativ zur Lösung des Konflikts bei (vgl. dazu auch das nachfolgende Kapitel „Wirkungsvoll kommunizieren“).

Beispiel

In unserem obigen Beispiel kam der Meister erbost zu dem Betriebsinhaber und erwartete, dass der Mitarbeiter entlassen wird. Der Betriebsinhaber kam dieser Erwartung nicht nach; ein destruktiver Konflikt drohte zu beginnen. Wie konnte die Führungskraft den Konflikt kooperativ meistern? Zunächst ließ er sich nicht von der emotionalen Erregung des Meisters anstecken und versuchte in der ersten Stufe herauszufinden, wie die Situation war, die den Meister dazu veranlasste, die Entlassung des Mitarbeiters zu fordern. Der Meister schilderte, dass er dem Mitarbeiter Anweisungen gab, die dieser nicht einhielt, und brachte seine Befürchtung zum Ausdruck, dass dessen Verhalten Signal für andere sei, sich auch so zu verhalten. Der Mitarbeiter sei für andere ein sehr schlechtes Vorbild. Der Vorgesetzte erkannte das tiefer liegende Problem „möglicher Autoritätsverlust“ und verstand dies sehr wohl. Dabei trat zutage, dass der Meister mit seinem Führungsstil bei seinen Leuten nicht ankam. Daraufhin bot er dem Meister Hilfe in zweierlei Hinsicht an: ein Dreiergespräch Meister-Mitarbeiter-Betriebsinhaber und eine Schulung/Weiterbildung „Mitarbeiterführung“, die dann in den nächsten Wochen realisiert wurde - der Konflikt war gelöst, beide Seiten - Betriebsinhaber und Meister - haben mit kooperativer Konfliktregelung gewonnen.

Die sechs Stufen der kooperativen Konfliktregelung im Einzelnen:

- **Stufe I: Problemdefinition („Wo genau liegt das Problem?“)**
  Das Problem, das zum Konflikt führte, erkennen und definieren; sich Zeit nehmen, Kooperation anbieten, sich nicht von der emotionalen Erregung des Meisters anstecken lassen.

- **Stufe II: Lösungsvorschläge (mögliche Lösungen entwickeln)**
  Lösungsvorschläge der Mitarbeiter ernst nehmen und zunächst nicht bewerten (dies erfolgt erst in der nächsten Stufe), Angst vor Inkompetenz bei der Lösungssuche abbauen, selbst Lösungsvorschläge entwickeln.

- **Stufe III: Bewertung der Lösungsvorschläge (Lösungen rational bewerten)**
  Was spricht für bzw. gegen die Lösungen? Dabei auch die Gefühle der Mitarbeiter beachten, Vor- und Nachteile abwägen, nicht auf den eigenen Vorschlägen beharren, wenn dies nicht sachlich gerechtfertigt ist.

- **Stufe IV: Sich für die beste annehmbare Lösung entscheiden**
  Die getroffene Entscheidung genau beschreiben und fragen, ob die Mitarbeiter sie akzeptieren.

- **Stufe V: Die Entscheidung realisieren**
  Wege zur Umsetzung der Entscheidung besprechen, klare Handlungsanweisungen ausarbeiten: Wer tut was und wann? Vereinbarungen treffen.

- **Stufe VI: Nach einer bestimmten Zeit die Lösung bewerten**
  Nach einer gewissen Zeit die Entscheidung überprüfen. War bzw. ist die gefundene Lösung tragfähig? Eventuell neue Entscheidungen treffen.

7.6 Der individuelle Stil der Konfliktlösung

Individuelle Konfliktlösungsstile

Menschen bevorzugen bei der Konfliktlösung unterschiedliche Stile. Je nachdem, ob sie eher ihre eigenen Interessen oder die ihres Konfliktpartners im Auge haben, ergeben sich fünf Stile[68].

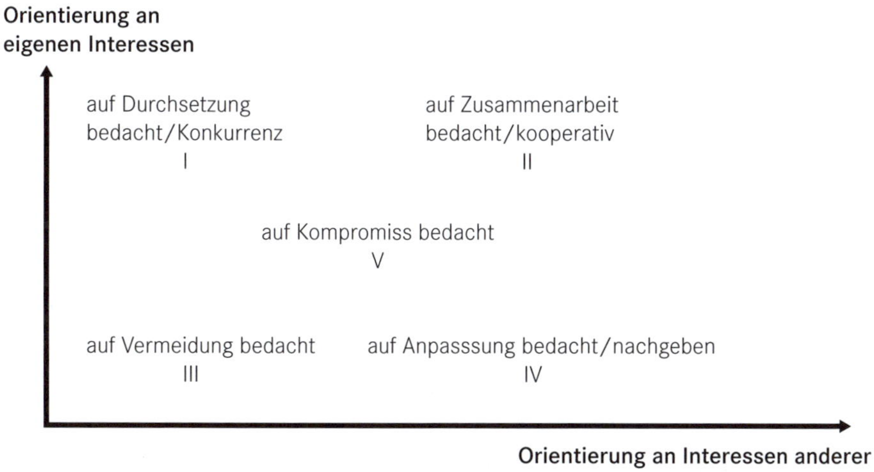

Der individuelle Stil der Konfliktlösung

Die Tendenz, ausgeprägt eigene Ziele und Interessen zu verfolgen, ist zu einem gewissen Grad Ausdruck einer Selbstbehauptungstendenz. Umgekehrt zeigt sich im

Verhalten, auch die Ziele oder Interessen anderer zu verfolgen, wie kooperativ jemand ist.

Daraus ergeben sich die fünf Konfliktlösungsstile: der auf Durchsetzung bedachte Stil (starke Orientierung an eigenen Interessen/geringe Orientierung an den Interessen anderer), der auf Zusammenarbeit bedachte Stil (starke Orientierung an eigenen wie an den Interessen anderer), der auf Vermeidung bedachte Stil (weder an eigenen Interessen noch an den Interessen anderer orientiert), der auf Anpassung bedachte Stil (geringe Orientierung an eigenen Interessen/starke Orientierung an den Interessen anderer) und der auf Kompromisse bedachte Stil (mittlere Orientierung an den eigenen Interessen sowie den Interessen anderer).

Dabei ist zu beachten, dass Menschen zwar eine Vorliebe für einen oder zwei dieser Stile haben, sie aber je nach Situation auch die anderen Stile anwenden. Bevorzugt ein Vorgesetzter z. B. einen auf Durchsetzung bedachten Stil im Betrieb, so kann er im privaten Bereich einen vermeidenden Stil anwenden.

1. Der auf Durchsetzung der eigenen Interessen bedachte Stil

Wenn jemand seine Interessen unbedingt durchsetzen möchte und dabei nicht die Auswirkungen auf andere berücksichtigt, bevorzugt er diesen Stil. Sein Ziel ist es, um jeden Preis zu gewinnen, ohne zu berücksichtigen, dass andere möglicherweise verlieren.

Häufig wenden dominante Personen diesen Stil an und argumentieren so[69]:

- Ich überzeuge andere aufgrund meiner besseren Argumente.
- Ich beharre auf meiner Position während eines Konflikts.
- Was ich sage, lässt sich verwirklichen. Hätten die anderen meine Erfahrung, würden sie ebenso denken und argumentieren.
- Ich ändere nicht meine Meinung während einer Auseinandersetzung.

Der sich selbst behauptende Stil ist angebracht, wenn

- unpopuläre Maßnahmen umgesetzt werden müssen (z. B. Kostensenkungen), damit das Unternehmen wirtschaftlich überleben kann,
- schnelles Handeln notwendig ist (z. B. in Notfällen),
- die Führungskraft sich davor schützen muss, ausgenützt zu werden[70].

Zu bedenken ist dabei, dass dieser Stil bei Mitarbeitern nicht selten Unzufriedenheit hervorruft.

2. Der auf Zusammenarbeit bedachte Stil

Wer diesen Stil bevorzugt, ist darauf bedacht, dass beide Parteien Gewinner sind. Man möchte, dass beide Seiten von der gefundenen Lösung einen Nutzen haben. Menschen mit dieser Haltung sehen Konflikte als etwas Natürliches und Nützliches, was zu einer besseren Lösung im Betrieb führt. Auch vertrauen sie auf die Vernunft der Konfliktpartner und identifizieren sich mit der gefundenen Lösung. Dieser Stil ist ein Element der Führung im Rahmen des Team-Managements[71].

Aussagen von Personen, die diesen Stil bevorzugen:

- Ich bemühe mich um eine Lösung für uns alle.
- Ich teile anderen meine Vorstellungen mit und versuche, deren Vorstellungen zu erkunden, dann versuche ich eine einvernehmliche Lösung mit ihnen zu finden.
- Ich versuche, Konflikte auf einer Vertrauensbasis zu lösen.

Dieser Stil ist angebracht, wenn zwischen den Konfliktpartnern eine wechselseitige Abhängigkeit (keine einseitige Abhängigkeit) besteht, sie innerlich unabhängig sind, mögliche Vorteile einer Zusammenarbeit über einen längeren Zeitraum offenkundig sind und der Betrieb diesen Stil unterstützt.

3. Der auf Vermeidung bedachte Stil

Wer diesen Stil bevorzugt, ignoriert Konflikte, hält sich aus ihnen heraus oder bleibt neutral. Ursache hierfür kann sein, dass jemand einen zusätzlichen Konflikt leid ist oder dass er die Erfahrung gemacht hat, dass sich ein Teil der Konflikte ganz von allein ohne Zutun löst.

Dazu einige Äußerungen:

- Ich nehme in der Regel keine extremen Standpunkte ein, die einen Konflikt hervorrufen könnten.
- Ich stimme anderen zu, da die Angelegenheit sowieso unwichtig ist.
- Ich lasse andere sich frei entscheiden, wenn es keine zwingenden Regeln gibt.

Dieser Stil wird auch als „konfliktscheu" bezeichnet. Wer ihn häufig anwendet, wird nicht selten ungünstig beurteilt. Für den Betrieb hat der Stil dann negative Konsequenzen, wenn dadurch wichtige betriebliche Verbesserungen ausgeklammert werden.

Der auf Meidung bedachte Stil kann angebracht sein, wenn

- es um unwichtige oder vorübergehende Dinge geht, für die es sich nicht lohnt, sich durchzusetzen.
- die Informationslage zu dünn ist, um den Konflikt im Augenblick zu lösen.

- andere besser den Konflikt lösen können.
- die eigene Macht im Betrieb begrenzt ist, sodass es aussichtslos erscheint, etwas zu ändern.

4. Der auf Anpassung bedachte Stil

Personen mit diesem Stil sind kooperativ und nicht auf Durchsetzung eigener Interessen aus. Man arrangiert sich mit den Gegebenheiten. Wenn jemand versucht, einen Konfliktpartner zu besänftigen, kann er dessen Interessen stärker gewichten als die eigenen.

Dazu einige Äußerungen:

- Man kann Konflikte am besten lösen, wenn man auf die eigenen Ziele und Wünsche verzichtet.
- Wenn es andere glücklich macht, bin ich dafür.
- Ich beschwichtige den Konfliktpartner, indem ich den Standpunkt des anderen übernehme.

Im Betrieb hat dieser Stil einen positiven Effekt auf die zwischenmenschlichen Beziehungen; was jedoch auf der Strecke bleibt, sind die sachlichen Auseinandersetzungen, die letzten Endes den wirtschaftlichen Erfolg fördern. Mittel- und langfristig können damit keine Probleme im Betrieb gelöst werden.

Dieser Stil ist angebracht, wenn

- man in einer explosiven Konfliktsituation ist, die dadurch entschärft werden kann.
- man merkt, dass der eigene Standpunkt nicht zu halten ist.
- gute mitmenschliche Beziehungen kurzfristig wichtig sind.
- die persönlichen Unterschiede der Konfliktbeteiligten zu groß sind und Änderungen nicht in Sicht sind.

5. Der auf Kompromisse bedachte Stil

Wer auf Kompromisse aus ist, gibt etwas auf, um so bei seinem Partner Gleiches zu bewirken. Bei Kompromissen gibt es keine Gewinner oder Verlierer. Man willigt in eine Lösung ein, die für beide Partner zu einem gewissen Grade unbefriedigend ist.

Äußerungen dazu:

- Ich willige in Lösungen ein, wenn der andere mir auf halbem Wege entgegenkommt.
- Halb ist besser als nichts.
- Wenn ich mich schon nicht ganz durchsetzen kann, trachte ich danach, dass ich und die gegnerische Partei ein ausgeglichenes Konto an Gewinnen und Verlusten haben.

Häufig werden Personen mit diesem Stil von anderen positiv angesehen („Er ist zu fairen Kompromissen fähig“), da sie pragmatisch handeln und damit gute Beziehungen für die Zukunft nicht verbauen. Dieser Stil sollte nicht zu Beginn des Konflikts gezeigt werden, da sich die kontroversen Standpunkte erst im Verlauf der Konfliktgespräche herausschälen. Zuvor sollten die Lösungen ausgelotet werden.

Dieser Stil ist angebracht, wenn

- die Kosten der Selbstbehauptung größer sind als ihr Nutzen.
- der auf Zusammenarbeit bedachte Stil gescheitert ist.
- die Konfliktbeteiligten den gleichen Status haben, deren Ziele sich jedoch ausschließen.

Praktische Schlussfolgerungen zur Bewältigung von Konflikten

- Akzeptieren Sie Konflikte!
  Sehen Sie das Positive im Konflikt, gehen Sie mit Selbstvertrauen an die Konfliktlösung heran und ändern Sie Ihre Position, falls dies sachlich gerechtfertigt ist.
- Zeigen Sie, dass Sie emotional kompetent sind!
  Gehen Sie so mit Ihren eigenen Emotionen um, dass diese für die Konfliktlösung förderlich sind. Kontrollieren Sie Ihre Emotionen. Oft sind aggressive Bemerkungen von anderen nicht persönlich zu nehmen.
- Achten Sie auf die Beziehungsebene im Gespräch!
  Hören Sie mehr zu, als selbst zu sprechen; behandeln Sie Ihr Gegenüber wie einen Kunden. Wenden Sie die Kommunikationsfertigkeiten (aktives Zuhören und Ich-Botschaften) an (siehe dazu auch „Kommunikation“).
- Lösen Sie den Konflikt konstruktiv!
  Gehen Sie das Problem (die Soll-Ist-Abweichung) an. Personalisieren Sie den Konflikt nicht. Bemühen Sie sich um Konsens; kooperieren Sie, wenn möglich.

Fragen zur Selbstkontrolle

1. Welche Einstellung zu Konflikten haben Sie?
2. Nehmen Sie einen alltäglichen Konflikt als Beispiel. Was waren die Konfliktursachen?
3. Beschreiben Sie die kooperative Konfliktregelung anhand eines Beispiels aus Ihrem Betrieb.
4. Welchen Konfliktlösungsstil bevorzugen Sie?

8. Betriebliche Kommunikation gestalten

Eine Kernkompetenz von Führungskräften ist das Informieren und Kommunizieren. Die Grundlagen dazu vermittelt das nachfolgende Kapitel.

Das Kapitel ist so aufgebaut, dass Sie

- die Formel der Ungewissheit kennen und beim Informieren richtig anwenden,
- ein geeignetes Kommunikationsmittel auswählen können,
- Phasen und Ablauf wichtiger Führungsgespräche kennen,
- wichtige Kommunikationsfertigkeiten richtig anwenden,
- die wichtigsten Kommunikationsregeln aus der Transaktionsanalyse kennen,
- die wichtigsten Gesprächsformen beschreiben können,
- den Kommunikationsprozess reflektieren können.

Kommunikation als Führungsaufgabe

Wie wichtig die Führungsaufgabe „Kommunikation" ist, belegen wissenschaftliche Studien: Information und Kommunikation beanspruchen 80 % des Zeitbudgets einer Führungskraft; eine Studie stellt sogar 88 % fest[72].

Führungskräfte informieren oder lassen sich informieren, wobei eine Hauptquelle die mündliche Kommunikation ist (Kommunikation = wechselseitiger Austausch von Informationen).

Diese Führungsaufgabe beschränkt sich jedoch nicht auf die Weitergabe von Informationen von oben nach unten, sondern ist breiter zu sehen. Zum Führen gehört auch, Informationen von Mitarbeitern zu bekommen. Bei zunehmender Betriebsgröße ist es von großer Bedeutung, Informationen mit anderen Abteilungen auszutauschen. Auch das Medium (Brief, E-Mail, Internet/Intranet, mündlich von Angesicht zu Angesicht usw.) ist bei der Kommunikation zu beachten.

8.1 Die Formel zur Ermittlung der Ungewissheit benutzen

Haben Mitarbeiter nicht genügend Informationen über Ziele, Aufgaben und zukünftige Entwicklungen im Betrieb, reagieren sie oft mit Widerstand oder Resignation, aber nicht etwa, weil sie von vornherein ein geringes Arbeitsinteresse haben, sondern weil sie sich nicht sicher fühlen. Das fundamentale Bedürfnis nach Sicherheit ist unbefriedigt (vgl. dazu auch das Kapitel „Mitarbeiter motivieren"). Effektiv kommunizieren bedeutet auf dieses Bedürfnis einzugehen, den Mitarbeitern die **Ungewissheit**[73] zu nehmen.

Damit kann die Führungskraft

- die Leistung der Mitarbeiter fördern,
- ihre Identifikation mit dem Betrieb stärken,
- Vertrauen schaffen und erhalten.

Häufig ist die Unsicherheit darin begründet, dass Mitarbeiter zu wenige Informationen haben und dadurch ihre Ungewissheit zu groß ist. Wie kann man diese Ungewissheit verringern? Zunächst ermittelt man den Informationsmangel und verringert ihn anschließend durch Kommunikation. Mithilfe einer Faustformel kann die Ungewissheit erfasst werden:

Faustformel zur Ermittlung der Ungewissheit

Informationen, die für die Aufgabenerfüllung wichtig sind	–	Informationen, die der Mitarbeiter im Moment hat	=	Ungewissheit des Mitarbeiters

Faustformel zur Ermittlung der Ungewissheit

Man stellt die Informationen zusammen, die der Mitarbeiter für die Aufgabenerfüllung benötigt, und vergleicht sie mit den Informationen, die der Mitarbeiter im Moment hat. Ergibt sich eine Diskrepanz, ergibt das die Ungewissheit des Mitarbeiters.

Ungewissheit stellt sich ein, wenn Mitarbeiter unzureichend informiert sind, um die betrieblichen Ziele zu erreichen. Das Kommunikationsdefizit kann weitergehende Folgen haben, die für den Betrieb gefährlich sind. Aufgrund mangelnder Information fühlen sich Mitarbeiter nicht richtig in den Betrieb eingebunden und distanzieren sich vom Betrieb; das führt zu einer negativen oder passiven Haltung und zu geringer Motivation. Häufig sind mangelnde Informiertheit und negative Einstellungen am Arbeitsplatz eng miteinander verknüpft. Aufgabe der Vorgesetzten ist es, diesen Mangel durch kommunikatives Verhalten zu verringern oder zu beseitigen.

Die Ungewissheit kann einen einzelnen Mitarbeiter, eine Abteilung oder den gesamten Betrieb betreffen. Die nachfolgende Übersicht zeigt, wie die Ungewissheit ermittelt werden kann.

Informationen, die die Mitarbeiter brauchen	Informationen, die sie im Moment haben	Ungewissheit
Beginn des Umbaus	Irgendwann im Sommer	Wann genau?
Dauer der Arbeitsunterbrechung	Vom Hörensagen bekannt	Wie lange genau?
Ablauf des Umbaus	Vom Hörensagen bekannt	Wie ist der Ablauf geplant?

Beispiel zur Ermittlung der Ungewissheit

8.2 Ein geeignetes Kommunikationsmittel auswählen

Zur Übermittlung von Informationen gibt es eine Vielzahl von Kommunikationsmitteln (= Medien) wie das Gespräch von Angesicht zu Angesicht, Telefongespräch, E-Mail, Telefax, Standardbriefe, Berichte, Internet usw. Welches Mittel soll der Handwerksunternehmer für welchen Zweck einsetzen? Dabei hilft das Konzept der Medienreichhaltigkeit.

Medienreichhaltigkeit berücksichtigen

Kommunikationsmittel unterscheiden sich darin, ob man mit ihnen viele verbale und/oder nonverbale Informationen sowie schnelle Rückmeldungen übermitteln kann oder nicht. Kann man damit viele Informationen bzw. schnelle Rückmeldungen übermitteln, ist das Medium reichhaltig und für die nicht routinemäßige Kommunikation geeignet, z. B. Preisverhandlungen oder Konfliktlösungsgespräche. Für routinemäßige Vorgänge (z. B. Standardangebote) empfehlen sich einfache Mittel, mit denen lediglich eine kleine Menge an Informationen übermittelt wird.

Medienreichhaltigkeit	Medium	Feedback-Schnelligkeit	Möglichkeit, viele Informationen gleichzeitig zu übermitteln	Möglichkeit, auf Person des Empfängers einzugehen
groß ↑	Gespräch von Angesicht zu Angesicht	unmittelbar/sehr schnell	groß, akustische und visuelle (verbale und nonverbale) Informationen	groß
	telefonisches Gespräch	unmittelbar/sehr schnell	auf akustische Informationen beschränkt	groß
	E-Mail	schnell	beschränkt auf visuelle verbale Informationen	beschränkt
gering ↓	Formbrief	gering	beschränkt	gering

Reichhaltigkeit einzelner Kommunikationsmittel

Praktische Schlussfolgerungen

- Kommunikation, die mit wenig reichhaltigen Kommunikationsmitteln geführt wird, erzeugt schnell Widerstand.
- Kommunikation z. B. per E-Mail ist scheinbar leicht, allerdings liegen hier auch Risiken: Aufgrund der schnellen Verfügbarkeit der Mails führt das schnell zur Vernachlässigung formaler und auch emotionaler Standards, die dann beim Empfänger zu Verletzungen führen - deshalb: auch eine Mail ist ein Brief, der sorgfältig geschrieben werden sollte.
- Gleiches gilt für die stark „einseitige" Kommunikation (Formbriefe, Bekanntmachungen), die von den Empfängern oft als „unpersönlich" und „formalisiert" erlebt und daher schnell abgelehnt wird.

8.3 Kommunikationsfertigkeiten und Kommunikationsregeln

Ein Schlüssel zur effektiven Bewältigung der Vorgesetztenaufgaben sind Führungsgespräche im Betrieb. Nicht selten ist in der betrieblichen Praxis zu hören, dass **„kommunikative Betriebe"**, also Betriebe, die auf Gesprächsführung großen Wert legen, am Markt mehr Erfolg haben als andere.

kommunikative Betriebe

Beispiel

In einem süddeutschen Kaminbaubetrieb achtet die Meisterfrau auf guten Kommunikationsstil, da die Mitarbeiter weitgehend selbstständig und eigenverantwortlich arbeiten. Sie hat eine positive Grundeinstellung zu den Mitarbeitern und bemüht sich, in Gesprächen den unterschiedlichen Persönlichkeiten mit ihren Problemen gerecht zu werden. Die Mitarbeiter sind motiviert, fühlen sich verstanden und wirken überdurchschnittlich an der Verwirklichung der Unternehmensziele mit.

Voraussetzung für die wirksame Gesprächsführung ist die Kenntnis der grundlegenden **Kommunikationsfertigkeiten.**

8.3.1 Kommunikationsfertigkeiten

Die Gesprächsformen Aufgabenbesprechung, Kritikgespräch und Beschwerdegespräch erfordern grundlegende Kommunikationsfertigkeiten: aktives Zuhören, „Ich-Botschaften" geben und eine gleichberechtigte Beziehung auf der Basis von Erwachsenen-Ich-Transaktionen aufbauen.

Wer Offenheit und Vertrauen bei seinen Mitarbeitern am Arbeitsplatz erreichen will, kann dies durch **aktives Zuhören und Ich-Botschaften** bewirken. Voraussetzung dazu ist allerdings, zunächst im Gespräch zu erkennen, wer das Problem hat[74].

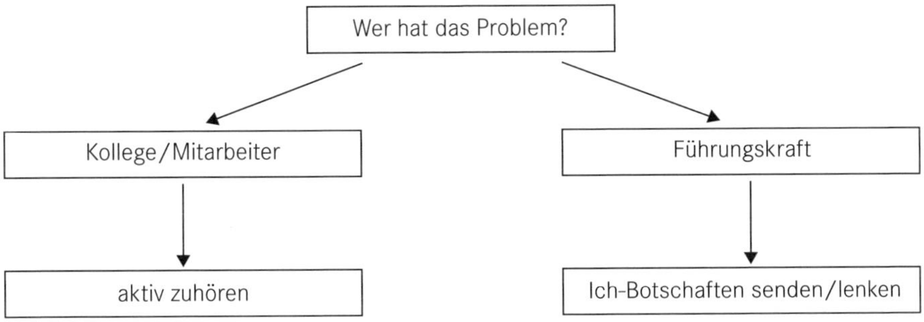

Problembesitz

Wer hat das Problem?

Ist das **aktive Zuhören** oder sind **Ich-Botschaften** vornehmlich angebracht? Um das zu entscheiden, muss man wissen, wer in erster Linie das Problem hat.

Typische Soll-Ist-Abweichungen, in denen Führungskräfte das Problem haben, sind z. B.:

- Eine Mitarbeiterin ist gegenüber Kunden unhöflich; die Kunden beschweren sich. Sie als Führungskraft müssen der Beschwerde nachgehen.
- Ein Meister vernachlässigt seine Führungsaufgaben, die Unzufriedenheit seiner Mitarbeiter wird immer größer.
- Ein Mitarbeiter bummelt, die Aufträge werden nicht rechtzeitig erledigt.
  Sie - als Vorgesetzter - sind gefordert, das Problem zu lösen. In Kritikgesprächen „besitzen" zunächst Sie das Problem und machen sich auf, es zu lösen.

Im Unterschied dazu gibt es Soll-Ist-Abweichungen, in denen der Mitarbeiter Probleme hat. Typische Soll-Ist-Abweichungen, in denen Mitarbeiter das Problem haben, sind z. B.:

- Ein Mitarbeiter sagt zu Ihnen: „Ich bin überfordert", oder: „Jetzt verstehe ich gar nichts mehr."
- Ein Mitarbeiter kommt mit einer Arbeit nicht zurecht und bittet um Hilfe.
- Ein Mitarbeiter ist mit seinen Kollegen und/oder der Führung unzufrieden. In Beschwerdegesprächen hat der Mitarbeiter das Problem, weiß jedoch oft nicht, wie er es lösen kann.

„Besitzen" Sie das Problem, ist Ihr Rollenverhalten ein anderes, als wenn der Mitarbeiter Probleme hat[75]:

- Sie werden aktiv.
- Sie übernehmen die Rolle des Senders, nicht des Empfängers.
- Sie wollen etwas ändern, beeinflussen.
- Sie wollen eine zufriedenstellende Lösung.
- Sie orientieren sich an Ihren Bedürfnissen.

Wenn Mitarbeiter Probleme haben, ist das eigene Rollenverständnis als Führungskraft ein anderes:

- Sie sind beratend.
- Sie sind Empfänger/Zuhörer.
- Sie wollen dem Mitarbeiter helfen, das Problem zu lösen.
- Sie orientieren sich an den Bedürfnissen des anderen.
- Sie brauchen nicht Ihre eigenen strengen Maßstäbe an die Lösung des anderen anzulegen.

Ist der Mitarbeiter der Problembesitzer, **hört die Führungskraft aktiv zu** und übernimmt die Rolle eines Beraters. Ist die Führungskraft Problembesitzer, sendet sie **„Ich-Botschaften“**, um sich zu behaupten.

Aktives Zuhören

In vielen Berufen beansprucht das Zuhören bis zu 40 % der Arbeitszeit, aber die meisten Vorgesetzten und Mitarbeiter beklagen, dass sie die Zeit nicht effektiv genutzt hätten. Bei gutem Zuhören hätten sie die Ergebnisse in 25 % der Zeit erreicht: Durch aktives Zuhören helfen Vorgesetzte bei der Problemlösung.

Was ist „aktives Zuhören“?

Aktives Zuhören bedeutet, aufmerksam und mit Interesse zuzuhören, den Mitarbeiter akzeptieren, wie er ist, das Problem mit den Augen des Mitarbeiters zu sehen, kurzum: sich mit den Aussagen und der Person des Mitarbeiters zu beschäftigen.

Dass aktives Zuhören geübt werden muss, zeigen alltägliche Beispiele von Verhaltensweisen, die guten Gesprächen im Wege stehen:

- Man redet über sich selbst.
- Man gibt Ratschläge.
- Man spielt herunter, bagatellisiert.
- Man fragt aus, dirigiert.
- Man interpretiert, diagnostiziert.
- Man macht Vorwürfe, moralisiert.
- Man befiehlt oder droht.

Welche Verhaltensweisen zeigen **aktive Zuhörer?**

- **Sie wiederholen das direkt Gesagte auf der Sachebene.**
  Die Reaktion der Führungskraft beschränkt sich darauf, mit eigenen Worten das Gesagte zu wiederholen; sie kann damit Missverständnisse auf der Sachebene ausräumen.

  Wiederholen des Gesagten

  Die Führungskraft leitet die Wiederholung mit z. B. folgenden Formulierungen ein: „Sie sagen, dass ..." oder „Habe ich Sie richtig verstanden, dass ..." Dabei können weitschweifige Aussagen des Mitarbeiters kurz zusammengefasst werden.

- **Sie helfen zu verbalisieren, was indirekt gesagt wurde.**
  Neben der Sachebene hat das Gespräch auch eine Beziehungs-, Appell- und Mitteilungsebene, also auch wichtige Gefühlsaspekte. Eine sehr einfache Form dabei ist, dass man den Gesprächspartner ermuntert, weiterzureden. Dies kann **verbal** (z. B. ein aufmunterndes „Ja") sein oder **nonverbal** (körpersprachlich durch ein freundliches Lächeln).

  Verbalisieren, was indirekt gesagt wurde

  Man kann dem Mitarbeiter aber auch eine **klärende Frage** stellen („Was bedeutet: Sie wollen eigentlich nicht mit Herrn Maier zusammenarbeiten?"). Noch mehr zum Klärungsprozess tragen **weiterführende Fragen** bei („Ich überlege mir gerade, was das für Sie bedeutet.").

  Wohl am schwierigsten ist es, Gefühle bei einem Gesprächspartner direkt anzusprechen („Sie fühlen sich übergangen" oder „Sie sind enttäuscht darüber, dass ...").

Ich-Botschaften geben

Wenn Führungskräfte im Problembesitz sind, verwenden Sie oft Sie-Botschaften, um sich durchzusetzen. Das führt mitunter zu unnötigen Auseinandersetzungen.

Typische Sie-Botschaften sind z. B.:

- „Sie wollen immer alles besser wissen."
- „Sie machen das jetzt ohne Widerrede."
- „Sie könnten aber auch einmal pünktlich sein."

Was sind „Ich-Botschaften"?

Führungskräfte sind der Meinung, damit eine Verhaltensänderung anzustoßen. Meistens sind jedoch Konflikte auf der Beziehungsebene die Folge. Daher empfiehlt die Kommunikationspsychologie, **Ich-Botschaften** zu verwenden. Das sind Botschaften, die konkret das Missfallen auslösende Verhalten und ihre Wirkung auf den Vorgesetzten ansprechen.

Ich-Botschaften enthalten

- eine konkrete Beschreibung des Verhaltens, das Sie stört (z. B. „Heute Morgen kamen Sie statt um 7 Uhr erst gegen 7.30 Uhr.“);
- die Auswirkung des Verhaltens auf die Erreichung der betrieblichen Ziele („Wir mussten warten und konnten daher nicht sofort zur Baustelle fahren.“);
- den Ausdruck der Gefühle und Gedanken, die Sie dabei haben („Ich war ungehalten, weil wir warten mussten.“).

Dem Mitarbeiter werden damit genaue Anhaltspunkte darüber gegeben, was die Reaktion der Führungskraft ausgelöst hat. Dadurch wird ein offenes Klima am Arbeitsplatz gefördert.

8.3.2 Indirekte Botschaften positiv gestalten

Oft scheitert die Kommunikation an verdeckten Transaktionen, derer sich Vorgesetzte gar nicht bewusst sind. Die Transaktionsanalyse hilft das zu verdeutlichen.

Beispiel

Ein Vorgesetzter sagt (väterlich) zu seinem Mitarbeiter. „Sie sind eigentlich ein super Mitarbeiter!“

Die Absicht, den Mitarbeiter zu loben, wird nicht deutlich. Der Mitarbeiter hört aufgrund des Füllwortes „eigentlich“ nur die Kritik an seiner Person heraus. Die psychologische Ebene des Gesprächs ist dadurch gestört.

Transaktionsanalyse

Die **Transaktionsanalyse** ist ein Konzept, um mögliche Störungen in der Kommunikation zu erkennen und zu beseitigen.

Sie geht auf den amerikanischen Psychiater Eric Berne zurück. Er sieht vier Positionen in unseren Beziehungen zu anderen, die er für grundlegend hält:

Ich +	Du +
Ich +	Du -
Ich -	Du +
Ich -	Du -

Die vier Grundpositionen

Vier Grundpositionen

- „Ich bin Ordnung, du bist in Ordnung, mit mir und dir hat es seine Richtigkeit."
- „Ich bin in Ordnung, mit dir stimmt etwas nicht."
- „Du bist in Ordnung und Du bist mir recht, so wie du bist. Mit mir stimmt etwas nicht."
- „Ich bin nicht in Ordnung und mit dir stimmt etwas nicht. Du bist nicht in Ordnung."

Berne geht davon aus, dass jeder Mensch im Grund in Ordnung ist, so wie er ist (in seiner Existenz) - d. h. allerdings nicht, dass jedes Verhalten in Ordnung ist. Ausgehend von dieser Grundposition gilt es, die Transaktionen zu optimieren.

Grundeinheit der menschlichen Kommunikation und der zwischenmenschlichen Beziehungen ist die „Transaktion". „Begegnen zwei oder mehrere Menschen einander, dann beginnt früher oder später einer von ihnen zu sprechen oder in irgendeiner Form von der Gegenwart des anderen Notiz zu nehmen." Auf einen verbalen oder nonverbalen Stimulus des einen folgt eine verbale oder nonverbale Reaktion des andern.

Ich-Zustände

Berne analysierte die Transaktionen unter dem Blickwinkel der Ich-Zustände. Dabei stellte er fest, dass jeder von uns meist unbewusst auf drei Ich-Zustände zurückgreift.

Im Verhalten, Denken und Fühlen, das unreflektiert von Eltern oder Elternfiguren übernommen wurde, kommt das Eltern-Ich zum Ausdruck. Das Kind-Ich zeigt sich in immer wieder ablaufenden Verhaltensweisen und Erlebniszuständen aus der Kindheit. Demgegenüber sind Verhaltens- und Erlebnisweisen, die eine direkte Antwort auf das Hier und Jetzt sind, vom Erwachsenen-Ich gesteuert. Daraus leitet er drei Kommunikationsregeln ab.

Transaktionen

Bei **parallelen und komplementären Transaktionen** ist die Kommunikation auf einer Wellenlänge und ohne Störung.

Parallele Transaktionen liegen dann vor, wenn auf der gleichen Ich-Ebene kommuniziert wird, z.B. das Erwachsenen-Ich kommuniziert mit dem Erwachsenen-Ich. Komplementäre Transaktionen liegen dann vor, wenn unterschiedliche Ich-Ebenen miteinander kommunizieren, aber auf parallelen Linien verlaufen (z. B. das Eltern-Ich kommuniziert mit dem Kind-Ich und das Kind-Ich mit dem Eltern-Ich).

Parallele Transaktionen

Beispiel

Vorgesetzter: „Haben Sie den Kostenvoranschlag fertig?“

Mitarbeiter: „Ja, er wird gerade ausgedruckt.“

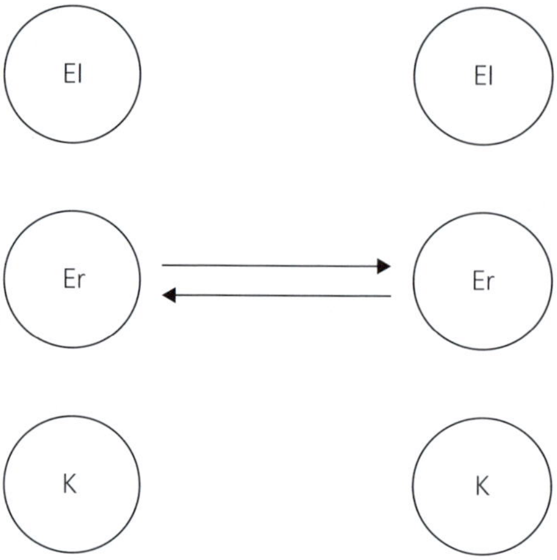

El = Eltern-Ich
Er = Erwachsenen-Ich
K = Kindheits-Ich

Parallele Transaktion

Komplementäre Transaktionen

Beispiel

Vorgesetzter: „Haben Sie den Kostenvoranschlag fertig?“

Mitarbeiter: „Ich weiß auch nicht, ich komme mit der Arbeit nicht zurecht. Können Sie mir helfen?“

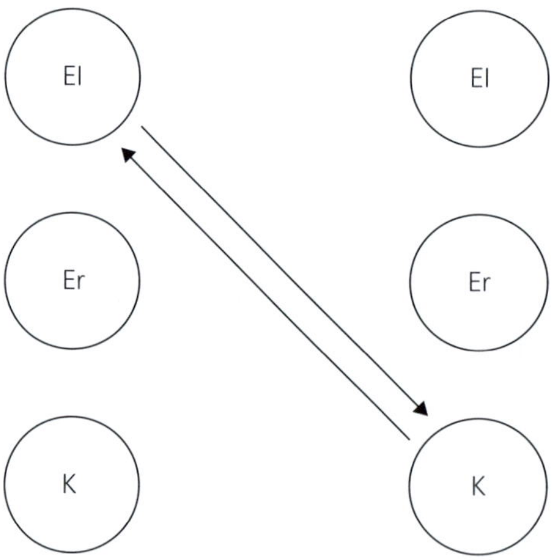

Komplementäre Transaktion

Bei **gekreuzten Transaktionen** bricht eine vernünftige Kommunikation ab. Beide Gesprächspartner müssen zum Erwachsenen-Ich zurück, wenn sie wirkungsvoll kommunizieren wollen.

Der Vorgesetzte fragt sachlich nach, der Mitarbeiter ist hilflos und antwortet aus dem Kindheits-Ich. Es liegt eine Kommunikationsstörung vor, die auf Seiten des Mitarbeiters eine Änderung des Verhaltens erfordert.

Beispiel
Vorgesetzter: „Haben Sie den Kostenvoranschlag fertig?"
Mitarbeiter (jammernd): „Immer fragen Sie mich. Ich kann auch nicht hexen."

Ein anderer Fall liegt vor, wenn sich das Eltern-Ich, das zu dem Kind-Ich spricht, mit dem des andern kreuzt.

Beispiel
Vorgesetzter: „Bis morgen möchte ich den Kostenvoranschlag, sonst können Sie etwas erleben!"
Mitarbeiter: „Diesen Ton verbitte ich mir! Ich lasse mir von Ihnen keine Vorschriften machen!"

Gekreuzte Transaktionen – Variante I

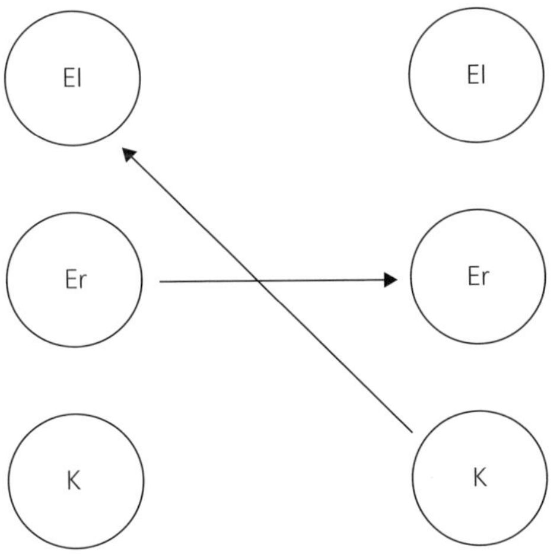

Gekreuzte Transaktion – Variante 1

Gekreuzte Transaktionen - Variante II

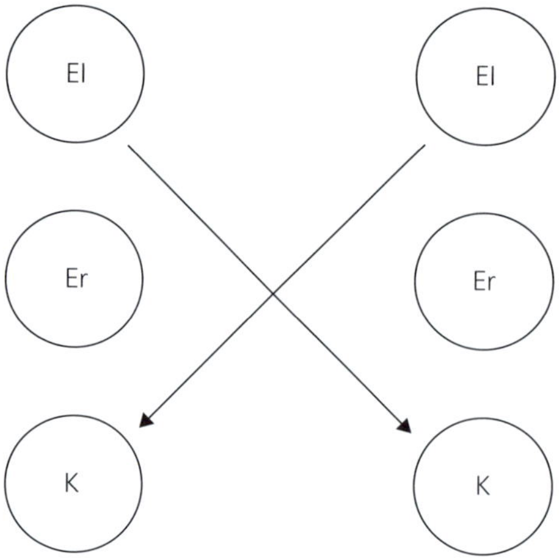

Gekreuzte Transaktion - Variante 2

Hier müssen die Beteiligten auf die Ebene des Erwachsenen-Ichs zurück.

Bei **verdeckten Transaktionen** wird neben der direkten eine indirekte Botschaft übermittelt. Wie weiter kommuniziert wird, hängt von der übermittelten indirekten Botschaft ab.

Verdeckte Transaktionen

Beispiel
Vorgesetzter: „Wo ist eigentlich der Kostenvoranschlag für das Bahnprojekt?"
(Tonfall/indirekte Botschaft: Den hat der Mitarbeiter bestimmt versiebt)
Mitarbeiter: „Haben Sie schon einmal in der Datei Bahn 2020 nachgeschaut?"
(Tonfall/indirekte Botschaft: Sie sind unordentlich und kennen sich im EDV-System nicht aus)

Die vom Eltern-Ich geprägte Transaktion konterkariert die Transaktion, die sich auf der sachlichen Ebene abspielt. Dazu tragen oft Füllwörter wie eigentlich, nämlich usw. bei. Auch hier ist eine Klärung notwendig (siehe dazu auch „Metakommunikation"), die dazu führt, dass Vorgesetzter und Mitarbeiter ihr Verhalten vom Erwachsenen-Ich her steuern.

Dies kann im Rahmen des jährlichen Mitarbeitergesprächs stattfinden.

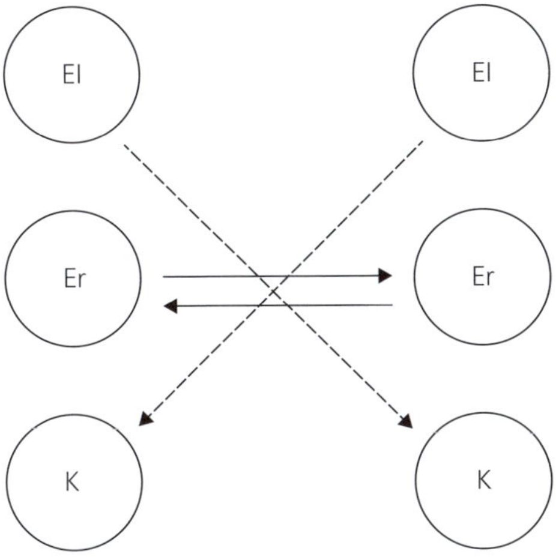

Verdeckte Transaktionen

8.4 Gesprächsformen

Im Folgenden werden die Gesprächsformen „Aufgaben besprechen“, „Kritikgespräche führen“ und „Beschwerden besprechen“ dargestellt. Das „Mitarbeitergespräch“ wird im Abschnitt „Personalentwicklung on the job“ näher dargestellt.

1. Aufgaben besprechen

Im Rahmen der täglichen Personalführung ist das Besprechen von Aufgaben zentraler Bedeutung. In gut geführten Besprechungen wird dem Mitarbeiter klar, was er zu tun hat, welche Ziele dabei erreicht werden sollen und welches Arbeitsverhalten und/oder welche Leistung der Vorgesetzte von ihm erwartet. Schlecht geführte Besprechungen führen zu Missverständnissen und Frustration sowohl auf der Seite des Vorgesetzten als auch auf der Seite der Mitarbeiter und bewirken oft Ärger mit dem Kunden.

Gesprächsziele können z. B. sein:

- sachlich die Aufgabe abstecken, damit der Mitarbeiter seinen Auftrag klar kennt;
- mögliche Schwierigkeiten bei der Aufgabenerfüllung im Voraus erkennen;
- Mitarbeiter motivieren, damit sie sich voll einsetzen.

Gesprächsinhalte (siehe auch Kapitel „Aufgabenplanung“) sind z. B.:

- das, was gerade erledigt werden muss;
- Prioritäten setzen/Haupt- und Nebenaufgaben festlegen;

- festlegen, bis wann eine Aufgabe erledigt sein muss;
- festlegen, welche Qualität oder Quantität erwartet wird;
- festlegen, in welcher zeitlichen Reihenfolge die Aufgabe erledigt wird;
- besprechen, was der Vorgesetzte beiträgt, damit der Mitarbeiter seine Ziele erreichen kann;
- mögliche Schwierigkeiten bei der Durchführung im Voraus ausloten.

Ein Gespräch besteht aus mehreren **Gesprächsphasen:**

- Begrüßung, mit der das Gespräch eröffnet wird.
- Vorphase: Der Vorgesetzte stellt die derzeitige Situation dar. Wie wichtig/notwendig ist die Aufgabe im Rahmen der Betriebsziele?
- Hauptphase: Der Vorgesetzte schildert den Auftrag und die daraus entstehende Aufgabe, erkundet zusammen mit dem Mitarbeiter mögliche Schwierigkeiten bei der Durchführung, motiviert den Mitarbeiter („Ich habe Sie deshalb ausgewählt, weil Sie das letzte Mal den Auftrag gut erledigten.") und geht auf eventuelle Widerstände ein;
- Abschlussphase, in der die Ziele, Termine und Erwartungen geklärt werden.

Abschließend gibt der Vorgesetzte zum Ausdruck, dass er ihm eine gute Erledigung zutraut („Ich bin überzeugt, dass Sie den Auftrag wieder gut erledigen.").

Häufige Schwierigkeiten

Häufige Schwierigkeiten bei Aufgabenbesprechungen entstehen daraus, dass Vorgesetzte die Aufgabe und die Ziele nur unvollständig zum Ausdruck bringen. Der Mitarbeiter fragt nicht nach, und anschließend stimmt das Ergebnis dann nicht. In der Folge kritisiert der Vorgesetzte den Mitarbeiter heftig, und dieser ist frustriert.

Der Vorgesetzte löst mit seinem Verhalten eine Kette von unerwünschten Reaktionen aus (siehe dazu auch die Ausführungen zu „Erwartungen klären" und „X-Theorie").

Ein weiterer Fehler besteht darin, dass man die Aufgabe aus verschiedenen Gründen **zu genau vorstrukturiert.** Der Mitarbeiter wird dann nicht zum Mitdenken angeregt, seine Motivation sinkt (siehe dazu die Ausführungen zur „Y-Theorie").

2. Kritikgespräche führen

Wer mit dem Verhalten und/oder der Leistung eines Mitarbeiters nicht zufrieden ist, führt ein Kritikgespräch, um Abhilfe zu schaffen.

Während es bei Problembesprechungen um sachliche Soll-Ist-Abweichungen geht, steht hier das persönliche Verhalten eines Mitarbeiters infrage.

Gesprächsziele sind z. B.:

- eine Verhaltensänderung beim Mitarbeiter anstoßen,
- Mitarbeiter dazu bringen, sachlich berechtigte Kritik aufzunehmen,
- Mitarbeiter nicht frustrieren,
- gute persönliche Beziehungen erhalten.

Gesprächsziel ist es jedoch nicht, Recht zu haben oder zu bekommen.

Gesprächsinhalte sind beispielsweise:

- Erwünschtes und unerwünschtes Verhalten des Mitarbeiters (siehe dazu die Ausführungen zu „Feedback geben“).
- Welche Auswirkungen hatte das unerwünschte Verhalten auf die Erreichung der betrieblichen Ziele?
- Wie kann man es besser machen?
- Zielvereinbarungen bei zukünftigen Aufgaben (eventuell durch direkte Anweisung).

Direkteinstieg

Erwartet der Mitarbeiter schon Kritik, empfiehlt es sich, für die Gesprächsphasen nach der Eröffnung (Begrüßung) direkt in das Kritikgespräch einzusteigen.

- In der **Vorphase** beschreibt der Vorgesetzte den konkreten Anlass für das Gespräch („Mir fiel auf, dass ...“ oder „Beim gestrigen Vorfall war ...“ - siehe dazu auch „Ich-Botschaften“). Um das Gespräch zu entkrampfen, kann der Vorgesetzte dem Mitarbeiter entgegenkommen, indem er z. B. sagt: „Sie hatten vermutlich Gründe, dass Sie sich so verhielten? Was waren die Gründe?“
- In der **Hauptphase** geht der Vorgesetzte auf die Argumente des Mitarbeiters ein, diskutiert sie und stellt das erwartete Verhalten dagegen, alles auf der Basis der gemeinsamen Zielsetzungen.
- In der **Nachphase** wird vereinbart, wie die Aufgaben in Zukunft erledigt werden sollen und dass man die neu gewonnenen Erfahrungen in kurzer Zeit nochmals bespricht.

3. Beschwerden besprechen

Fühlen sich Mitarbeiter nicht fair behandelt, beschweren sie sich. Vorgesetzte müssen sich mit **berechtigten** wie auch **nicht berechtigten Beschwerden** auseinandersetzen. Häufig hat der Mitarbeiter nicht die Informationen, die zu der Entscheidung führten, über die er sich beschwert.

Gesprächsziele bei Beschwerdegesprächen sind:

- dem Mitarbeiter signalisieren, dass man nichts zu verbergen hat und daher gesprächsbereit ist,
- sein Problem erkunden,
- ihn bei der Problemlösung unterstützen,
- Informationen geben - soweit es möglich ist.

Gesprächsinhalte können sein:

- Welche Soll-Ist-Abweichung sieht der Mitarbeiter?
- Wann, wo, wie oft trat die Abweichung auf?
- Was ist nach Meinung des Mitarbeiters die Ursache dafür?
- Was kann der Vorgesetzte dazu beitragen, dass das Problem gelöst wird?
- Welche Informationen fehlen dem Mitarbeiter?

Häufig unterstellen Mitarbeiter auch, dass Vorgesetzte Beschwerden nicht hören möchten.

Daher empfiehlt sich für die **Gesprächsphasen** folgendes Vorgehen nach der Gesprächseröffnung:

- In der **Vorphase** dem Mitarbeiter die Gesprächsbereitschaft bekunden („Ihr Anliegen ist mir wichtig.“).
- In der **Hauptphase** macht sich der Vorgesetzte über das eigentliche Problem kundig (siehe dazu „Aktives Zuhören“). Ist die Beschwerde auf ein frustriertes Bedürfnis zurückzuführen (z. B. auf ein frustriertes Bedürfnis nach Anerkennung)? Gemeinsam mit dem Vorgesetzten kann der Mitarbeiter dabei überlegen, wie man das Problem lösen kann. Der Vorgesetzte bietet Hilfe an und klärt - wenn Missverständnisse die Ursache waren - den Sachverhalt oder erläutert die Gründe, die zu einer Entscheidung führten.
- In der **Nachphase** fragt der Vorgesetzte, ob das Problem ausgeräumt ist.

Häufig entstehen Schwierigkeiten bei Beschwerdegesprächen dann, wenn sich Vorgesetzte defensiv verhalten. Dann entsteht beim Mitarbeiter der Eindruck, dass der Vorgesetzte etwas zu verbergen hat oder ihm etwas vorenthalten wird. Deshalb sollte sich die Führungskraft zu Beginn offen zeigen.

8.5 Reflexion der Kommunikation – den Kommunikationsprozess verstehen

Im Allgemeinen versteht man betriebliche Kommunikation als Austausch von Informationen **sachlicher Art.** Der Vorgesetzte hat einen Gedanken oder eine Idee (z. B. einen Plan), fasst diese in Worte und übermittelt sie schriftlich oder mündlich an die Mitarbeiter. Dabei können Geräusche oder andere technische Mängel die Übermittlung stören. Der Mitarbeiter nimmt die Worte auf (z. B. liest er sie), nimmt sie gedanklich auf und versteht dadurch den Gedanken (z. B. den Plan).

Dass Kommunikation mehr ist als der Austausch von sachlichen Informationen, ist schon seit jeher bekannt. Aus der griechischen Rhetorik leitet sich die Formel zur Beschreibung der Kommunikation ab:

Wer sagt etwas zu wem, wie und mit welcher Wirkung.

Nicht nur der Sachinhalt ist wichtig, sondern auch seine „Verpackung" und die Wahl des Mediums (= Kommunikationsmittel).

Der kommunikative Eisberg

Die moderne Kommunikationspsychologie[76] beschreibt den **Sachinhalt** einer Nachricht lediglich als einen von fünf Aspekten der Kommunikation. Nachrichten sind das ganze Informationspaket mit seinen sprachlichen wie nicht sprachlichen Anteilen. Sie enthalten oft mehrere Botschaften.

Die übrigen Aspekte betreffen die Frage,

- was der Sender (z. B. der Vorgesetzte) über sich selbst kundgibt **(Selbstmitteilung** oder Ausdruck der eigenen Person),
- was der Sender mit der Nachricht bewirken will **(Appellaspekt** oder Lenkung),
- welche Beziehung er zum Empfänger (z. B. Mitarbeiter) hat **(Beziehungs- oder Kontaktaspekt).**

Metakommunikation

Wenn Vorgesetzter und Mitarbeiter über eines oder mehrere ihrer Gespräche sprechen, nennt man dies **„Metakommunikation“**, d. h. man kommuniziert über die Kommunikation. Insofern sind gut geführte Mitarbeitergespräche auch Metakommunikation.

Beispiel

Vorgesetzter und Mitarbeiter haben einem Kunden ein Angebot unterbreitet. Danach setzen sie sich zusammen und machen eine Manöverkritik. Ziel ist es, das nächste Kundengespräch besser zu führen.

In Diskussionen kann sie z. B. in einer Pause („Metakommunikationspause“) erfolgen. Man spricht dann dabei über die bisher verlaufene Diskussion.

Der Sachinhalt: Was teilt der Sender sachlich mit?

Mit Nachrichten informieren Vorgesetzte ihre Mitarbeiter.

Beispiel

Ein Maler informiert den Kunden, dass er am Montagmorgen zwischen 7.30 Uhr und 8 Uhr mit der Renovierung der Wohnung beginnen will.

Wie sollen Vorgesetzte und Mitarbeiter informieren? Die Kurzformel dazu lautet: Verständlich. Was bedeutet verständlich informieren?

Merkmale der Verständlichkeit

Man unterscheidet vier **„Verständlichmacher“**; wer sie benutzt, informiert verständlich. Jeder Verständlichmacher hat einen Widersacher; wer diesen benutzt, informiert unverständlich. Die Verständlichmacher werden im Folgenden erläutert:

1. Einfachheit

Der erste Verständlichmacher ist die **Einfachheit.** Schulz von Thun beschreibt sie so: „Bei mir kann man alles gut verstehen. Ich mache kurze Sätze und verwende bekannte Wörter. Fachwörter werden erklärt. Und ich bringe die Sachen anschaulich, sodass sich jeder was darunter vorstellen kann. Ich rede wie ein normaler Mensch.“ Ihr **Widersacher** ist die **Kompliziertheit**.

2. Gliederung, Ordnung

Dieser Verständlichmacher bezieht sich auf den **„Bauplan“** der Nachricht. Wie ist die Information aufgebaut? Ist sie übersichtlich dargestellt? „Ich tue alles, damit der Empfänger einer Nachricht sich zurechtfindet und die Übersicht behält. Wie erreiche ich das? Indem ich sowohl für äußere Übersichtlichkeit als auch für innere Folgerichtigkeit sorge.“

- Äußere Übersichtlichkeit (Gliederung):
  „Dazu gehört die Ankündigung, wie die Nachricht aufgebaut ist; dazu gehören Absätze, Überschriften, strukturierende Bemerkungen und die Hervorhebung wichtiger Stellen.“
- Innere Folgerichtigkeit (Ordnung):
  „Dazu gehört, dass alles logisch aufeinander aufbaut, dass alles schön der Reihe nach kommt. Auf gedankliche Beziehungen und Querverbindungen wird deutlich hingewiesen.“

Widersacher der Gliederung/Ordnung ist die **Unübersichtlichkeit/Zusammenhanglosigkeit.**

3. Kürze, Prägnanz

„Viele Informationen mit wenig Worten, kurz und bündig, aufs Wesentliche beschränkt. Manchmal gedrängt.“

Widersacher der Kürze, Prägnanz ist die **Weitschweifigkeit.**

Dabei ist zu bedenken, dass zu kurze und prägnante Informationen zu hohe Aufmerksamkeit erfordern und daher nicht ideal sind.

4. Zusätzliche Anregung

„Ich tue alles, damit ein bisschen Leben in die Bude kommt. Bin sozusagen das Salz in der Informationssuppe: Ohne mich hätte sie denselben Nährwert, aber mit mir ist sie schmackhafter. Und das fördert ja bekanntlich die Verdauung. Ich höre förmlich, wie Sie sagen: Anregung, du bist mir zwar sympathisch, aber zu viel von dir würde die Suppe versalzen. Ich sage: Gut, aber vergessen Sie mich nicht ganz, wenn Sie selber mal kochen.“

Ihre **Widersacherin** ist die **fehlende Anregung.**

Wie bei Kürze/Prägnanz besteht die Gefahr, dass bei zu viel zusätzlicher Anregung die Information nicht die gewünschte Wirkung hat. Man wird vom Wesentlichen abgelenkt.

Was teile ich durch Nachrichten von mir selbst mit?

Nachrichten enthalten nicht nur Informationen über eine Sache, über das „Was“, sondern auch Informationen über den Sender (z. B. den/die Vorgesetzten). **Wie** die Führungskraft die Nachrichten übermittelt, **wann** und **warum** sie sie übermittelt, gibt Aufschluss über die Person des Senders. Insbesondere die nicht verbale Sprache nimmt der Empfänger auf und zieht daraus Schlüsse.

Beispiel

Ein Vorgesetzter informiert über die schlechte Auftragslage. Die Mitarbeiter nehmen dabei wahr, dass er sehr niedergeschlagen wirkt.

Vorgesetzte möchten beim Mitarbeiter in der Regel mit Informationen etwas bewirken, Unsicherheit abbauen. Sie möchten Mitarbeiter lenken; insofern hat das Informieren einen Lenkungsaspekt.

Schließlich dokumentiert die Nachricht, wie die Gegenüber zueinander stehen. Oft erkennt der Gesprächspartner aus dem Nichtsprachlichen, wie sie zueinander stehen (z. B. Tonfall, Gesten).

Beispiel

Ein Vorgesetzter gibt seinem Mitarbeiter dozierend Informationen zum Auftrag, den er von einem Kunden bekommen hat: „Dann schlägst du die rechte Fliese heraus, und dann setzt du das Blech ein.“ Der Mitarbeiter sagt zu einem Kollegen, als der Chef weg ist: „Der behandelt mich wie einen Schuljungen. Es ist zwar richtig, was er sagt. Aber ich mag seine herablassende Art und Weise nicht.“

Der Kontakt zum Mitarbeiter ist gestört.

TALK

Die vier Seiten von Nachrichten kann man sich gut merken, wenn man sich die Anfangsbuchstaben von **T**atsache, **A**usdruck der Person, **L**enkung und **K**ontakt bzw. **K**lima einprägt. Sie ergeben das Wort **„TALK“**, also das englische Wort für „sprechen“.

Leitfragen zur Analyse von indirekten Botschaften

- Was sagt der Sender objektiv aus – als Tatsachenfeststellung, Behauptung oder Meinungsäußerung? Dabei ist nicht wichtig, ob er recht hat.
- Was sagt der Sender über sich selbst aus? Was erfahren wir über seine Person/Stimmung usw.?
- Was möchte der Sender beim Empfänger erreichen?
- Wie sieht der Sender seine Beziehung zum Empfänger? Wie steht er zu ihm?

Praktische Schlussfolgerungen

Wer gut kommunizieren will, der sollte

- auf der Sachebene klar und präzise formulieren,
- auf der Beziehungsebene fair sein,
- auf der Lenkungsebene eindeutig sein,
- auf der Selbstmitteilungsebene authentisch sein (keine Fassade zeigen).

Fragen zur Selbstkontrolle

1. In Ihrem Betrieb wird ein neues Produkt eingeführt. Ermitteln Sie die Ungewissheit Ihrer Mitarbeiter anhand der entsprechenden Formel und wählen Sie geeignete Kommunikationsmittel für die Übermittlung der Informationen aus.
2. Bei welchen Gesprächsformen ist das aktive Zuhören, bei welchen sind die Ich-Botschaften besonders wichtig?
3. Skizzieren Sie eine Aufgabenbesprechung und ein Beschwerdegespräch.
4. Auf was muss eine Führungskraft besonders achten, will sie erfolgreich kommunizieren?

9. Betriebliche Anreiz- und Entgeltsysteme gestalten

Geprüfte Betriebswirte/-innen nach der Handwerksordnung schaffen arbeitsorganisatorische Rahmenbedingungen. In diesem Sinne vermittelt das nachfolgende Kapitel die Grundlagen der Arbeitszeit- und Arbeitsgestaltung sowie der monetären bzw. nicht monetären Anreizsysteme. Es ist so gestaltet, dass Sie

- die Merkmale motivierender Arbeit kennen,
- das Motivationspotenzial von Tätigkeiten richtig einschätzen,
- die Grundformen der Arbeitsstrukturierung unterscheiden,
- das Ideenmanagement kennen,
- die wichtigsten traditionellen und flexiblen Arbeitszeitmodellen kennen und richtig beurteilen,
- die Wirkung von monetären und nicht monetären Anreizen vorhersagen können,
- die Kriterien der Lohngerechtigkeit kennen,
- die wichtigsten Methoden der Arbeitsbewertung richtig anwenden,
- die wichtigsten Lohnformen darstellen,
- die Vor- und Nachteile der Lohnformen nennen,
- die wichtigsten Merkmale der Entgeltrahmentarifverträge aufzeigen,
- zwischen freiwilligen und gesetzlichen Sozialleistungen folgerichtig unterscheiden.

9.1 Arbeitsgestaltung - Motivationsmomente in die Arbeit integrieren

Handlungssituation

Handlungssituation

Sie haben einen Neubauauftrag an Land gezogen. Ihr Betrieb soll Wohnzimmerfliesen in zehn Reihenhäusern verlegen. Parallel dazu haben Sie derzeitig einen anderen großen Auftrag zum Verlegen von Badezimmerfliesen. Sie überlegen, ob Sie jeweils einen Ihrer Fliesenleger ein Bad fertig fliesen lassen oder ob Sie ihn die Arbeit unterbrechen lassen, um mit dem Fliesen eines Wohnzimmers zu beginnen. Dies hätte zur Folge, dass der Fliesenleger, der mit dem Fliesen des Bades begonnen hat, seine Arbeit nicht fertigstellen kann.

Situationsbezogene Fragen:

Fragen

- Welche Vorgehensweise hat mehr Motivationsmomente für den Handwerker?
- Bei welcher Vorgehensweise wächst die Unzufriedenheit der Mitarbeiter?
- Was sind die Merkmale motivierender Arbeit?

9.1.1 Merkmale motivierender Arbeit

Ob Mitarbeiter motiviert sind, wird gerne ausschließlich ihren Bedürfnissen zugeschrieben. Herzberg[77] hat hingegen als einer der Ersten darauf hingewiesen, dass dabei die **Arbeit als solche** (siehe Kapitel „Arbeitszufriedenheit“) eine wichtige Rolle spielt. Welche Merkmale der Arbeit im Einzelnen motivierend sind, hat dann aber erst der amerikanische Psychologe Hackman[78] genauer untersucht. Er nennt folgende Merkmale:

- **Anforderungsvielfalt:** Die Aufgaben (z. B. kommunikative Aufgaben versus Fachaufgaben) sollten die verschiedensten Fähigkeiten des Mitarbeiters fordern: motorische, intellektuelle und soziale/emotionale Fähigkeiten.
- **Ganzheitlichkeit:** Der Mitarbeiter sollte die Aufgabe von Anfang bis Ende durchführen.
- **Bedeutung/Wichtigkeit:** Die Aufgabe sollte für das Leben und die Arbeit anderer bedeutsam sein.
- **Autonomie/Selbstständigkeit:** Die Aufgabe sollte Selbstständigkeit im Sinne von Entscheidungs- und Kontrollspielraum ermöglichen.
- **Feedback aus der Tätigkeit:** Die Arbeit selbst sollte Rückschlüsse auf die Qualität der eigenen Arbeit zulassen.

Wenn Menschen Aufgaben haben, die vielfältig, ganzheitlich und wichtig sind, hat die eigene Arbeitstätigkeit für sie einen Sinn. Zusammen mit dem Wissen um die Qualität der Arbeit und die erlebte Selbstständigkeit führt die erlebte Sinnhaftigkeit zu einer hohen intrinsischen Motivation, zu allgemeiner Arbeitszufriedenheit und einer Zufriedenheit mit den Entfaltungsmöglichkeiten. Das wiederum erhöht die Anwesenheitszeiten und die Dauer der Betriebszugehörigkeit der Mitarbeiter (geringe Fluktuation).

Psychologische Erlebniszustände

Hackman betont dabei, dass in seinem Modell die Merkmale der Arbeitsaufgabe nicht als objektive Größen zu verstehen sind. Vielmehr komme es darauf an, wie der Mitarbeiter seine Arbeit subjektiv erlebt. So sind die psychologischen Erlebniszustände des Beschäftigten letzten Endes die Stellgröße für Motivation, Zufriedenheit und niedrige Fluktuation.

Wie stark ein Beschäftigter die Merkmale Anforderungsvielfalt, Ganzheitlichkeit, Bedeutung/Wichtigkeit, Autonomie und Rückmeldung wahrnimmt, steht in einem direkten Zusammenhang zu seinem Bedürfnis nach Entfaltung. Personen mit einem stark ausgeprägten Bedürfnis nach Entfaltung[79] werden mit hoher Wahrscheinlichkeit nach mehr Sinnhaftigkeit, Verantwortung und Wissen um die Arbeitsergebnisse streben als Personen mit einem gering ausgeprägten Bedürfnis dieser Art.

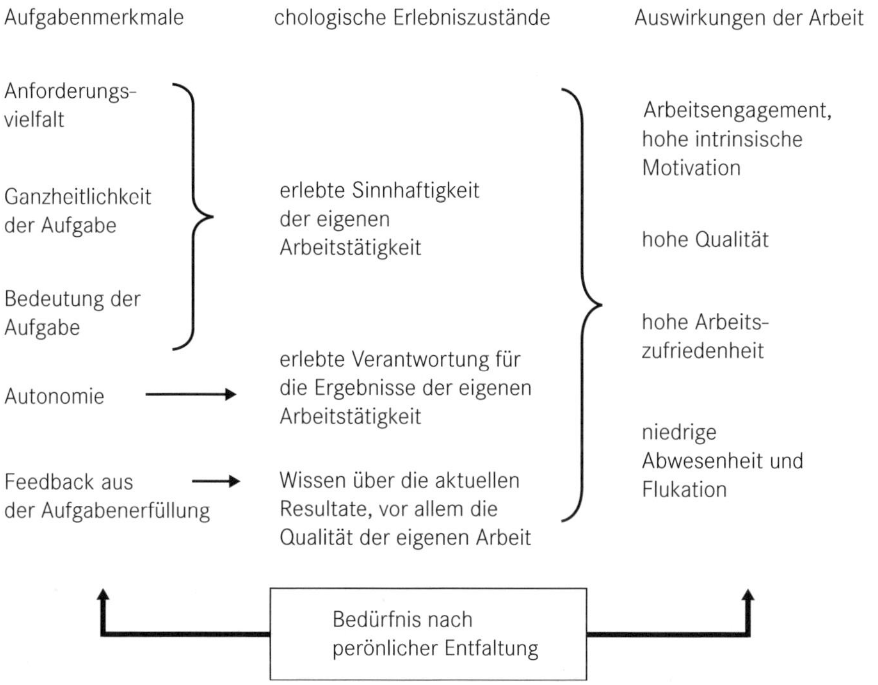

Schlüsseldimensionen motivierender Arbeit

Das Modell von Hackman kann auch als Grundlage für die quantitative Bestimmung des Motivationspotenzials einer Tätigkeit dienen. Dabei findet die nachfolgende Formel Anwendung[80].

Motivationspotenzial =

$$\frac{(\text{Anforderungsvielfalt}+\text{Ganzheitlichkeit}+\text{Bedeutung})}{3} \times \text{Autonomie} \times \text{Feedback}$$

Formel zur Bestimmung des Motivationspotenzials

Übung: Einschätzung Ihrer eigenen Tätigkeit

Das Motivationspotenzial Ihrer derzeitigen Tätigkeit können Sie selbst berechnen, indem Sie prüfen, ob folgende Aussagen zutreffen.

1. Meine Tätigkeit verlangt von mir eine Vielzahl von verschiedenen komplexen Fähigkeiten und enthält sehr unterschiedliche Arbeitsgänge.
2. Meine Tätigkeit lässt zu, frei und unabhängig zu entscheiden, wie ich vorgehe.
3. Wenn ich arbeite, kann ich unmittelbar sehen, wie gut ich arbeite.
4. Ich kann ein Produkt oder eine Dienstleistung von Anfang bis zum Ende erbringen.
5. Ich beeinflusse durch die Art meiner Arbeitsausführung meine Leute erheblich.

Verwenden Sie folgende Skala und setzen Sie die Zahlen in die oben stehende Formel ein:

1 = völlig unzutreffend, 2 = zum großen Teil unzutreffend, 3 = ein wenig unzutreffend, 4 = unentschieden, 5 = stimmt ein wenig, 6 = stimmt zum großen Teil, 7 = stimmt völlig.

Je höher die Werte sind, desto höher ist das Motivationspotenzial Ihrer Tätigkeit. Zum Vergleich hier die Durchschnittswerte anderer Beschäftigten[81]:

- Anforderungsvielfalt = 4,7
- Ganzheitlichkeit = 4,7
- Bedeutung = 5,5
- Autonomie = 4,9
- Feedback = 4,9
- Motivationspotenzial = 119

9.1.2 Grundformen der Arbeitsstrukturierung

In den vergangenen Jahrzehnten wurden weltweit Bemühungen unternommen, die Arbeit an die Bedürfnisse des Menschen anzupassen. Die damit verfolgten Ziele waren vielfältig. Genannt seien hier beispielhaft:

- Auf Mitarbeiterseite: Schutz vor Krankheit, Erhöhung von Leistungsbereitschaft und Leistung in quantitativer und qualitativer Hinsicht, Förderung der Zufriedenheit und Qualifizierung der Mitarbeiter.

- Auf Unternehmerseite: geringere Fehlzeiten, höhere Quantität und Qualität in Produktion und Dienstleistung, geringere Fluktuation und vielfältig einsetzbare Mitarbeiter.

Das Ergebnis dieser Bemühungen waren neuere Formen der Arbeitsstrukturierung. Diese wurden zwar in der Großindustrie entwickelt, sind aber auch für kleine und mittelständische Unternehmen von Bedeutung.

Formen der Arbeitsstrukturierung

- **Aufgabenwechsel (Job Rotation)**
  Arbeitsplätze mit unterschiedlichen Arbeitsaufgaben werden nach einem festen oder variablen System gewechselt.

- **Aufgabenerweiterung (Job Enlargement)**
  Es erfolgt eine quantitative Erweiterung der Arbeitsaufgabe, d. h., gleichwertige Aufgaben, die ehemals von mehreren Mitarbeitern getrennt bearbeitet wurden, werden nun von einem einzigen übernommen.

- **Aufgabenbereicherung (Job Enrichment)**
  Die ursprüngliche Tätigkeit wird durch planende, organisatorische oder kontrollierende Aufgaben qualitativ aufgewertet.

- **Teilautonome Gruppen**
  Hier werden umfassendere Arbeitsinhalte (z. B. Montage einer kompletten Leuchte) einer Arbeitsgruppe zugeordnet. Die Gruppe kann darüber hinaus die Verantwortung für die Wahl der Arbeitsmethode übernehmen, verteilt eigenverantwortlich die Arbeit in der Gruppe, legt die Arbeitszeit fest usw.

Insgesamt gesehen zeichnen sich die neueren Formen der Arbeitsstrukturierung durch eine geringere vertikale und horizontale Arbeitsteilung, eine hochgradige Entkopplung von Mensch und Technik sowie Gruppenarbeit aus.

Neben den genannten, gibt es Konzepte mit ähnlichen Zielen und Methoden, die manchmal auch in Konkurrenz zueinander stehen oder kombiniert werden[82].

- **Empowerment**
  Die Beschäftigten werden durch Förderung der Eigeninitiative und durch Zuteilung von Ressourcen in die Lage versetzt und ermutigt, eigene Arbeitsziele zu formulieren, Entscheidungen zu treffen und Probleme innerhalb ihres Bereichs selbst zu lösen.

- **Kaizen**
  Ziel ist die ständige Verbesserung aller Produkte und Dienstleistungen in kleinen Schritten. Ein wichtiges Element des Kaizen-Managementprinzips ist die Synthe-

se von prozess- und ergebnisorientiertem Denken. Durch Steigerung von Qualität und Flexibilität sollen die Kosten sinken, Produktivität und Wettbewerbsfähigkeit erhöht werden. In Deutschland spricht man anstelle von Kaizen auch gerne von **KVP** (Kontinuierlicher Verbesserungsprozess).

Die Idee, die Qualität von Produkten und Dienstleistungen durch Qualitätszirkel zu sichern und zu verbessern, geht auf japanische Firmen zurück. In Japan sind Qualitätszirkel ein Teil von **Kaizen**[83] (Kai = Veränderung, Zen = zum Besseren/ im positiven Sinne).

Der japanische Unternehmensberater Tominaga[84] formuliert zehn Merkmale der Kaizen-Philosophie:

Merkmale von Kaizen

- Es gibt nichts, was man nicht verbessern könnte.
- Kontinuierliche Verbesserung hört nie auf.
- Alle Vorgänge sollen immer infrage gestellt werden.
- Jeder ist für die kontinuierliche Verbesserung in seinem Bereich zuständig.
- Alle bringen Erfahrungen ein - Vorgesetzte wie Mitarbeiter.
- Der Schwerpunkt liegt nicht auf Vergangenheitsbewältigung, sondern auf der Planung der Zukunft.
- Verbesserungen sind so zu planen, dass sie in kleinen Schritten umgesetzt werden können.
- Bei kleinen Mängeln sollte man sofort Abhilfe schaffen.
- Aus Fehlern sollte man lernen, sie nicht als Delikt betrachten.
- Den Erfolg von Verbesserungen den Mitarbeitern mitteilen.

Beispiel

Ein Friseurmeister möchte frühzeitig Trends erfassen und darauf eingehen. Er informiert wöchentlich seine zwölf Mitarbeiterinnen über die Kosten ihres Arbeitsplatzes und die von ihnen getätigten Umsätze. In regelmäßigen Monatsbesprechungen diskutiert er mit ihnen, wie sich Umsatz und Effizienz steigern lassen. Eine Mitarbeiterin beurteilt auch den Service aus der Sicht des Kunden. Einmal jährlich führt der Friseurmeister einen Konzepttag durch, der bestimmte Themen wie Arbeitsvorbereitung behandelt.

Kaizen zielt auf die Verbesserung der Produkte und Dienstleistungen in allen Unternehmensbereichen und soll Kosteneinsparungen bringen. Kaizen ist wie ein Schirm, der sich über eine Vielzahl von Verbesserungsanstrengungen spannt:

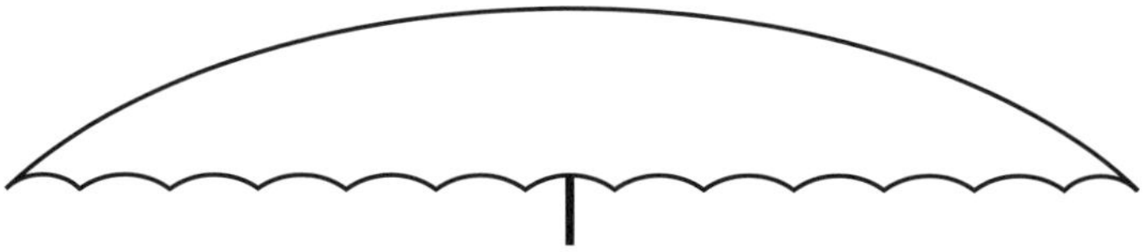

- Just-in-time
- Kundenorientierung
- Qualitätssteigerung
- Automation
- Produktionssteigerung
- Vorschlagswesen
- Arbeitsdisziplin
- usw.

Der Kaizen-Schirm (in Anlehnung an Esser[85])

Kaizen wiederum wurde erst aufgrund von Prinzipien und Werten möglich, die „Kaishain" genannt werden. Kaishain bedeutet übersetzt Firmenmitglied und beschreibt das Verhältnis des Unternehmens zum Mitarbeiter[86]:

- Harmonie und die Gruppe bestimmen das Verhalten im Betrieb.
- Die Interessen der Unternehmensführung und der Mitarbeiter orientieren sich am Wohl des Betriebs.
- Arbeitsdisziplin, Vertrauen und Loyalität prägen die Zusammenarbeit im Betrieb.
- Umfassende Information und Kommunikation im Betrieb und auch außerhalb zwischen Vorgesetzten und Mitarbeitern.
- Die Fürsorge des Unternehmens für den Mitarbeiter hat höchste Priorität, Ziel ist idealerweise die lebenslange Beschäftigung.
- Mitarbeiter werden nach Leistung und Lebensalter bezahlt.
- Mitarbeiter werden in alle Entscheidungen einbezogen.

- **Europäisches Qualitätsmanagement**

  Von europäischer Seite wurden die Grundprinzipien für ein qualitätsorientiertes Managementsystem durch die **European Foundation of Quality Management (EFQM)** formuliert. Sie sollen helfen, dass europäische Betriebe im internationalen Vergleich Spitzenleistungen erbringen.

  Im Einzelnen wird gefordert[87]:

  - Nutzen für Kunden schaffen
  - Die Zukunft nachhaltig gestalten
  - Die Fähigkeiten der Organisation entwickeln
  - Kreativität und Innovation fördern

- Mit Vision, Inspiration und Integrität führen
- Veränderungen aktiv managen
- Durch Mitarbeiterinnen und Mitarbeiter erfolgreich sein
- Dauerhaft herausragende Ergebnisse erzielen.

- **Total-Quality-Management (TQM)**
  TQM ist eine Organisationsstrategie, die der Überzeugung entspringt, Qualität sei eine Frage der Ausrichtung an den Kundenbedürfnissen. Der Qualitätsgedanke soll dabei das gesamte Unternehmen durchdringen. Von zentraler Bedeutung ist der Einsatz von Teams. Oberstes Gebot ist: Sei niemals mit dem Erreichten zufrieden, denn Qualität lässt sich immer noch verbessern.

- **Business Reengineering**
  Die Strukturen und Prozesse eines Unternehmens werden einschließlich ihrer Kultur analysiert und im Bedarfsfall radikal umgestaltet. Angestrebt wird eine drastische Leistungsverbesserung. Die Treiber sind Kunden und der Wettbewerb, der Wandel wird zur Konstanten.

- **Schlanke Produktion bzw. schlankes Management**
  Angestrebt wird ein kundenorientiertes, hochflexibles Unternehmen, das bei gleichzeitig gesteigertem Qualitäts- und Flexibilitätsniveau seine Produktivität und Rentabilität verbessert.

  Wege dazu sind der Abbau aller nicht wertschöpfenden Bereiche, Verringerung der Hierarchiestufen, Abbau der Fertigungstiefe und ein flächendeckendes Einrichten von Arbeitsgruppen und funktionsübergreifenden Teams.

  Für kleine und mittlere Betriebe sind folgende **Elemente des schlanken Managements** bedeutsam[88]:
  - **Kundenorientierung** aller Unternehmensbereiche
  - **enge Zusammenarbeit** mit allen Lieferanten
  - Förderung der **Teamarbeit**
  - **gruppenorientierter** Führungsstil
  - **effiziente Kommunikation** innerhalb des Unternehmens und mit externen Gruppen
  - **Delegation** von Aufgaben, Befugnissen und Verantwortung
  - Entdeckung des Unternehmens als Raum, der **Gemeinschaftserlebnisse** vermittelt
  - **Aufwertung der Organisation** gegenüber der Automation
  - **zentrale Stellung des Menschen** im Unternehmen (der Mensch steht im Mittelpunkt, nicht die Technik)

- **Qualitätsverbesserung** als oberstes Unternehmensziel
- **Bekämpfung** jeglicher Art von **Verschwendung**
- fortwährende **Verbesserung der Abläufe.**

9.1.3 Ideenmanagement - Mitarbeiter zu Verbesserungsvorschlägen anregen

Im Vergleich zu Japan schöpfen deutsche Unternehmer nur einen geringen Teil des Kreativpotenzials ihrer Mitarbeiter aus. Derzeit kommen in der Industrie pro Jahr 156 Verbesserungsvorschläge auf 100 Mitarbeiter[89].

Vor allem Klein- und Mittelbetriebe haben Berührungsängste und nutzen das betriebliche Vorschlagswesen wenig. Jedoch erkennen auch immer mehr Handwerksunternehmen den besonderen Nutzen.

Verbesserungsvorschläge teilt man danach ein, ob sie einen berechenbaren Nutzen haben oder nicht.

Verbesserungsvorschläge mit berechenbarem Nutzen sind solche, bei denen Energie und Material messbar eingespart werden. Mitarbeiter machen z. B. Vorschläge, wie man Maschinen konstruktiv verändert, sie optimal nutzt oder Teile besser bearbeitet. Um den Nutzen zu quantifizieren, berechnet man die Kosten vor der Einführung der Verbesserung und vergleicht sie mit den Kosten danach. Zieht man davon die anteiligen Durchführungskosten ab, kann die Prämie für den Mitarbeiter ermittelt werden.

Vorschläge mit berechembaren Nutzen

Der **errechenbare Nutzen** aus Verbesserungsvorschlägen in den vom dib befragten deutschen Unternehmen und Verwaltungen betrug für das Jahr 2012 **1,15 Mrd. Euro** (vgl. dib-Report 2013).

Bei **Verbesserungsvorschlägen mit nicht berechenbarem Nutzen** sind Rationalisierungsgewinne nicht direkt errechenbar. Meistens handelt es sich um Vorschläge zu

Vorschläge mit nicht berechembaren Nutzen

- Arbeitssicherheit
- Umweltschutz
- Arbeitsumwelt (Beleuchtung, Wärme usw.)
- Arbeitsgestaltung
- Verwaltung/Organisation
- Betriebsklima.

Was bei der Einführung zu beachten ist

- **Widerstände vonseiten der Vorgesetzten**
  Häufig sehen Vorgesetzte in Vorschlägen Kritik an der eigenen Kompetenz („Darauf hätte ich auch kommen müssen."). Spüren Vorgesetzte dann noch, dass das Unternehmen nur halbherzig hinter dem Vorschlagswesen steht, fühlen sie sich in ihrer Haltung verstärkt.

  Widerstände beachten

  Die Geschäftsleitung sollte deshalb selbst genau über das Vorschlagswesen informieren; am besten in einer kleinen Broschüre oder einem Merkblatt, in welchem das Verfahren beschrieben ist. Dabei muss zum Ausdruck kommen, dass sie voll dahintersteht.

- **Hemmungen der Mitarbeiter**
  In einer Atmosphäre des Misstrauens befürchten Mitarbeiter, dass Vorschläge von direkten Vorgesetzten nicht korrekt geprüft werden.

  Die Geschäftsleitung sollte daher ein unabhängiges Gremium (z. B. einen Ausschuss) einsetzen, das die Vorschläge begutachtet. In größeren Betrieben ist die Arbeitnehmervertretung mit einzubeziehen.

  Manche Mitarbeiter trauen sich die Formulierung des Vorschlags nicht zu. Dann kann ein einfaches Formular ihnen die Formulierungsarbeit erleichtern.

- **Missgunst von Kollegen**
  In Gruppen mit wenig Bindung unter den Gruppenmitgliedern hemmt die Missgunst der Kollegen die Produktion von Ideen. Man fürchtet, sich mit einem Vorschlag bei Kollegen unbeliebt zu machen.

  Erfahrene Vorgesetzte machen dann darauf aufmerksam, dass sie auch außerhalb der Arbeitszeit Vorschläge entgegennehmen bzw. besprechen.

  Mitarbeiter beobachten sehr genau, wie Vorgesetzte Vorschläge behandeln. Haben sie den Eindruck, dass ihre Vorschläge nicht ernst genommen werden, geht ihre Bereitschaft zurück, aktiv Vorschläge zu machen.

> **Praktische Schlussfolgerungen**
>
> Wer zeitgemäß führen will, wird die Arbeit seiner Mitarbeiter und die Arbeitsorganisation so gestalten, dass sie viele Motivationsmomente enthalten. Werden diese Merkmale positiv erlebt, steigen die Motivation und die Arbeitsqualität.

9.2 Flexible Arbeitszeitmodelle einsetzen

Handlungssituation

Sie führen einen Bäckereibetrieb mit zwei Filialen, in denen Sie mehrere Mitarbeiter beschäftigen. Sie möchten die Arbeitszeit in einem Höchstmaß flexibilisieren bzw. individualisieren. Insbesondere wollen Sie die Arbeitszeit familienfreundlich gestalten. Nun möchten Sie sich orientieren, welche Formen der flexiblen Arbeitszeitgestaltung es gibt.

Handlungssituation

Situationsbezogene Fragen

Fragen

- Nach welchen Gesichtspunkten können Sie bei der Arbeitszeitgestaltung vorgehen?
- Was sind chronometrische Arbeitszeitregelungen?
- Was sind chronologische Arbeitszeitregelungen?
- Was sind flexible Arbeitszeitregelungen?

Waren früher vor allem die betrieblichen Interessen (z. B. das Arbeitsvolumen, Rufbereitschaft) für die Gestaltung der Arbeitszeit ausschlaggebend, so werden nun zunehmend auch die Mitarbeiterinteressen berücksichtigt[90]. Man geht weg von starren Arbeitszeitregelungen. 57% aller versicherungspflichtig Beschäftigten arbeiten bereits in Sonderformen der Arbeitszeit. Derartige flexible Regelungen sollen helfen, Mitarbeiter in den Arbeitsprozess vermehrt einzubinden.

Man unterscheidet bei der Arbeitszeit mehrere Aspekte[91]:

- **Die Dauer bzw. Länge der Arbeitszeit – die chronometrische Dimension**
  Dieser Aspekt zielt auf die Variabilität der Dauer der Arbeitszeit ab. Ist sie immer gleich, unterschiedlich oder schwankend [92].

  Beispiel: Eine Mitarbeiterin arbeitet Teilzeit.

  Neben der Vollzeit gibt es die Teilzeit mit ihren Varianten Altersteilzeit, Familienpflegezeit, Kurzarbeit und Sabbatical[93].

- **Die Lage bzw. Verteilung der Arbeitszeit – die chronologische Dimension**
  Sind die Lage und Verteilung der Arbeitszeit gleich, unterschiedlich oder stark schwankend?

  Beispiel für eine variable Lage der Arbeitszeit: Eine Mitarbeiterin arbeitet in einem Betrieb mit Gleitzeit.

Beispiel für eine variable Verteilung der Arbeitszeit: Einige Mitarbeiter arbeiten im ersten Quartal des Jahres 32 Stunden/Woche, im zweiten Quartal 40 Stunden pro Woche.

Neben der Festzeit mit gleichbleibenden Anfangs- und Endzeiten gibt es die Gleitzeit, die Schichtarbeit, die variable Arbeitszeit, die Arbeit auf Abruf und die kapazitätsorientierte variable Arbeitszeit. Bei Letzterer legt man bevorzugt die Arbeitszeit in Perioden mit einem hohen Arbeitsanfall[94].

- **Der Einfluss der Mitarbeiter auf die Gestaltung der Arbeitszeit**
  Wie groß ist der Dispositionsspielraum des Unternehmens und/oder der Beschäftigten bei der Festlegung der Arbeitszeit?

  Beispiel: In einem Handwerksbetrieb mit drei Beschäftigten ist der Dispositionsspielraum groß, in einem Großunternehmen aufgrund vieler Vereinbarungen eingeschränkt.

- **Die Vorhersehbarkeit der Arbeitszeiten**
  Wie oft kommt es vor, dass geplante Arbeitszeiten durch unvorhergesehene Ereignisse geändert werden müssen?

  Beispiel: Spontan angesetzte Überstunden in Installationsbetrieben beim Eintreten von Notfällen.

Vorteile der Flexibilisierung sind[95]:

- Der Betrieb kann besser auf Nachfrageschwankungen reagieren und seine Kapazitäten besser auslasten.
- Dadurch, dass man den Bedürfnissen der Mitarbeiter entgegenkommt, steigen Zufriedenheit und Motivation.
- Durch Flexibilisierung wird eine bessere Vereinbarkeit von Familie, Freizeit und Beruf erreicht. Das ist im Sinne der „Work-Life-Balance“.

Vor- und Nachteile der Flexibilisierung

Aber es gibt auch **Nachteile.** Nutzt das Unternehmen beispielsweise die Flexibilisierung ausschließlich dazu, um auf Nachfrageschwankungen zu reagieren, ist die Work-Life-Balance schnell dahin.

Die **Bundesagentur für Arbeit**[96] beschreibt folgende Arbeitszeit- und Arbeitsmodelle:

- **Teilzeit**
  Bei der traditionellen Teilzeit fällt die Arbeitszeit grundsätzlich kürzer aus als bei der Vollzeitarbeit. Vorteil: Sie kann flexibel vereinbart werden, ob in Form von fixen Arbeitszeiten oder – je nach Arbeitsanfall – auch in Form von flexiblen

Arbeitszeiten. Bei diesem Modell wird z. B. eine wöchentliche Mindeststundenzahl abgesprochen. Genauso ist es möglich, die Anzahl der Arbeitstage zu reduzieren, an den Anwesenheitstagen aber Vollzeit zu arbeiten. Man unterscheidet zwischen vollzeitferner und vollzeitnaher Teilarbeitszeit (ab einer wöchentlichen durchschnittlichen Arbeitszeit von 30 Stunden). Letztlich ist die Absprache mit dem Arbeitgeber für die Ausgestaltung der Teilzeit entscheidend. Nachteil der Teilzeitarbeit (für den Arbeitnehmer): Durch die Verkürzung der Arbeitszeit wird weniger verdient.

- **Gleitzeit**
  Einfache Gleitzeit, die Urform aller flexiblen Arbeitszeitmodelle, ermöglicht es dem Arbeitnehmer, Beginn und Ende der täglichen Arbeitszeit frei zu wählen. Bei qualifizierter Gleitzeit kann der Mitarbeiter auch über die Dauer der täglichen Arbeitszeit entscheiden. Meistens wird die Gleitzeit um eine Kernarbeitszeit gelegt. Der Vorteil dieses Modells ist die größere zeitliche Selbstbestimmung, die allerdings von den Kernarbeitszeiten abhängig ist.

- **Arbeitszeitkonten**
  Arbeitszeitkonten sind die Grundlage zur Anrechnung und Verwaltung der von den Mitarbeitern geleisteten Arbeitsstunden. Wie und wie viele Stunden gesammelt und abgebaut werden können, wird von dem begleitenden Arbeitszeitmodell festgelegt. Es gibt Jahresarbeitszeitkonten, Langzeitarbeitskonten und Lebensarbeitszeitkonten. Bei auf kurze Dauer angelegten Arbeitszeitkonten können Stunden für Sabbaticals (siehe unten) oder Kinderpausen nicht angesammelt werden. Arbeitszeitkonten können also je nach Absprache mit dem Vorgesetzten mehr oder weniger flexibel gehandhabt werden. Die Möglichkeit des Auf- und Abbaus von Arbeitszeit ist immer eng an den jeweiligen Arbeitsaufwand gekoppelt. Auch bei diesem Modell gibt es keine konkreten Vor- und Nachteile. Grundregel: Je länger die Laufzeit, desto höher die Flexibilität.

- **Lebensarbeitszeitkonto/Langzeitarbeitskonto**
  Das Modell ist das langfristigste der Arbeitszeitkonten. Das Unternehmen bestimmt eine Gesamtlebensarbeitszeit, die der Arbeitnehmer flexibel ableistet. Das Modell gibt viele Freiheiten und erfordert ein autonomes Zeitmanagement. Es ermöglicht gerade Eltern eine gleitende Eintrittsphase ins Berufsleben nach Familienphasen.

- **Baukastensystem**
  Das Baukastenmodell ist eine Kombination von unterschiedlichen Arbeitszeitmodellen in einem Betrieb. Dabei wird Arbeitszeit z. B. in Form von täglichen, wö-

chentlichen oder monatlichen Modulen organisiert. So lassen sich Arbeits- und Betriebszeit entkoppeln. Es ist damit im Grunde kein eigenes Arbeitszeitkonzept und verdeutlicht auch, dass es für ein Unternehmen kein einzig gültiges Konzept geben kann.

- **Nacht-/Schichtarbeit**
  Während die Schichtarbeit je nach Schichtrhythmus des Betriebs zeitlich unterschiedlich ausfällt, ist die Nachtarbeit die Arbeitszeit von 23 Uhr bis 6 Uhr am Morgen. Arbeitet ein Arbeitnehmer mindestens zwei Stunden in diesem Zeitfenster, gilt seine gesamte Arbeit als Nachtarbeit. Ein Nachteil: Die Nachtarbeit ist mit einem Familienleben oft nicht so einfach zu vereinbaren. Es muss daher gut organisiert werden.

- **Sabbatical**
  Die im Deutschen auch als „Sabbatjahr" bezeichnete Regelung ist ein Arbeitszeitmodell, das gerade für junge Eltern interessant ist. Je nach Betriebszugehörigkeit und Vereinbarung kann es ein Jahr der Teilzeit bedeuten oder ein Jahr einer wirklichen Auszeit. Bei Letzterem kann der Wiedereinstieg ins Berufsleben auch beschwerlich ausfallen. Vorteile: Während des Sabbatjahrs wird der Lohn - je nach Regelung - weitergezahlt, und auch der Anspruch auf bezahlten Urlaub bleibt bestehen.

- **Jobsharing**
  Das Arbeitsmodell des Jobsharings gibt viele Freiheiten, fordert aber auch viel Absprache mit dem jeweiligen Kollegen, mit dem man sich die Arbeitsstelle teilt. Neben dem Jobsharing von zwei Kollegen gibt es auch das „Jobsplitting", bei dem ein Arbeitsplatz unter mehreren Arbeitnehmern aufgeteilt wird.

- **Minijob**
  Eine geringfügig entlohnte Beschäftigung liegt vor, wenn das Arbeitsentgelt regelmäßig 450,- Euro im Monat (Stand 2014) nicht übersteigt. Der geringe Verdienst kann trotzdem zufriedenstellen, und ein Minijob bietet die Möglichkeit, z. B. nach einer Elternzeit ins Berufsleben zurückzufinden. Bei einem kurzfristigen Minijob ist die Beschäftigung auf weniger als zwei Monate oder insgesamt 50 Arbeitstage im Kalenderjahr begrenzt. Die Höhe des Verdienstes spielt hierbei keine Rolle.

- **Familienpflegezeit**
  Während der Familienpflegezeit können Beschäftigte, die nahe Angehörige pflegen, ihre Arbeitszeit über einen Zeitraum von maximal zwei Jahren auf bis zu 15 Stunden Wochenarbeitszeit reduzieren. Vollzeitbeschäftigte können beispielswei-

se ihre Arbeitszeit halbieren – bei einem Gehalt von 75% des bisherigen regelmäßigen Bruttoeinkommens. Zum Ausgleich müssen sie im Anschluss an die Pflegephase wieder voll arbeiten, bekommen aber weiterhin nur 75% des Gehalts, bis das Zeitkonto wieder ausgeglichen ist.[97] (Quelle: Bundesagentur für Arbeit)

Alle Arbeitszeit- und Arbeitsmodelle sind mit Vor- und Nachteilen verbunden[98].

Handlungsempfehlungen

Im Hinblick auf die Flexibilisierung der Arbeitszeiten sind folgende **Empfehlungen zu berücksichtigen**[99]:

- „Flexible Arbeitszeiten sollten nicht ... zu überlangen Arbeitszeiten führen. Wichtigste Argumente sind hier die Ruhezeiten für die Erholung und der Verlust von nutzbarer Freizeit.
- Flexible Arbeitszeiten sollten die Variabilität der Arbeitszeiten (nach Dauer und Lage) in engen Grenzen halten. Wichtigste Argumente sind hier die Vermeidung biologischer und sozialer Desynchronisation.
- Flexible Arbeitszeiten sollten auch den Beschäftigten Gestaltungsspielräume eröffnen, die ihnen eine Anpassung ihrer Arbeitszeiten an ihre persönlichen Präferenzen erlauben. Rein arbeitgeberbestimmte Flexibilität, die Beschäftigte zur (kurzfristigen) Anpassung ihrer arbeitsfreien Zeit an Anforderungen des Unternehmens zwingt, ist zu vermeiden. Es sollte auf einen fairen Interessenausgleich geachtet werden.
- Bei der Gestaltung flexibler Arbeitszeiten sind die ergonomischen Grundlagen der Arbeitszeitgestaltung zu berücksichtigen, z. B. in Bezug auf die Dauer und Massierung von Arbeitszeiten sowie auf Probleme der biologischen und sozialen (De-)Synchronisation. Auch unter flexiblen Arbeitszeiten gelten offensichtlich die Grundlagen ergonomischer Arbeitszeitgestaltung weiter.
- Bei der Einführung flexibler Arbeitszeiten sind den Vorgesetzten wie den betroffenen Beschäftigten diese Grundlagen zu vermitteln, damit sie bei der konkreten Umsetzung auch angemessen berücksichtigt werden können.
- Bei der Einführung flexibler Arbeitszeiten in Verbindung mit Schichtarbeit sollte in besonderem Maße auf Möglichkeiten zur Synchronisation mit biologischen und sozialen Rhythmen geachtet werden.
- Flexible Arbeitszeiten sollten verlässlich sein. Beschäftigte müssen sich auf die Einhaltung der geplanten flexiblen Arbeitszeiten verlassen können, um ihre nicht arbeitsbezogenen Aktivitäten planen und ausführen zu können.
- Flexible Arbeitszeiten sollten nicht als Ersatz für Planungsinkompetenz oder -faulheit herangezogen werden. Eine nicht gleichmäßige Produkt- oder Dienstleistungsnachfrage ist nicht zwingend eine Begründung für unternehmensbestimmte flexible Arbeitszeiten – und flexible Arbeitszeiten sind nicht zwingend die beste Lösung für derartige Probleme.

- Flexible Arbeitszeiten, die gegen etablierte ergonomische Grundsätze (z. B. bezüglich Dauer, Lage und Dynamik der Arbeitszeit) verstoßen (müssen), sollten als Kompensation eine Reduktion der Arbeitszeit und damit eine Ausdehnung arbeitsfreier Zeit vorsehen, um den Betroffenen die Möglichkeit der Resynchronisation zu eröffnen.
- Flexible Arbeitszeitsysteme sollten im Rahmen der Gefährdungsbeurteilung verpflichtend auf ihre Risiken beurteilt und ggf. korrigiert werden.“ (Quelle: Janßen/Nachreiner 2006)

9.3 Entgeltsysteme kennen

9.3.1 Monetäre und nicht-monetäre Anreize

Sowohl monetäre als auch nicht-monetäre Anreize tragen dazu bei, die Beschäftigten an den Betrieb zu binden und ihre Motivation und damit die Leistung zu erhöhen (siehe dazu auch das Kapitel „Motivation“). Beide Arten von Anreizen dienen der Sicherung des Leistungspotenzials und der Wettbewerbsfähigkeit eines Unternehmens.

monetäre und nicht monetäre Anreize

Zu den monetären Anreizen zählen der Zeitlohn ohne und mit Leistungszulage, der Akkordlohn, der Prämienlohn, der Pensumlohn und der Beteiligungslohn. Die nicht monetären Anreize sind im Kapitel Motivation und Arbeitszufriedenheit dargestellt: z. B. die Arbeit selbst, das Führungsverhalten des Vorgesetzten usw.

Auch wenn aktuelle Umfrageergebnisse[100] zeigen, dass das Entgelt keinen maßgeblichen Einfluss auf den Verbleib bzw. Weggang von Fachkräften aus dem Handwerkssektor hat, ist ein angemessener Lohn in Handwerksunternehmen wichtig, verhindert er doch Frustration und Unzufriedenheit[101]. Auch gilt, dass die angemessene Bezahlung ein Gradmesser für die persönliche Wertschätzung durch das Unternehmen ist.

Leistungsfördernd wirken Anreize aber nur dann, wenn sie unmittelbar mit der Arbeit und dem Arbeitsergebnis verknüpft sind. Darin besteht der Vorteil nicht monetärer Anreize, die dem Mitarbeiter bereits während der Arbeit Erfolgserlebnisse vermitteln. Diese Verknüpfung ist bei monetären Anreizen nicht von vornherein gegeben. Monetäre Anreize sind nur leistungswirksam, wenn die finanzielle Belohnung an das Arbeitsverhalten oder das Arbeitsergebnis gekoppelt wird – wobei ein höheres Einkommen nur ein Anreiz unter vielen ist.

9.3.2 Arbeits- und Leistungsbewertung als Grundlage der Vergütung

Entgelt, Entgeltgrundsätze und Gestaltungsspielräume

Für die Entgeltzahlung sind verschiedene Begriffe üblich: Lohn bei Arbeitern, Gehalt bei Angestellten, Besoldung bei Beamten, Heuer bei Seeleuten und Sold bei Soldaten. Allerdings wird von der Unterscheidung zwischen Lohn und Gehalt im obigen Sinne zunehmend Abstand genommen. In neueren Tarifverträgen ist z. B. einheitlich von „Entgelt“ die Rede, und auch in der Fachliteratur setzt sich mehr und mehr eine weite Definition von „Lohn“ durch[102].

Mit Lohn bezeichnet man die Gesamtheit aller baren und unbaren Leistungen, die ein Arbeitnehmer dafür erhält, dass er seine Arbeitskraft unter vertraglich bzw. gesetzlich geregelten Bedingungen zur Verfügung stellt.

Entlohnungsgrundsätze und -methoden

Bei der Lohngestaltung unterscheidet man Entlohnungsgrundsätze und Entlohnungsmethoden. **Entlohnungsgrundsätze** sind die übergeordneten allgemeinen Prinzipien, nach denen in einem Unternehmen die Entlohnung geordnet ist (z. B. nach Zeit-, Akkord- und Prämienlohn). Mit **Entlohnungsmethoden** bezeichnet man die Verfahren zur Umsetzung der Entlohnungsgrundsätze.

Grundsätzlich kann das Entgelt als Bestandteil des Arbeitsvertrags frei vereinbart werden. Dies gilt jedoch nur, soweit gesetzliche Vorschriften, Tarifverträge und Betriebsvereinbarungen dem nicht entgegenstehen.

Der individuelle Gestaltungsspielraum wird durch die Tarifverträge eingeschränkt. In Lohn-, Gehalts- und Entgelttarifverträgen wird die Höhe der tariflichen Grundvergütung in Form von Tabellen festgelegt. In der Regel werden auch Aussagen zur Ausbildungsvergütung gemacht.

Im Rahmentarifvertrag (RTV), auch Lohn- und Gehaltsrahmentarifvertrag genannt, werden die Lohn- bzw. Gehaltsgruppen dargestellt, die Gruppenmerkmale definiert und die Regelungen zur Leistungsentlohnung getroffen. Zum Teil erfolgt die Einteilung in die Lohn- und Gehaltsgruppen in den Lohn- und Gehaltsverträgen selbst.

Die Manteltarifverträge enthalten Bestimmungen zu sonstigen Arbeitsbedingungen, wie z. B. Probezeit, Arbeitszeit, Erholungsurlaub, Zuschläge für Mehrarbeit, Rationalisierungsschutz, Kündigung. Nicht selten werden zu den einzelnen Punkten auch gesonderte Tarifverträge abgeschlossen.

Dennoch verbleibt Gestaltungsspielraum in Form

- der **Wahl** zwischen mehreren in den Tarifverträgen genannten Entlohnungsalternativen (z. B. im Hinblick auf die Lohnform, die Arbeitsbewertung);
- der **Nutzung von Öffnungsklauseln**, soweit sie eine Regelung durch Betriebsvereinbarungen ausdrücklich gestatten;
- des **Ausfüllens des Tarifvertrags** (alles, was tarifvertraglich nicht geregelt ist, fällt unter Beachtung der höherrangigen Gesetze in den Entscheidungsbereich der Unternehmen);

- der **Bezahlung übertariflicher Löhne** an alle oder einzelne, denn Tariflöhne stellen lediglich Mindestentgelte dar.

Die Vergütung außertariflicher Angestellter ist von tarifvertraglichen Beschränkungen nicht betroffen.

9.3.3 Lohngerechtigkeit – ein unerreichbares Ziel?

Die Höhe des Lohns wird durch Angebot und Nachfrage auf dem externen Arbeitsbeschaffungsmarkt bestimmt, aber auch durch Tradition, soziale Gesichtspunkte und politische Einflüsse. Eine absolute Lohngerechtigkeit lässt sich nicht erreichen.

Man ist um eine **relative Lohngerechtigkeit** bemüht, die an folgenden Kriterien zu messen ist:

Kennzeichen der relativen Lohngerechtigkeit

- **Leistungsgerechtigkeit**

Die Entgelthöhe orientiert sich an der erbrachten Leistung des Mitarbeiters. Dabei werden leistungshemmende und leistungsfördernde Faktoren berücksichtigt.

- **Anforderungsgerechtigkeit**

Die Bestimmung der Entgelthöhe orientiert sich an den Anforderungen, die der Arbeitsplatz an den Arbeitsplatzinhaber stellt.

- **Verhaltensgerechtigkeit**

Auch im Interesse des Unternehmens empfiehlt es sich, nicht nur Quantität und Qualität der Leistung zu berücksichtigen, sondern zusätzlich die Art und Weise, wie sie erbracht wurde (z. B. auf Kosten der Leistung anderer Gruppenmitglieder, durch In-Kauf-Nehmen verärgerter Kunden usw.).

- **Marktgerechtigkeit**

Insbesondere in Zeiten des Fachkräftemangels reagieren viele Unternehmen mit einer entsprechenden Erhöhung des Entgelts für neu eintretende Mitarbeiter. Dann müssen aber auch die Löhne der übrigen Mitarbeiter angepasst werden.

- **Sozialgerechtigkeit**

Bei den Bemühungen um einen sozial gerechten Lohn wird versucht, den allgemeinen oder speziellen Interessen und Bedürfnissen der Mitarbeiter Rechnung zu tragen. Dies geschieht mithilfe von

- gesetzlich oder tariflich vorgeschriebenen Sozialleistungen.
  Beispiele: Anspruch auf bezahlten Urlaub; Zuschläge für Überstunden, Nacht-, Sonn- und Feiertagsarbeit; gesetzlicher Arbeitgeberbeitrag zur Sozialversicherung.
- freiwilligen Sozialleistungen.
  Beispiele: Zuschüsse zur Werksverpflegung, Jubiläumsgeschenke, Fahrtkostenübernahme, Erstattung von Umzugskosten, Trennungsgelder, Mietbeihilfen, Übernahme von Kosten für Jugendlager.
- Beteiligungssystemen.
  Beispiele: Erfolgsbeteiligung in Abhängigkeit vom Unternehmensgewinn, Mitarbeiterdarlehen.

Nicht alle Kriterien können in gleicher Weise berücksichtigt werden. In jedem Fall sollte jedoch das **Äquivalenzprinzip** gewahrt sein, d. h., es müssen Lohn und Anforderungsgrad, Lohn und Leistungsgrad, Lohn und persönliches Verhalten in etwa übereinstimmen.

„Fairness“

Entscheidend, inwieweit jemand mit seinem Entgelt zufrieden ist, ist nicht so sehr dessen tatsächliche Höhe, sondern, ob er mehr oder weniger als vergleichbare Kollegen verdient[103]. Freilich ist dieses Abwägen nicht auf die eigene Firma und Branche begrenzt. Es empfiehlt sich deshalb von Zeit zu Zeit ein entsprechender unternehmensübergreifender Entgeltvergleich (siehe dazu den Abschnitt „Fairness“).

9.3.4 Methoden der Arbeitsbewertung

Die anforderungsgerechte Bezahlung beruht auf der Arbeitsbewertung. Mithilfe der Arbeitsbewertung wird die Arbeitsschwierigkeit ermittelt. Sie besteht aus Arbeits- und/oder Stellenbeschreibung und der Analyse sowie der Quantifizierung der dort an die Mitarbeiter gestellten Anforderungen, und zwar unabhängig von der tatsächlich eingesetzten Person, unter Zugrundelegung einer normalen Leistung.

In der **Arbeits- und/oder Stellenbeschreibung** ist festgehalten:

- die Arbeitsaufgabe,
- das geforderte bzw. erwünschte Ergebnis,
- der Arbeitsablauf und die verwendeten Hilfsmittel.

Zur **Analyse und Quantifizierung** werden angewandt:

- **Summarische Verfahren** in Form einer pauschalen Bewertung der Anforderungen. Dies geschieht u. a. anhand definierter Lohngruppen.

Beispiel:

Beschreibung zweier Lohngruppen von insgesamt sieben im Gehaltstarifvertrag für kaufmännische Beschäftigte im Bereich Elektrohandwerk und Informationstechnik vom 07.06.2013 Baden-Württemberg[104]:

- Gruppe K 1:
  Einfache Tätigkeiten, für die eine Berufsausbildung nicht erforderlich ist. Beispiele: Fertigmachen der Post, Abheften und Sortieren von Schriftgut nach einfachen Ordnungsmerkmalen, Bedienen kleiner Fernsprechanlagen; Schreib- und Rechenarbeiten einfacher Art nach Vorlage, ...
- Gruppe K 6:
  Tätigkeiten von erhöhter Schwierigkeit oder größerer Wichtigkeit, die in weitgehender Selbstständigkeit und entsprechender Verantwortlichkeit erledigt werden. Für diese Tätigkeit sind besondere Fachkenntnisse oder umfangreiche Berufserfahrung erforderlich.
  Beispiele: Bearbeitung schwieriger Einkaufs-, Verkaufs-, Kalkulations- oder Abrechnungsvorgänge; Bearbeitung schwieriger Vorgänge in der Personalabteilung oder Buchhaltung einschließlich Forderungen und Mahnverfahren; betriebliche Organisation, Revision, Finanzdisposition und Zahlungsverkehr; ...

• **Analytische Verfahren,** bei denen für jede Anforderungsart (z. B. geistige Belastungen, muskelmäßige Belastung, Kenntnisse, Geschicklichkeit, Verantwortung, Umgebungseinflüsse) die Anforderungshöhe zunächst getrennt bestimmt wird, u. a. mithilfe vorgegebener **Stufen.**

Beispiel

Definition von drei Stufen zum Anforderungsmerkmal „Aufmerksamkeit" bei einer Angestelltentätigkeit:

Stufe 1: Die Tätigkeit erfordert eine für Angestellte normale Anspannung. Gelegentlich oder kurzzeitig kann eine erhöhte Aufmerksamkeit erforderlich sein.

Stufe 2: Die Tätigkeit erfordert eine häufig oder länger andauernde erhöhte Anspannung durch Aufmerksamkeit. Dabei kann eine erhöhte Arbeitsgeschwindigkeit auftreten.

Stufe 3: Die Tätigkeit erfordert eine lang anhaltende höchste Anspannung durch Aufmerksamkeit, die nur gelegentlich unterbrochen wird. Dabei kann eine besonders hohe Arbeitsgeschwindigkeit auftreten.

Erst in einem weiteren Schritt wird dann unter Berücksichtigung der Gewichtung der verschiedenen Anforderungen eine Wertzahl oder Punktzahl errechnet, der schließlich eine Lohngruppe zugeordnet werden kann.

Neben den beschriebenen **Lohngruppenverfahren** und **Stufenwertzahlverfahren** gibt es weitere Verfahre:

- das **summarische Rangfolgeverfahren** (die Arbeitsplätze **insgesamt** werden entsprechend ihrem Schwierigkeitsgrad in eine Rangfolge gebracht)
- das **analytische Rangreihenverfahren** (die Arbeitsplätze erhalten **pro Anforderungsart** entsprechend den festgestellten Anforderungshöhen einen Rangplatz).

Auch hier sind weitere Berechnungsschritte nötig, die es letztendlich ermöglichen, Gruppen vergleichbarer Arbeitsplätze zu bilden. Im neuen Entgeltrahmen-Tarifvertrag (ERA-TV) finden sowohl die summarischen als auch die analytischen Verfahren Anwendung.

9.3.5 Wahl der Lohnform

Lohnformen

Mithilfe der Arbeitsbewertung wird der tarifliche Grundlohn festgesetzt. Hierzu kommt häufig noch ein „leistungsabhängiger" und ein „sonstiger" Lohnanteil (z. B. Zuschlag für Schicht-, Nacht- und Mehrarbeit). Dabei sollte der leistungsabhängige Anteil ca. 10 bis 35 % des Gesamtlohns ausmachen.

Man unterscheidet:

- **Zeitlohn ohne Leistungszulage**
  Dies ist die einfachste Lohnform, bei der für eine festgesetzte Zeiteinheit (Stunde, Tag, Woche, Monat) ein vereinbarter Lohnsatz bezahlt wird. Beim Zeitlohn besteht kein direkter Zusammenhang zwischen Leistung und Lohnhöhe, jedoch existiert ein mittelbarer Leistungsbezug aufgrund einer Leistungserwartung, die sich an der Normalleistung (s. u.) orientiert. Reiner Zeitlohn findet Anwendung bei

  - geringem Einfluss der Arbeitsperson auf die Ausbringungsleistung,
  - gar nicht oder nur mit großem Aufwand zu messender Leistung,
  - vorwiegend beobachtenden und kontrollierenden Tätigkeiten (z. B. Nachtpförtner),
  - Aufgaben mit bestimmten Merkmalen, wie hohe Anforderungen an die Qualität, bei Unfallgefahr, schöpferisch künstlerischer Tätigkeit u. a. m.

- **Zeitlohn mit Leistungszulage**

  Hier wird zusätzlich zum reinen Zeitlohn eine leistungsbezogene Zulage gewährt, die sehr häufig vom Ergebnis einer Leistungsbeurteilung abhängig ist. Die Vorgehensweise ist ähnlich wie bei der Arbeitsbewertung, nur dass dabei nicht der Arbeitsplatz, sondern der Mitarbeiter im Mittelpunkt steht. Beurteilungsmerkmale sind: Quantität und Qualität der Arbeit, Sorgfalt bei der Arbeitsausführung, vielseitige Verwendbarkeit in der Arbeit, sicherheitsgerechtes Verhalten usw.

  Die Leistungsbeurteilung wird vor allem dort eingesetzt, wo Merkmale wichtig sind, die nicht oder nur mit unvertretbar hohem Aufwand anhand objektiver Größen quantifiziert werden können.

- **Akkordlohn**

  Der Akkordlohn steht in einem unmittelbaren Bezug zur Leistung und verändert sich proportional zur Arbeitsleistung. Von diesem Grundsatz wird jedoch abgewichen, wenn der Mitarbeitende unverschuldet die Vorgabezeiten unterschreitet. Dann ist ein Mindestlohn garantiert. Zusätzlich wird ein sog. Akkordzuschlag gewährt. Dem liegt zugrunde, dass Akkordarbeiter insgesamt einer höheren Belastung unterliegen. Der Akkordzuschlag beträgt in der Regel 15 bis 20%.

  Es wird zwischen Stück- und Zeitakkord unterschieden. In der Praxis hat sich aber vor allem der Zeitakkord durchgesetzt. Er errechnet sich wie folgt:

  (1) Akkordlohn = Leistungsmenge × Vorgabezeit × Minutenfaktor

  (2) Minutenfaktor = Akkordrichtsatz : 60

  Die **Vorgabezeiten** sind Sollzeiten, die für den Arbeitsablauf angesetzt werden. Sie orientieren sich an der sog. **Normalleistung,** d. h. an der Leistung, die ein hinreichend geeigneter Arbeitnehmer bei voller Übung und Einarbeitung ohne Gesundheitsschädigungen mindestens erreicht. Neben der Zeit, die zum Ausführen einer Mengeneinheit erforderlich ist, werden weitere berücksichtigt, z. B. Rüst- und Erholungszeit. Der **Akkordrichtsatz** ist im Tarifvertrag vereinbart.

Beispiel

Der tarifliche Mindestlohn betrage 16,– €/Std. und der Akkordzuschlag 25%. Die Vorgabezeit für ein gefertigtes Stück sei 10 Minuten. Der Mitarbeiter fertigt pro Stunde 8 Stück.

Zunächst wird der Minutenfaktor ermittelt und anschließend der Akkordlohn berechnet:

(2) Minutenfaktor = (16,00 + 16,00 × 0,25) : 60 = 0,33

(1) Akkordlohn = 8 × 10 × 0,33 = 26,40 €/Std.

Kriterien für die Einführung des Akkordlohnes sind

- die **Akkordfähigkeit:** Arbeitsmenge und Zeitbedarf müssen messbar sowie der Arbeitsablauf bekannt sein.
- die **Akkordreife:** Die Arbeit muss möglichst frei von Störungen ablaufen, und der Anteil der vom Mitarbeiter unbeeinflussbaren Zeiten sollte möglichst klein sein, auf alle Fälle weniger als 50% betragen. Darüber hinaus sind ausreichende Eignung und Einarbeitung der Mitarbeiter zu fordern.

- **Prämienlohn**

  Um einen Prämienlohn handelt es sich, wenn zu einem vereinbarten Grundlohn, der nicht unterhalb des Tariflohns liegen darf, ein leistungsabhängiges Entgelt (die Prämie) bezahlt wird. Typische Prämienarten sind: Mengen-, Güte- und Qualitäts-, Ersparnis-, Termin- und Umsatzprämien. Daneben existieren noch kombinierte Prämien, in denen z. B. eine einzige Kennzahl aus Qualität und Quantität berechnet wird. Hierbei muss der Verlauf der Prämienlohnlinie, die den Zusammenhang zwischen Arbeit und Lohn beschreibt, keineswegs linear sein. Es sind progressive, degressive und kombinierte Lohnlinien üblich.

  Prämienlohn wird vor allem dann eingeführt, wenn die notwendigen Bedingungen für Akkordlohn (s. o.) nicht erfüllt sind und/oder neben der Menge auch andere Kriterien bedeutsam sind.

  Seitdem auch beim Akkordlohn ein Mindestlohn garantiert ist, haben sich die Grenzen zwischen Entgelt mit Mengenprämie und Akkordlohn verwischt. Allerdings ist Akkordlohn immer auf die Normalleistung aufgebaut, während die Prämie von einer frei bestimmbaren Leistung ausgehen kann. Vom Zeitlohn mit Leistungszulage unterscheidet sich der Prämienlohn dadurch, dass bei Letzterem das Arbeitsergebnis objektiv - und nicht subjektiv durch das Urteil des Vorgesetzten - festgestellt wird.

  Die Bedingungen der Prämienzahlung werden in Betriebsvereinbarungen festgelegt.

Beispiel

Auszug aus einer Betriebsvereinbarung zwischen der Personalabteilung und dem Betriebsrat einer hier ungenannt bleibenden Aktiengesellschaft:

„Entlohnungsgrundsätze:

- Akkord- und Zeitlohn werden als Basis für die Entlohnung beibehalten plus einer Zusatzprämie zum Akkord- oder Zeitlohn.

- Als Prämienleistung kommen Mengenleistung und Qualität infrage.
- Die Prämie wird als Gruppenprämie für die Fertigungsinsel eingeführt.
- Alle dem Arbeitssystem zugeordneten Mitarbeiter werden an der Prämie anteilig der geleisteten Stunden beteiligt, die sich aus den eingesparten direkten Lohn- und Ausschusskosten berechnet."

- **Beteiligungslohn**
  Hier ist zwischen Erfolgs- und Kapitalbeteiligung zu unterscheiden.

  Bei der **Erfolgsbeteiligung** hat der Mitarbeiter in Form zusätzlicher Zahlungen Anteil am betrieblichen Erfolg, der anhand einer Erfolgsgröße (z. B. Produktivität, Wertschöpfung, Unternehmensgewinn) gemessen wird.

  Die **Kapitalbeteiligung** betrifft die **Verwendung** der Erfolgsanteile.

  Man unterscheidet

  - direkte Kapitalbeteiligung (stille Beteiligung, Mitarbeiterdarlehen, Belegschaftsaktien usw.),
  - indirekte Kapitalbeteiligung (Belegschaftsfonds, Kapitalbündelung usw.),
  - Investivlohn (eine Art Zwangssparen mit dem Ziel der Vermögensbildung).

- **Pensumlohn**
  Im Unterschied zum Prämienlohn und Akkordlohn geht der Pensumlohn von einer erwarteten Leistung - dem Pensum - aus. Arbeitgeber und Beschäftigter vereinbaren einen bestimmten Lohn für ein bestimmtes Arbeitspensum. Der Lohn wird ausgezahlt, wenn ein bestimmtes Pensum in einem bestimmten Zeitraum (z. B. zwei bis drei Monate) erreicht wird[105]. Übertrifft er das geforderte Pensum, steigt der Lohn. Damit kann der Beschäftigte ein bestimmtes Guthaben anhäufen. Umgekehrt fällt der Lohn geringer aus, wenn der Mitarbeiter das Pensum unterschreitet.

Die Vor- und Nachteile der verschiedenen Lohnformen sind in der nachfolgenden Übersicht aufgelistet.

Lohnform	Vorteile	Nachteile
Zeitlohn	• einfache Abrechnung • schonender Umgang mit Menschen • qualitätsfördernd	• kein Anreiz zur Mehrleistung • Mitarbeiter ist auch bei geringer Leistung voll zu bezahlen
Zeitlohn mit Leistungszulage	• Leistungsanreiz für Mitarbeiter	• Leistungsbewertung erfolgt subjektiv und wird vom Mitarbeiter nicht immer akzeptiert
Akkordlohn	• einfache Abrechnung • Anreiz für Mehrarbeit • Begrenzung des unternehmerischen Risikos bei Minderleistung	• verminderte Qualität • Überbeanspruchung von Mensch und Betriebsmitteln • hoher Aufwand bei der Einführung und Pflege des Akkordsystems (Vorgabezeiten, Arbeitswerte usw.)
Prämienlohn	• Leistungsanreiz auch bei nicht akkordfähiger Tätigkeit • betriebsspezifische Gestaltung der Anreize möglich • vielseitig einsetzbar	• Bestimmung der Kennzahlen evtl. aufwendig • relativ komplizierte Lohnabrechnung

Lohnform	Vorteile	Nachteile
Beteiligungslohn	• Förderung der Identifikation mit dem Unternehmen als Ganzes • Abrundung des Sozialleistungspakets • Reduzierung des Gegensatzes zwischen Arbeit und Kapital • Verringerung der Fluktuation, Verbesserung des Arbeitsklimas, Abbau des Krankenstandes usw. • Erhöhung des Eigenkapitals, zusätzliche Liquidität, Verbesserung der Kapitalstruktur	• Bezug zur eigenen Leistung nicht immer erkennbar • hoher Verwaltungsaufwand • zunehmender Einfluss der Belegschaft
Pensumlohn	• der Mitarbeiter weiß, was von ihm erwartet wird • das Pensum ist klar definiert	• hoher Verwaltungsaufwand • Leistungsstimulation gering, da ein Großteil des Lohnes von vornherein festgelegt ist

Vor- und Nachteile der wichtigsten Lohnformen

9.3.6 Entgeltrahmen-Tarifvertrag (ERA-TV)

An den bisher praktizierten Entlohnungssystemen wurde häufig Folgendes kritisiert:

- Die summarischen tariflichen Maßstäbe für die Eingruppierung sind **zu ungenau**, die gegenwärtig eingesetzten analytischen Arbeitsbewertungsverfahren häufig **zu aufwändig**.
- Viele summarische und analytische Verfahren wurden ferner nur **unvollkommen** dem Wandel von Technik, Technologie und Organisation **angepasst**.
- Die Arbeitsaufgaben in den heutigen Unternehmen sind nicht selten nur fach- und bereichsübergreifend zu lösen. Die damit einhergehende Vermischung von gewerblicher Tätigkeit und Angestelltentätigkeit steht im Widerspruch zu einer Entgeltdifferenzierung nach „**Arbeiter**" und „**Angestellte**".

- Das Leistungsentgelt wird noch überwiegend anhand der **Quantität** der Leistung bestimmt. In den Mittelpunkt des Interesses rücken jedoch zunehmend Kriterien wie Kundenorientierung, Flexibilität bei der Bewältigung verschiedener Arbeitsaufgaben, kontinuierliche Verbesserung der Arbeitsprozesse usw.

Dem soll mit den **Entgeltrahmenabkommen (ERA) abgeholfen werden. Sie haben** eine einheitliche Grundsystematik, unterscheiden sich jedoch von Region zu Region in den jeweiligen Konkretisierungen.

Die wesentlichen Elemente aus dem **ERA-TV für die Metall- und Elektroindustrie Baden-Württembergs** (www.bw.igm.de/tarife/tarifvertrag.html) sind:

- Die **Trennung zwischen Arbeitern und Angestellten entfällt**, und es werden einheitliche Entgeltregelungen geschaffen mit
  - gleicher Vorgehensweise bei der Arbeitsbewertung
  - einer gemeinsamen Entgelttabelle anstelle verschiedener Lohn- und Gehaltstafeln
  - gleichen Grundsätzen für Leistungsentgelte.
- Es werden 17 **Entgeltgruppen** unterschieden. Zusätzlich können auf Verlangen einer Betriebspartei Eingangs- und Zusatzstufen vereinbart werden. Grundlage der Bestimmung der Entgeltgruppen sind handlungsorientierte Merkmale:
  - Wissen und Können (mit den Unterpunkten Anlernen sowie Ausbildung und Erfahrung)
  - Denken
  - Handlungsspielraum/Verantwortung, Kommunikation
  - Mitarbeiterführung.

  Als Bewertungsverfahren wurde, wie sonst nur noch in Nordrhein-Westfalen, das Stufenwertzahlverfahren gewählt. Hierbei werden jedem Anforderungsmerkmal mehrere Wertigkeitsstufen mit Punkten zugeordnet. Zur Verbesserung der Qualität der Einstufung wurden 122 tarifliche Niveaubeispiele (früher Richtbeispiele) vereinbart. Die Summe der Punktwerte führt mithilfe einer Tabelle zu den Entgeltgruppen (früher Lohn- und Gehaltsgruppen).
- Spätestens nach einer sechsmonatigen Betriebszugehörigkeit erhält jeder Beschäftigte ein **Leistungsentgelt**.

  Zur Bestimmung der **Leistungszulage** können zum Einsatz kommen:
  - Beurteilen von Leistung und Ergebnis (z. B. die Arbeitssorgfalt, Kundenorientierung)
  - Kennzahlenvergleich (z. B. Wertschöpfung je Zeiteinheit, Kosten in Fertigung und Verwaltung, Anteil des Ausschusses, produzierte Stücke je Stunde)

  - Feststellen der Zielerfüllung im Rahmen von Zielvereinbarungen. Ziele können z. B. in Form von Stückzeiten, Kundenzufriedenheit oder Qualität der Zusammenarbeit formuliert sein. Die Leistung entspricht dann dem Zielerreichungsgrad.

  Bezogen auf die einzelnen Betriebe soll die Gesamtheit der Leistungsentgelte 15% der Grundentgelt-Summe ausmachen. Das Leistungsentgelt eines einzelnen Mitarbeiters kann zwischen 0 und 30% betragen.

- Darüber hinaus sind für besondere Belastungen **Zulagen** vorzusehen. Folgende Belastungsmerkmale werden berücksichtigt:

  - Belastung der Muskeln (Kraftaufwand, Körperhaltung, Belastungswechsel usw.)
  - Belastung durch Reizarmut (einförmige, monotone, sich ständig wiederholende Arbeit usw.)
  - Belastung durch Umgebungseinflüsse (Lärm; sonstige Umgebungseinflüsse: Schmutz, Hitze, Säuren usw.).

  Es soll der Grundsatz gelten: Das Beseitigen von Belastungen geht vor einem finanziellen Ausgleich für Belastungen. Soweit eine ausreichende Belastungsminderung nicht möglich ist, wird eine Zulage gewährt. Ihre Höhe ist unabhängig von der Entgeltgruppe und wird in Prozent des Geldbetrags für Entgeltgruppe 7 angegeben. Eine gleiche Belastung führt also immer zum gleichen belastungsbedingten Entgelt. Dies war bisher nicht so.

- Um auf kurzfristige Arbeitsmarkterfordernisse reagieren zu können, sind schließlich auch **übertarifliche Entgeltanteile** möglich.

Das Entgelt nach ERA-TV besteht aus dem Grundentgelt, einem Leistungsentgelt, der Abgeltung von Belastungen sowie einem übertariflichen Anteil (siehe nachfolgende Abbildung). Bei der Ausgestaltung lässt der ERA-TV erhebliche Spielräume: Entgeltgruppen, Arbeitsbewertungssysteme, Methoden zur Ermittlung des Leistungsergebnisses und von Belastungszulagen, die nicht im ERA-TV geregelt sind, können ergänzend vereinbart werden. Welche Voraussetzungen dazu erfüllt sein müssen (z. B. einvernehmliche Entscheidung der Paritätischen Kommission), ist im ERA-TV festgelegt.

Vorteile gegenüber den bisher praktizierten Entgeltsystemen:

- **Transparenz:** Die Mitarbeiter können die Ermittlung ihrer Entgelte leichter nachvollziehen (Welche Anforderungen werden berücksichtigt? Was sind die Differenzierungskriterien bei Entgeltunterschieden? Welche Verfahren werden eingesetzt?).
- **Gerechtigkeit:** Für alle gelten gleiche Bewertungskriterien.

- **Vereinfachung:** Die vereinheitlichte Vorgehensweise bei Angestellten und Arbeitern reduziert den Verwaltungsaufwand.
- **Leistungsorientierung:** Allenfalls eine Unterstufe ist nach einer gewissen Zeit in einer Entgeltgruppe „automatisch“ zu erreichen. Es gibt also keine tariflichen „Zeitautomatismen“ mehr.
- **Methodenvielfalt:** Neben der Beurteilungsmethode und dem Kennzahlenvergleich ist auch die Feststellung der Zielerfüllung zulässig. Weitere Methoden können vereinbart werden.
- **Flexibilität:** Die einheitliche Bewertung erleichtert moderne Formen des Arbeitseinsatzes, z. B. in Projektgruppen.
- **Zukunftsorientierung:** Die Bewertungskriterien sind so ausgewählt, dass sie auch bei größeren Veränderungen in der Arbeitswelt noch aktuell sind.
- **Durchlässigkeit:** Die Gleichbehandlung verbessert die Aufstiegschancen in den gewerblichen Bereichen, wodurch diese aufgewertet werden.

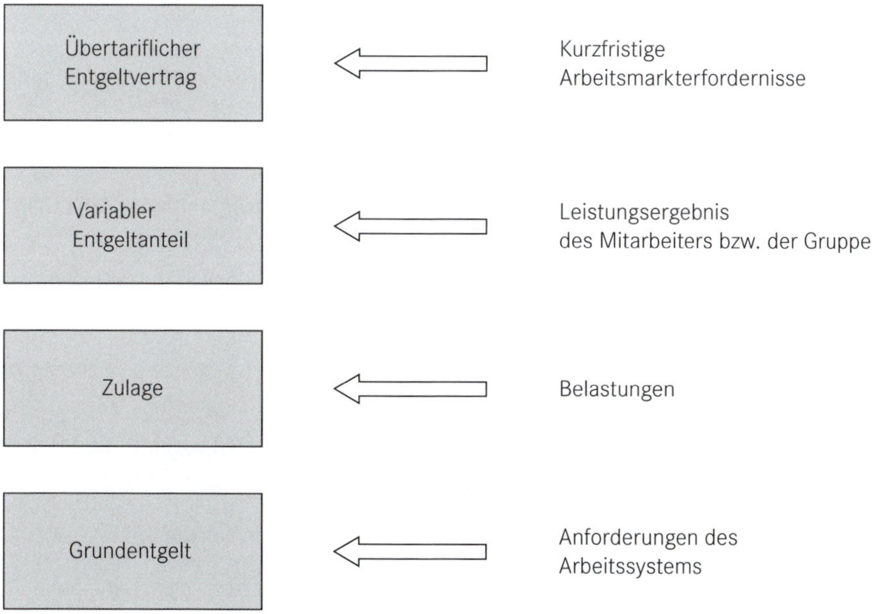

Entgeltaufbau ERA-TV

9.4 Freiwillige betriebliche Sozialleistungen

Wie das Entgelt sollen auch Sozialleistungen die Mitarbeiter an den Betrieb binden und sie dazu bewegen, ihre Leistung zu steigern. Darüber hinaus sollen sie das Unternehmen auf dem Arbeitsmarkt attraktiv machen[105].

Alle über das vereinbarte Entgelt hinausgehenden Leistungen des Betriebs (Sachgüter, Dienstleistungen, Nutzungen und Zahlungen) an Mitarbeiter werden betriebliche Sozialleistungen[106] genannt.

Die Beiträge des Arbeitgebers zur Renten-, Kranken-, Pflege- und Arbeitslosenversicherung, Entgeltfortzahlung, Betriebsunfallversicherung, Zahlungen im Rahmen des Mutterschutzes und bezahlter Feiertage sind **gesetzliche Sozialleistungen.**

Daneben gibt es die in den Tarifverträgen festgelegten Sozialleistungen, die sich z. B. auf die Arbeitszeit oder den Rationalisierungsschutz beziehen.

Freiwillige betriebliche Sozialleistungen sind alle Leistungen des Arbeitsgebers, die er zusätzlich zu den tariflichen und gesetzlichen Sozialleistungen den Mitarbeitenden gewährt. Dazu gehören z. B. Leistungen wie Betriebskindergärten, Fahrtkostenzuschuss, Beiträge zu Vermögensbildung usw. Für den Arbeitgeber haben sie zunächst keinen verpflichtenden Charakter[108]. In den letzten Jahrzehnten wurden sie nach und nach abgebaut. In Zeiten des Fachkräftemangels kommt ihnen zwischenzeitlich wieder besondere Bedeutung zu.

Freiwillige betriebliche Sozialleistungen können für den Arbeitgeber verpflichtend werden, wenn

- eine Betriebsvereinbarung darüber abgeschlossen wird,
- eine individualvertragliche Regelung (z. B. im Arbeitsvertrag) mit dem Arbeitnehmer abgeschlossen wird,
- eine betriebliche Übung besteht (die Sozialleistung wird über mehrere Jahre hinweg gezahlt - in der Regel drei Jahre und länger)[109].

Fragen zur Selbstkontrolle

1. Wie hoch ist das Motivationspotenzial Ihrer derzeitigen Tätigkeit? Ermitteln Sie dieses mithilfe einer Ihnen bekannten Formel!
2. Welche Methoden der Arbeitsstrukturierung wendet Ihr Betrieb an?
3. Beschreiben Sie das Ideenmanagement, das in Ihrem Betrieb Anwendung findet.
4. Beschreiben Sie die flexiblen Arbeitszeitmodelle, die es in Ihrem Betrieb gibt.
5. Beschreiben Sie die wichtigsten Lohnformen aus Ihrem Betrieb. Welche Vor- und Nachteile haben sie?
6. Wie sind monetäre und nicht monetäre Anreize unter dem Gesichtspunkt der Arbeitszufriedenheit zu beurteilen?
7. Beschreiben Sie die freiwilligen Sozialleistungen Ihres Betriebs.

10. Personal nachhaltig entwickeln

Geprüfte Betriebswirte/-innen nach der Handwerksordnung setzen Maßnahmen und Instrumente zur Personalentwicklung im Sinne der Unternehmensstrategie nachhaltig und verantwortungsbewusst ein.

Das Kapitel vermittelt dazu die Grundlagen und ist so gestaltet, dass Sie als Führungskraft

- den Kreislauf der Personalentwicklung beschreiben können,
- die Schlüsselqualifikationen kennen,
- die Quellen und Methoden des Personalentwicklungsbedarfs kennen,
- die wichtigsten Instrumente (Maßnahmen) der Personalentwicklung erfolgreich einsetzen,
- die vier Formen der Erfolgskontrolle kennen,
- wichtige Maßnahmen zur Sicherstellung des Fachkräftebedarfs ergreifen können.

Sie kennen die Methoden zur Ermittlung des Personalentwicklungsbedarfs sowie die wichtigsten Maßnahmen der Personalentwicklung und tragen damit zur Sicherung der Wettbewerbsfähigkeit Ihres Unternehmens bei.

10.1 Kreislauf der Personalentwicklung

Handlungssituation

Handlungssituation

Sie sind Handwerksunternehmer und haben mehrere Mitarbeiter. Im Zuge der Expansion kaufen Sie eine neue Lasermaschine zur Blechbearbeitung. Die Kosten für die neue Maschine liegen bei ca. 250.000,– €. Um die Maschine reibungslos einsetzen zu können, erarbeiten Sie ein Personalentwicklungskonzept.

Situationsbezogene Fragen

Fragen

- Wer soll die neue Maschine bedienen? Wer ist dafür geeignet?
- Welche Kenntnisse und Fertigkeiten muss er/sie haben?
- Wie sieht das Training für die Mitarbeiter/den Mitarbeiter aus?
- Welche Methoden des Anlernens kommen in Frage?
- Wie kann der Ausbildungserfolg gesichert werden?

In der betrieblichen Praxis wird Personalentwicklung häufig mit Aus- und Fortbildung gleichgesetzt. Dass Personalentwicklung wesentlich mehr bedeutet, geht aus folgender Definition hervor:

Definition

> Unter Personalentwicklung versteht man die Gesamtheit aller Maßnahmen zur Qualifizierung der Mitarbeiter für aktuelle und neue Aufgaben im Betrieb.

Dabei sind sowohl die Interessen des Betriebs als auch die der Mitarbeiter zu berücksichtigen. Das Spektrum erstreckt sich von der Einführung der Mitarbeiter bis zum gleitenden Ruhestand.

Ziele der Personalentwicklung sind[110]:

- die Wettbewerbsfähigkeit des Betriebs und die Beschäftigungsfähigkeit der Mitarbeiter zu steigern,
- die Flexibilität des Betriebs und der Mitarbeiter zu verbessern,
- die Motivation und Arbeitszufriedenheit der Mitarbeiter zu steigern,
- Mitarbeiterpotenziale zu nutzen,
- Über- und Unterforderung im Betrieb zu vermeiden.

Die technologischen, ökonomischen, politischen und soziokulturellen Veränderungen zwingen zu fortwährender Aktualisierung der Schlüsselqualifikationen Fachkompetenz, Methodenkompetenz, soziale Kompetenz und personale Kompetenz.

Schlüsselqualifikationen

Fachliche Kompetenz Fachkenntnisse, technische Expertise, Fertigkeiten und Kenntnisse über Produkte	**Methodische Kompetenz/Medienkompetenz** Fachmethoden, Arbeitsverfahren und -methoden, Problemlösungstechniken, Präsentationstechniken, Kreativitätstechniken
Personale Kompetenz Selbstverantwortung, Lernbereitschaft, Flexibilität und Motivation	**Soziale Kompetenz** Einfühlungsvermögen, Gesprächsfertigkeiten, Konfliktmanagement

Schlüsselqualifikationen

Die Zeitdauer in Jahren, in der aktuelles Fachwissen ohne weitere Auffrischung nicht mehr für die Wertschöpfung relevant ist („Wissensrelevanzzeit"), beträgt im Handel 9 Jahre, im Konsumgüterbereich 8 Jahre, im Maschinenbau/Metallverarbeitung 6 Jahre und im IT-Bereich 2 Jahre[111].

Am Beginn des Kreislaufs der Personalentwicklung steht die **Bedarfsermittlung** (siehe nachfolgende Abbildung). Künftige und derzeitige Anforderungen werden mit den bestehenden Qualifikationen der Mitarbeiter und Mitarbeiterinnen verglichen. Bei einer Deckungslücke stehen Personalentwicklungsmaßnahmen an.

Kreislauf der Personalentwicklung

Um die Deckungslücke zu schließen, werden **Maßnahmen entworfen.** Klare Ziele bestimmen die Auswahl des Inhalts und der Methode der Qualifizierung. Ausgangspunkt ist das Verhalten und/oder die Kenntnisse, die für die erfolgreiche Ausübung der Tätigkeit notwendig sind. Voraussetzung dafür ist immer die personale Kompetenz der Mitarbeiter, ihre Selbstverantwortung, Lernbereitschaft, Flexibilität und Motivation. Die Führungskraft hat die Aufgabe, die geeigneten Beschäftigten auszuwählen und zu motivieren.

Nach der Durchführung der Maßnahme ist es Aufgabe der Führungskraft, den **Erfolg zu kontrollieren.** Aus den Zielen entwickelt sie Kriterien und beobachtet, ob das Verhalten und/oder die erweiterten Kenntnisse den Zielkriterien entsprechen.

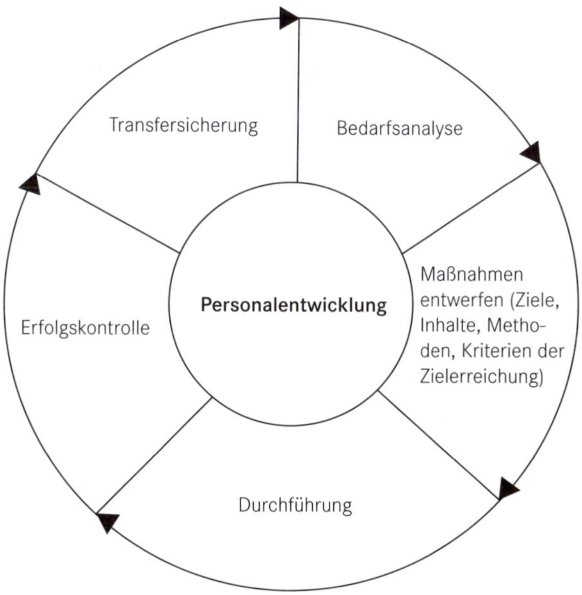

Kreislauf der Personalentwicklung

Damit betriebliche Personalentwicklungsmaßnahmen nicht verpuffen, muss der **Transfer des Gelernten** gesichert werden. Insbesondere bei Führungstrainings besteht die Gefahr, dass das Gelernte nicht am Arbeitsplatz umgesetzt wird. Teure Schulungsmaßnahmen haben dann nicht den gewünschten Effekt.

Die fünf Schritte einer systematischen Personalentwicklung werden nachfolgend mithilfe eines **Beispiels** verdeutlicht.

1. Den Personalentwicklungsbedarf bestimmen

In einem Handwerksbetrieb kommt es sehr oft zu Konflikten zwischen dem Meister und seinen Mitarbeitern. Das führt zu unnötigen Auseinandersetzungen, und die Fluktuation in seinem Bereich ist hoch. Die Mitarbeiter beschweren sich deshalb häufig beim nächsthöheren Vorgesetzten, die Qualität der Arbeit leidet darunter. Der nächsthöhere Vorgesetzte sieht sich veranlasst, des Öfteren einzugreifen. Der Vorgesetzte beobachtet mehrfach das autoritäre Konfliktverhalten des Meisters. Der Meister kennt weder den Unterschied zwischen funktionalen und dysfunktionalen Konflikten noch die Methode der kooperativen Konfliktregelung. Ebenso fehlen ihm die Gesprächsfertigkeiten „Ich-Botschaften senden" und „Aktives Zuhören". Daraufhin beschließt der Vorgesetzte, den Meister beim Erwerb dieser Kenntnisse und Fertigkeiten zukünftig zu unterstützen. Er möchte damit die sozialen Kompetenzen des Meisters weiterentwickeln.

2. Maßnahmen entwerfen

- Die Ziele der Maßnahme bestimmen

  Als Ziel der Maßnahme sollen die sozialen Kompetenzen des Meisters erweitert werden. Dieses Ziel soll erreicht werden durch **Erlangen der Kenntnis** der Personalführungsgebiete „Grundlagen des Konflikts", der „Kooperativen Konfliktregelung" und der Gesprächsfertigkeiten „Ich-Botschaften" und „Aktives Zuhören" und **Anwendung** des Erlernten im betrieblichen Alltag.

- Kriterien zur Bewertung der Zielerreichung der Maßnahme entwickeln

  Der Meister kann Fragen zur Unterscheidung von funktionalen und dysfunktionalen Konflikten und zu den Gesprächsfertigkeiten richtig beantworten. In Konflikten mit den Mitarbeitenden zeigt er diese Gesprächsfertigkeiten und kann in der Folge Konflikte kooperativ lösen („Jeder-gewinnt-Methode").

- Den Trainingsinhalt und die Trainingsmethoden bestimmen

  Das Trainingsmaterial besteht aus Beispielen und Definitionen für funktionale und dysfunktionale Konflikte, für die unterschiedlichen Konfliktlösungstechniken und den Gesprächsfertigkeiten.

  Die Methode besteht darin, dass der Vorgesetzte dem Meister bei Auseinandersetzungen zunächst zeigt, wie das richtige Verhalten aussieht, und sein Verhalten erläutert. Er schlägt ihm vor, sich ähnlich zu verhalten, damit er nach und nach die Konflikte allein bewältigen kann. Der Vorgesetzte übergibt ihm somit den „Problembesitz" und unterstützt ihn bei der Bewältigung der Konflikte.

3. **Maßnahme durchführen**
   In den nächsten drei Monaten zeigt der Vorgesetzte dem Meister die richtige Konfliktlösungstechnik, durch sein Vorbild lernt der Meister, Konflikte zu lösen und geeignete Gesprächstechniken anzuwenden.

4. **Den Erfolg der Maßnahme anhand der vorher bestimmten Kriterien beurteilen**
   Nach drei Monaten zieht der Vorgesetzte Bilanz. In einem Mitarbeitergespräch befragt er den Meister nach seiner jetziger Sicht der Konflikte, den Konfliktlösungstechniken und den Gesprächsfertigkeiten. Außerdem zieht er seine Verhaltensbeobachtungen der letzten vier Wochen heran. Dabei stellt er fest, ob der Meister sein Verhalten geändert und eine andere Sicht der Konflikte hat.

   Bei Misserfolg muss der Vorgesetzte Trainingsinhalt und Trainingsmethode verändern oder eine andere Maßnahme in Erwägung ziehen (z. B. Teilnahme des Meisters an einem externen Seminar mit dem Titel „Erfolgreiches Konfliktmanagement“).

5. **Transfer sichern**
   Bei Erfolg wird der Vorgesetzte das Verhalten des Meisters in den darauffolgenden Wochen positiv verstärken.

10.2 Quellen und Methoden der Bedarfsermittlung (z. B. Kompetenz-Check)

Insbesondere bei der Ausübung von Tätigkeiten, in denen neue IT-Systeme zum Einsatz kommen, ist eine laufende Überprüfung des Personalentwicklungsbedarfs aufgrund der geringen Wissensrelevanzzeit besonders notwendig.

Ausgangspunkt jeder Personalentwicklungsmaßnahme - ob Verbesserung der Personalführung oder Verbesserung der Fachkenntnisse - ist die Bedarfsermittlung.

Dabei wird erhoben, welcher Bedarf sich aus der Sicht des Unternehmens und der Mitarbeiter ergibt.

Schriftliche Quellen für die Bedarfsermittlung sind insbesondere:

- Ergebnisse der Unternehmensplanung
- Arbeitsplatz- und Stellenbeschreibungen
- Arbeitsanweisungen
- Personalakten mit Weiterbildungswünschen des Mitarbeiters, dem Wunsch, versetzt zu werden, Unfallberichte, Beschwerden der Mitarbeiter, Gründe, weswegen jemand von sich aus gekündigt hat, Leistungsbeurteilungen

- Beschwerden der Kunden (z. B. Qualitätsmängel)
- Testergebnisse (z. B. aus einem Kompetenz-Check, siehe unten)
- Berichte über Zeiten, in denen die Ausrüstung/Fahrzeuge nicht verwendet werden können.

Mündliche Quellen sind die Mitarbeiter selbst, Kunden, andere Vorgesetzte und Berater.

In der Praxis empfiehlt sich ein stufenweises Vorgehen (siehe nachfolgende Abbildung).

Bestimmung des Personalentwicklungsbedarfs

Zunächst wird analysiert, welche kurz-, mittel- und langfristigen Ziele das Unternehmen hat. Dazu werden z. B. die Jahresplanung oder die Ergebnisse aus der Erhebung des Betriebsklimas herangezogen. In einem zweiten Schritt werden die sich daraus ergebenden spezifischen Arbeitsplatz- und Stellenanforderungen bestimmt. Haben sich die Anforderungen verändert? Man bestimmt das Verhalten, das die Mitarbeitenden zeigen müssen, damit sie die Unternehmensziele erreichen.

Der dritte Schritt wendet sich den Mitarbeitern zu. Wenn Anforderungen und Qualifikationen auseinanderklaffen, ergibt sich ein Personalentwicklungsbedarf.

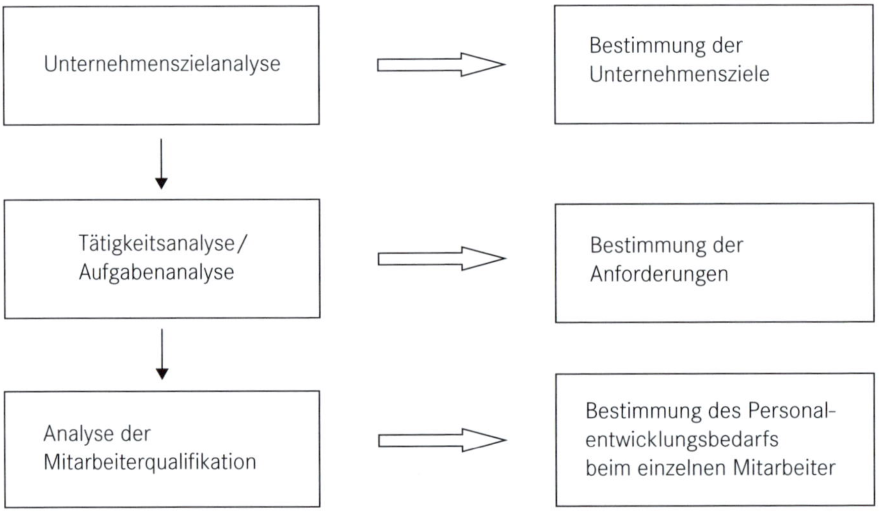

Schritte der Bestimmung des Personalentwicklungsbedarfs[112]

Zur Tätigkeitsanalyse können z. B. die Verfahren der Arbeitsplatzanalyse und zur Qualifikationsanalyse die Leistungs- und Potenzialbeurteilung herangezogen werden[113]. Das Mitarbeitergespräch liefert wertvolle Hinweise für den Bedarf aus der Sicht des Mitarbeiters.

Wichtige Methoden zur Erhebung des Personalentwicklungsbedarfs sind:

- Einzelinterviews
- Gruppeninterviews
- Fragebögen
- teilnehmende Beobachtung
- Sichtung schriftlicher Unterlagen
- Arbeitsplatzanalyse
- Leistungsbeurteilung
- Förderbeurteilung
- Kompetenz-Check/Assessment Center
- Analyse der strategischen Planung
- Einrichtung von Task Forces
- Mitarbeitergespräche.

Der Kompetenz-Check

Um den Personalentwicklungsbedarf zu erheben, werden Kompetenz-Checks durchgeführt. Sie sollen zeigen, wo der einzelne Mitarbeiter im Hinblick auf derzeitige oder künftige Anforderungen Entwicklungsbedarf hat. Zielgruppe im Betrieb sind vornehmlich Führungskräfte.

Wohl das bekannteste Verfahren zur Feststellung der Kompetenzen ist das Assessment Center. Weitere Verfahren sind psychologische Testverfahren (z. B. zur Erfassung der Problemlösefähigkeit oder der Kreativität) oder Arbeitsproben. Assessment Center

Im Kompetenz-Check lösen Mitarbeiter tätigkeitsspezifische Aufgaben. Man simuliert - so gut es eben geht - Ausschnitte aus der Tätigkeit. Dabei kommen insbesondere computergestützte Planspiele, der Postkorb, die Präsentation, das Rollenspiel und die führerlose Gruppe zum Einsatz. Werden mehrere Übungen kombiniert, spricht man vom Assessment Center. Beurteiler beobachten das Verhalten im Hinblick auf bestimmte Kriterien.

Die nachfolgende Übersicht zeigt beispielhaft den Ablauf eines Assessment Centers[114].

1. Tag	
12.00 Uhr	Anreise, Vorbereitungen
13.00 Uhr	gemeinsames Mittagessen
14.15 Uhr	Beobachterinstruktion
18.00 Uhr	Teilnehmerinstruktion
19.30 Uhr	gemeinsames Abendessen

2. Tag	
08.30 Uhr	**Selbstpräsentation**
	10 Minuten Einzelarbeit
	10 x 5 Minuten-Präsentation
09.45 Uhr	**Gruppenübung 1**
	15 Minuten Einzelarbeit
	45 Minuten Gruppendiskussion
10.45 Uhr	**Pause**
11.00 Uhr	**Stressinterview**
	2 Gruppen à 5 Teilnehmer à 15 Minuten
11.30 Uhr	**Postkorb**
12.30 Uhr	**Mittagessen**
13.30 Uhr	**Zweiergespräche**
	5 x 10 Minuten
14.45 Uhr	**Gruppenübung 2**
	15 Minuten Einzelarbeit
	45 Minuten Gruppenarbeit
15.45 Uhr	**Planungsaufgabe**
	Selbsteinschätzung
	Beobachterkonferenz
17.00 Uhr	**Rückmeldegespräche**
18.00 Uhr	**abschließende Beobachterkonferenz**
21.00 Uhr	**Ende des AC**

Ablauf eines Assessment Centers

Typische Übungen im Assessment Center sind die Selbstpräsentation, der Postkorb und die führerlose Gruppe.

1. Selbstpräsentation

Die Teilnehmer bekommen die Aufgabe, sich selbst darzustellen. Ihr Umgang mit belastenden Situationen, persönliches Auftreten sowie Verbalisierungs- und Überzeugungsfähigkeit soll damit erfasst werden.

Beispiel zur Selbstpräsentation

Beispiel einer Instruktion zur Selbstpräsentation:

„In dieser Übung geht es darum, dass Sie Ihre Zuhörer von sich überzeugen und für sich gewinnen sollen. Bitte präsentieren Sie sich dazu so, wie Sie meinen, dass es für Sie am sinnvollsten und am vorteilhaftesten ist. Sie können dabei auf die folgenden Punkte eingehen, müssen es aber nicht.

1) Ich lege großen Wert darauf, dass ...
2) Ich habe überhaupt kein Verständnis dafür, dass ...
3) Wenn ich wählen könnte, ...
4) Meine Zukunft stelle ich mir so vor, ...
5) Was ich sonst noch sagen möchte: ...“

Für Ihre Präsentation haben Sie 5 Minuten.

Selbstpräsentation-Teilnehmermaterial (aus Randhofer, modifiziert)

Auf einer Skala von 1 bis 4 schätzen die Beurteiler Merkmale ein, wobei 1 die geringste Ausprägung des Merkmals und 4 die höchste Ausprägung bedeuten (aus Randhofer, 2004). Bewertet werden:

- **Umgang mit belastenden Situationen**
  Den geistigen, emotionalen und körperlichen Anforderungen des Verfahrens standhalten.
- **Persönliches Auftreten**
  Selbstsicher und selbstbewusst anderen Menschen gegenübertreten.
- **Verbalisierung**
  Sich sprachlich auch bei schwierigen Sachverhalten klar und deutlich ausdrücken.
- **Überzeugungsfähigkeit**
  So geschickt argumentieren, dass andere sich der eigenen Meinung anschließen.

2. Postkorbübungen

Bei diesen Übungen sollen die Teilnehmer wirklichkeitsnahe Aufgaben lösen. Zum Beispiel sollen Vorgänge nach ihrer Priorität geordnet, Maßnahmen eingeleitet, Informationen bearbeitet, Entscheidungen getroffen und Termine sinnvoll koordiniert werden. Sie umfassen tägliche Probleme und Entscheidungssituationen von Führungskräften.

Die Teilnehmer sollen sich in eine betriebliche Situation versetzen, z. B. in eine Leitungsfunktion einer Zeitarbeitsfirma. Interne Leitlinien und Organigramme geben Aufschluss über die Arbeit, die Ziele und den Aufbau des Unternehmens. Im nachfolgend abgebildeten Beispiel muss der Teilnehmer die Aufgaben einer Führungskraft kurzfristig übernehmen:

Postkorbübungen

Lieber Herr Adam, Freitag, 27. Dezember 2013

nun hat mir mein Arzt ja mehr als nachdrücklich nahegelegt, mir nach dem Schock erst einmal ein Vierteljahr Ruhe und Erholung zu gönnen - und wie ich eben erfahre, hat es jetzt auch endlich mit einer Kur geklappt, und zwar kurzfristig schon ab kommendem Montag. Wie Sie bereits wissen, möchte ich in Absprache mit Herrn Borger gerne, dass Sie mich in dieser Zeit vertreten, gleichzeitig aber auch weiter Ihren bisherigen Verantwortungsbereich beibehalten. Bitte führen Sie die Abteilung in dieser Zeit vollkommen selbstständig und so, wie Sie es für richtig halten; ich weiß, dass ich mein volles Vertrauen in Sie setzen kann, und muss mich deshalb während meiner Kur überhaupt nicht um das Geschäft in der Firma kümmern. Meine Sekretärin, Frau Hilf, wird Sie bei Ihrer Aufgabe nach Kräften unterstützen.

Ich wünsche Ihnen alles Gute,

Ihr Hermann Gutekunst

Ausschnitt aus einem Postkorb (nach Musch[115], modifiziert)

Die zur Verfügung stehende Zeit ist begrenzt (in der Regel eine Stunde). Im obigen Beispiel müssen 17 Vorgänge in einer Stunde bearbeitet werden.

Die Ergebnisse werden im Anschluss daran präsentiert, und die Beurteiler schätzen sie anhand eines Punkteschlüssels ein. Bewertet werden das Analyseverhalten, das Organisations- und Planungsverhalten sowie das Entscheidungsverhalten der Teilnehmer.

10.3 Instrumente (Maßnahmen) der Personalentwicklung

Um die Beschäftigungsfähigkeit der Mitarbeiter zu erhalten, setzen Unternehmen eine Vielzahl von Instrumenten ein: interne und externe Unterweisung, Workshops, Qualitätszirkel usw.

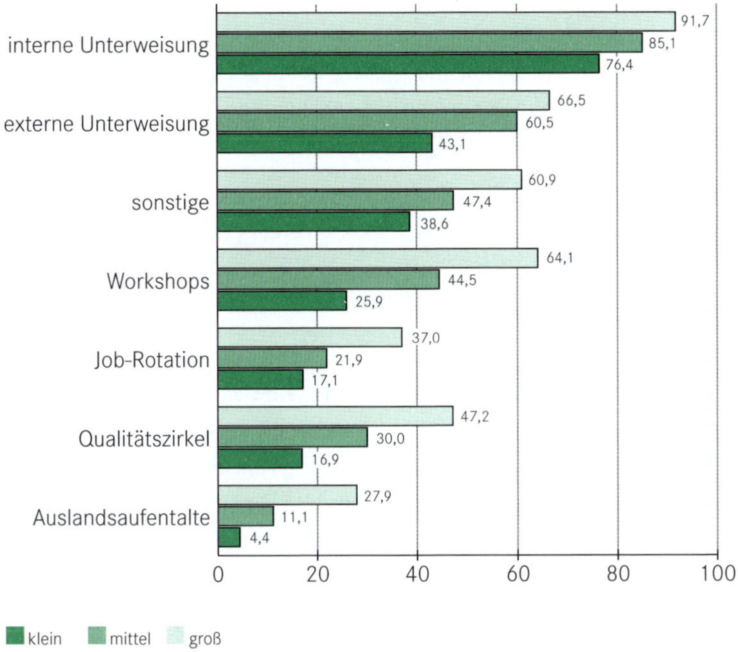

Quellen: IW-Weiterbildungserhebung 2011

Befragung von 2.058 weiterbildungsaktiven Unternehmen (Quelle: BMWI 2012[116])

Nach dem Zyklus eines Beschäftigungsverhältnisses werden die Maßnahmen der Personalentwicklung übereinstimmend folgenden Kategorien zugeordnet[117]:

10.3.1 Personalentwicklung „into the job"

Darunter versteht man alle Maßnahmen, die auf die Tätigkeit vorbereiten; sie qualifizieren den Beschäftigten für eine Tätigkeit.

Beispiele: Einführung und Einarbeitung, Juniorfirma, Traineeprogramme, Praktikum, Einarbeitung/Unterweisung, Rückkehrvorbereitung.

Die Berufsausbildung im dualen System nimmt aufgrund ihres Charakters der Primärausbildung eine Sonderstellung ein[118].

Im Folgenden wird die für Handwerksunternehmen bedeutsame Einführung und Einarbeitung exemplarisch für diese Form der Personalentwicklung kurz dargestellt.

Einführung und Einarbeitung

Der erste Tag im Unternehmen entscheidet nicht selten darüber, ob der neue Mitarbeiter seine zukünftige Aufgabe ernst nimmt oder versucht, es sich so gut einzurichten, wie es eben geht. Auch hat man festgestellt, dass die meisten Kündigungsentschlüsse bereits während der ersten Tage heranreifen[119]. Daher sollte nach Vertragsabschluss rechtzeitig der erste Tag des neuen Mitarbeiters gründlich vorbereitet werden.

Beispiel

Eine Führungskraft beschreibt ihren ersten Tag in der neuen Firma so:

„Ich sagte dem Pförtner meinen Namen, was nur ein ratloses Schweigen auslöste. Ich setzte ihn davon in Kenntnis, dass ich der neue Personalleiter des Unternehmens sei, was ihn aber nur in noch tiefere Ratlosigkeit stürzte. Schließlich antwortete er wahrheitsgemäß, er wisse nichts davon ... Am liebsten hätte ich auf dem Absatz kehrtgemacht, tröstete mich aber mit dem Gedanken, dass dies der erste Punkt sei, den ich ändern wollte“[120].

Damit sich Pannen wie diese nicht wiederholen, hierzu einige Tipps:

Tipps

Vor Ankunft des neuen Mitarbeiters:

- Einen Verantwortlichen benennen, der sich von Anfang an um den neuen Mitarbeiter kümmert.
- Die Kollegen/Mitarbeiter rechtzeitig über die Person des neuen Mitarbeiters sowie über die von ihm zu übernehmenden Aufgaben informieren; dadurch kann mitunter evtl. vorhandenes Misstrauen frühzeitig abgebaut werden.
- Den Arbeitsplatz so weit wie möglich einrichten (Schreibtisch, PC, Arbeitsmittel etc).

Die **Aufgabe des Vorgesetzten** ist es dann **am ersten Tag** vor allem, über Fragen zu informieren, die über den Arbeitsplatz im engeren Sinne hinausgehen. Insbesondere sind darzustellen:

- Unternehmen in Stichworten (z. B. Entwicklung des Unternehmens, Produkt- bzw. Dienstleistungsprogramm)
- Aufbau der Organisation, die Position der eigenen Abteilung innerhalb der Organisation sowie deren Aufgaben

- die Mitarbeiter (Größe und Struktur der Belegschaft)
- Inhaber, Geschäftsführung
- Personalabteilung (Leiter, Sachbearbeiter)
- Belange der Arbeitssicherheit und Gesundheit
- die Betriebsordnung, soweit nicht bereits vom Arbeitsvertrag her bekannt
- das Ideenmanagement.

Der Vorgesetzte wird auch folgende Pflichten übernehmen:

- Vorstellen des neuen Mitarbeiters beim nächsthöheren Vorgesetzten und evtl. bei der Unternehmensleitung sowie dem Betriebsrat
- Bekanntmachen mit einigen wichtigen Arbeitskollegen.

Betriebspaten

Bewährt hat sich auch, neuen Mitarbeitern einen sog. **„Betriebspaten"** an die Seite zu stellen. Dieser hat die Aufgabe, die **Einführung in den Kreis der Kollegen** zu erleichtern und die nötigen formellen und informellen Kontakte herzustellen.

Darüber hinaus sollte er auch bei der Lösung folgender **Detailprobleme** behilflich sein:

- Erledigen der wichtigsten Formalitäten in der Personalabteilung
- Kleiderablage
- sanitäre Anlagen und Einrichtungen (Firmenhandtuch usw.)
- Essensmarken, Pausenraum u. Ä.
- Versorgung mit Arbeitsmitteln
- zentrale Dienste (z. B. Hausverwaltung)
- Telefonverbindungen herstellen, Internetzugang, E-Mail
- Funktionieren von Beleuchtung, Klimaanlage usw.
- Unfallverhütungsmaßnahmen, Werksausweis.

Nach dieser ersten Orientierung geht es dann darum, den neuen Mitarbeiter an seine eigentliche Aufgabe heranzuführen. Wünschenswert ist ein vorgeschaltetes Einarbeitungstraining, bei dem der neue Mitarbeiter ein systematisch vorbereitetes Trainings- und Schulungsprogramm erhält.

In jedem Fall sollten dabei klare Vorstellungen bestehen bezüglich

- des Unterweisungsgegenstands (Was?),
- des Unterweisungsziels (Wohin?),
- der Unterweisungsmethode (Wie?),
- des Unterweisungsmaterials und der Unterweisungsmittel (Womit?),
- der verantwortlichen Person (Wer?).

10.3.2 Personalentwicklung „on the job“

„On the job“

Hierbei findet die Personalentwicklung im unmittelbaren Zusammenhang mit der Aufgabenerfüllung statt. Sie sind mit die effizientesten Maßnahmen der Personalentwicklung und tragen maßgeblich zur Arbeitszufriedenheit bei (siehe auch Kapitel „Motivation und Arbeitszufriedenheit“).

Darunter fallen Maßnahmen wie

- das Mitarbeitergespräch
- Brainstorming[121]
- Stellvertretung, motivierende Arbeitsgestaltung
- Lernen durch Vorbilder am Arbeitsplatz
- planmäßige Unterweisung (z. B. Vierstufenmethode)
- Sammeln von Erfahrungen unter Aufsicht des Vorgesetzten
- Wechsel von Arbeitsplatz oder Arbeitsaufgabe
- Verantwortungsübernahme als Vertreter oder Assistent
- Teilnahme an Projektgruppen
- interne Mitteilungen verschiedenster Art.

Im Folgenden werden für diese Form der Personalentwicklung das jährliche Mitarbeitergespräch und das Brainstorming ausführlicher dargestellt.

Das jährliche Mitarbeitergespräch

Mitarbeitergespräch

In einer Zeit rascher Veränderung und der damit verbundenen Verunsicherung kommt **dem jährlichen Mitarbeitergespräch als Personalentwicklungsinstrument** eine wichtige Bedeutung zu.

Ziele

Gesprächsziele sind u. a.:

- dem Mitarbeiter eine Rückmeldung über die im letzten Jahr gezeigte Leistung zu geben; gegebenenfalls über Möglichkeiten der Leistungsverbesserung zu sprechen, bei guter Leistung Zufriedenheit zum Ausdruck zu bringen,
- darüber zu informieren, welche Unterstützung bei der Leistungserbringung der Mitarbeiter von anderen Stellen bzw. dem Vorgesetzten erwarten kann,
- mit dem Mitarbeiter über dessen Entfaltungsmöglichkeiten in seiner jetzigen Arbeit und über berufliche Weiterentwicklung zu sprechen.

Inhalte

Gesprächsinhalte sind u. a.:

- Besprechung der Leistung bei Routineaufgaben,
- Besprechung der Leistung bei projektorientierten Aufgaben,
- Festlegung von Zielen und Zielvereinbarungen für das nächste Jahr,

- Besprechung der Möglichkeiten der Entfaltung auf bestehendem Arbeitsplatz und der Weiterentwicklung.

In der **Vorphase** des Gesprächs stellt der Vorgesetzte nach der Begrüßung den Zweck, Inhalt und Ablauf des Gesprächs dar.

In der **Hauptphase** bespricht der Vorgesetzte mit dem Mitarbeiter,

- wie er seine Aufgabenerfüllung einschätzt,
- Stärken und Möglichkeiten, diese noch stärker einzusetzen,
- Schwächen und Möglichkeiten, sie abzubauen,
- Möglichkeiten der Verbesserung von Arbeitsergebnissen in Punkten, die für die Ausübung der Tätigkeit wichtig sind,
- Entfaltungsmöglichkeiten auf bestehendem Arbeitsplatz und Möglichkeiten der Weiterentwicklung.

In der **Nachphase** werden die sich aus dem Gespräch ergebenden Maßnahmen und Ziele mündlich und/oder schriftlich vereinbart.

Brainstorming durchführen

Um kreatives Denken in Mitarbeiterbesprechungen anzuregen, wenden Vorgesetzte die Methode des Brainstormings an. Brainstorming ist ein Verfahren, mit dem man leicht Ideen sammeln kann, wobei die Intuition der Mitarbeiter angesprochen wird (siehe Abschnitt „Mitarbeiter verstehen"). Häufig ist Brainstorming ein Teil von Problemlösungsbesprechungen, die nachfolgend noch beschrieben werden.

Brainstorming

Als der amerikanische Werbemanager Axel Osborn das Brainstorming, die bekannteste Technik kreativen Denkens, 1938 zum ersten Mal einsetzte, ging er davon aus, dass der Durchschnittsmensch etwa doppelt so viele Ideen hat, wenn er in der Gruppe arbeitet und nicht allein. Wie jedoch aus seither abgeschlossenen Untersuchungen hervorgeht, tritt oft keine synergetische Wirkung ein[122], da Brainstorming oft nicht richtig angewendet wird.

Wer Brainstorming richtig anwendet, trennt die zwei grundsätzlichen **Phasen** sauber voneinander, achtet auf die **Zusammensetzung** der Gruppe, beeinflusst die **Zusammenarbeit** in der Gruppe positiv und hält die **Regeln** des Brainstormings genau ein.

Das Brainstorming besteht aus **zwei aufeinanderfolgenden Phasen:**

- Ideen produzieren („grüne Phase")
- Ideen bewerten („rote Phase").

Die Gruppe sollte möglichst heterogen zusammengesetzt sein, die Zahl der Teilnehmer 12 Personen nicht überschreiten.

Um möglichst viele Ideen zu produzieren, ist zu beachten, dass in der **ersten Phase** des Brainstormings - der „grünen Phase" - folgende **Regeln** eingehalten werden:

- **Quantität, nicht Qualität ist erwünscht.**
  Die Mitarbeiter sollen möglichst viele Ideen - gerade auch ausgefallener Art - produzieren. Dabei sind ihre Realisierbarkeit, ihr logischer Aufbau und eventuell entstehende Kosten in dieser Phase unwichtig.

  Je mehr Ideen geäußert werden, desto größer ist die Wahrscheinlichkeit, dass gute Ideen darunter sind. Man geht davon aus, dass nur etwa 10 % der Ideen sich verwerten lassen. Je schneller die Ideen produziert werden, desto geringer ist die Wahrscheinlichkeit, dass der Prozess der **intuitiven Wahrnehmung** gehemmt wird.

- **Jegliche Kritik an den geäußerten Ideen ausschalten**
  Die von den Gruppenmitgliedern geäußerten Ideen sollen nicht kritisiert oder bewertet werden. Dies geschieht in der zweiten Phase, nachdem der „Ideensturm" abgeschlossen ist. Oft ist das Bewerten von Ideen bei den Mitarbeitern so stark verwurzelt, dass daran Brainstorming scheitert. Solche „Ideenkiller" sind z. B. Äußerungen wie „Das ist zu teuer", „Das haben wir schon immer so und nicht anders gemacht" oder „Die Zeit dafür ist noch nicht reif".

Brainstorming

- **Ideen schriftlich festhalten**
  Der Protokollführer schreibt für alle sichtbar die einzelnen „Gedankenblitze" auf. Dadurch hat jeder Teilnehmer die Möglichkeit, jederzeit an den Ideen der anderen anzuknüpfen.

- **An Ideen anknüpfen**
  Ideen sollen für alle nutzbar sein. Brainstorming lebt von der Zusammenarbeit in der Gruppe, d. h., dass die Mitglieder Ideen von anderen aufnehmen und weiterentwickeln. Die veränderten Ideen werden wieder dokumentiert, sodass schnell 100 Ideen zusammenkommen.

Häufig geht nach 20 bis 30 Minuten die Zahl der Ideen stark zurück, und man macht eine Pause. Danach folgt die **zweite Phase** des Brainstormings: Die dokumentierten Ideen werden bewertet und zwei bis drei Lösungsvorschläge erarbeitet (20 bis 30 Minuten). In dieser Phase dominiert das Denken (siehe Kapitel 3). Die Gruppe diskutiert Lösungsalternativen unter rationalen Gesichtspunkten.

Beim **computerunterstützten Brainstorming** (Electronic Brainstorming) gibt das Gruppenmitglied seine Ideen in den Computer ein, und auf seinem Bildschirm erscheinen die Ideen der anderen Mitglieder, die diese zeitgleich oder kurz vorher eingegeben haben. Mit dem computerunterstützten Brainstorming erzielt man bessere Ergebnisse als ohne[123].

10.3.3 Personalentwicklung „near the job“

„Near the job“

Bei diesen Maßnahmen werden Mitarbeiter aus dem aktuellen Tagesgeschäft zeitweise herausgenommen; dabei besteht ein direkter Bezug zur Arbeitsaufgabe. Darunter fallen Maßnahmen wie Qualitätszirkel oder Lernstatt. Während das „Lernen in der Werkstatt“ zunächst auf die Integration von ausländischen Mitarbeitern abzielte, sind die Qualitätszirkel Teil des Qualitätsmanagements. In der **Lernstatt** sollen den Teilnehmern vor allem Fachbegriffe und Kenntnisse der deutschen Sprache durch deutsche Kollegen (z. B. Vorarbeiter) vermittelt werden.

Qualitätszirkel

In **Qualitätszirkeln** bearbeiten Mitarbeiter ohne direkte Vorgesetzte betriebliche Probleme. Sie bilden Teams und wenden die Technik der Problemlösung an. Deshalb werden diese Teams auch als Problemlösungsgruppen bezeichnet. Die Gruppe - die Teilnahme ist freiwillig - setzt sich ihre Ziele selbst, greift Probleme aus dem Arbeitsbereich der Gruppenmitglieder auf und löst diese allein oder mithilfe anderer.

Ursprünglich war die Produktqualität alleiniger Gegenstand der Aktivitäten der Qualitätszirkel. Mittlerweile streuen die Themen der Gruppen von der Qualität eines Produkts bis zur Verbesserung der Ausbildung.

Problemlösungstechnik

Dabei leistet die **Technik der Problemlösung** gute Dienste.

Der Ablauf hat mit dem Vorgehen zur Konfliktlösung Gemeinsamkeiten, doch es gibt auch Unterschiede. Die nachfolgende Abbildung zeigt die Phasen der Problemlösung. Bei der Problemlösung wie bei der Konfliktlösung empfiehlt es sich, alle Phasen zu durchlaufen.

1. Phase: Problem klar formulieren

Wer handlungsorientiert ist, neigt dazu, diese erste Phase zu überspringen. Dadurch wird das Problem häufig erst gar nicht gelöst.

Die Erfahrung zeigt, dass mit der präzisen Formulierung von Problemen der erste Schritt zu ihrer Lösung getan ist.

Hat man die Probleme klar formuliert, bringt das zweierlei Nutzen: Zum einen erkennt man, ob es sich um Scheinprobleme oder lediglich Symptome eines tiefer liegenden Problems handelt. Zweitens: Je genauer man es beschreiben kann, desto schneller kann die Gruppe Problemlösungen finden.

Probleme sind Abweichungen eines Ist- von einem Soll-Zustand.

Die Soll-Ist-Abweichung kann genauer gefasst werden, wenn

- nach dem Wesen (Was?),
- nach dem Ort (Wo?),
- nach der Zeit (Wann? Datum/Uhrzeit?),
- nach dem Ausmaß (Wie viel?)

gefragt wird.

Bei Personalproblemen kommt noch die Frage nach dem Personenkreis dazu (Wer?).

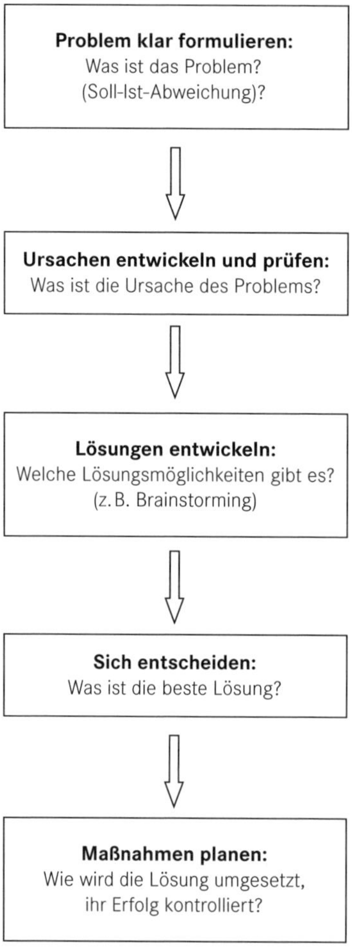

Phasen der Problemlösung

Beispiel

Was? Beschädigte Zementsäcke mit 25 kg

Wo? Lager, Verladestelle

Wann? 12. Juni, 14. Juni, 16. Juni, 18. Juni

Wie viel? 4, 8, 12 und 20 Säcke.

2. Phase: Ursachen entdecken und prüfen

Häufig existieren Vermutungen darüber, was die Ursache des Problems ist. Manchmal lastet man sogar vorschnell einem Mitarbeiter an, dass er die Ursache für das Problem ist. In dieser Phase sollte man nicht „Sündenböcke" suchen, sondern mehrere Ursachen analysieren.

Dabei empfiehlt es sich, systematisch nach Besonderheiten und Veränderungen des beschriebenen Problemsachverhaltes zu suchen.

Problemlösungstechnik

Fragen zur Bestimmung der Besonderheiten sind z. B.:

- Was unterscheidet das Ist vom Ist-Nicht?
- Welche Merkmale sind dies?
- Was machen die Mitarbeiter beim Ist im Unterschied zum Ist-Nicht?

Beispiel

Arbeitsgruppe A und nicht Arbeitsgruppe B produziert zu hohen Ausschuss. Nun analysiert man die Besonderheiten der Arbeitsgruppe A.

Nicht nur Besonderheiten weisen auf mögliche Ursachen hin, sondern auch Veränderungen. Was hat sich verändert, seitdem das Ist mit dem Soll nicht mehr im Einklang steht? Welche Umstände sind eingetreten?

Beispiel

Seit 1. März wird neues Material auf der Baustelle eingesetzt, und ein neuer Mitarbeiter wurde eingestellt (Veränderung).

Nun kann man nach logischen Gesichtspunkten die genaue Ursache ermitteln. Genügt das nicht, wird man vor Ort überprüfen, ob die Ursache richtig ermittelt wurde.

Die Überprüfung sollte einfach, sparsam und schnell erfolgen.

3. Phase: Lösungsmöglichkeiten entwickeln

Zahlreiche Gruppen neigen dazu, die erstbeste Lösung des Problems zu bevorzugen. Brainstorming oder andere Kreativtechniken verlängern den Lösungsprozess und bewirken bessere Lösungen dadurch, dass aus einer Vielzahl von Lösungen die beste ausgesucht werden kann.

4. Phase: Sich entscheiden

Sich impulsiv zu entscheiden birgt das Risiko in sich, dass eine Lösungsmöglichkeit favorisiert wird, obwohl eine andere viel besser ist. Durch den systematischen Vergleich erkennt man Vor- und Nachteile der Alternativen und kann so besser abwägen, welche die beste Lösung ist.

Problemlösungstechnik

Zuerst legt man die Kriterien zur Bewertung der Lösungen fest. Welchen Zielsetzungen müssen die Lösungen genügen?

Welche Resultate erwartet der Betrieb mit dieser Entscheidung? Welche Grenzen setzen die vorhandenen Mittel (das Budget)? Welche dieser Zielsetzungen sind Muss-Ziele? Welche sind Wunschziele?

Die Kriterien dazu können inhaltlich nach folgenden Merkmalen gruppieren:

E	= economical	(wirtschaftlich)
T	= technical	(technisch)
H	= human	(menschlich)
O	= organizational	(organisatorisch)
S	= social	(sozial, gesellschaftlich).

Danach werden die einzelnen Lösungsalternativen daraufhin untersucht, ob sie den Zielsetzungen gerecht werden:

- Wird die Lösungsalternative den Muss-Zielen gerecht?
- Wird die Lösungsalternative den Wunschzielen gerecht?
- Welche der Lösungsalternativen ist, relativ gesehen, die beste?

Im letzten Schritt der Entscheidungsfindung berücksichtigt man die negativen Auswirkungen jeder Alternative:

- Welche negativen Auswirkungen hat die bevorzugte Lösung?
- Mit welcher Wahrscheinlichkeit werden sie eintreten?
- Welche Tragweite hat die Auswirkung?

Am Ende der Entscheidungsfindung zeigt sich, ob eine Lösung gut, durchführbar oder undurchführbar ist. Anschließend einigt man sich auf eine Lösung.

5. Maßnahmen planen

In der letzten Phase macht die Gruppe Vorschläge zur Umsetzung. Ob eine Problemlösungsbesprechung Erfolg hatte, entscheidet sich in dieser Phase. Der Vorgesetzte plant zusammen mit seinen Mitarbeitern die Umsetzung der Lösung. Mitarbeiter bekommen Aufgaben delegiert, Ziele werden vereinbart usw.

Wer macht wann wo was wie viel?

10.3.4 Personalentwicklung „off the job" und „out of the job"

Personalentwicklung „off the job"

Unter **Personalentwicklung „off the job"** fallen nicht nur klassische Aus- und Fortbildungsmaßnahmen, die außerhalb des Betriebs stattfinden, sondern auch Maßnahmen wie der Besuch von Messen oder Betriebsbesichtigungen bei Kunden. Das können z. B. sein:

- Seminare, möglichst unter aktiver Beteiligung der Teilnehmenden in Form von Lehrgesprächen, Fällen, Rollenspiel, Planspielen
- Fortbildung anhand von Fachliteratur, Lehrfilmen, Lernprogrammen
- Vorträge
- berufsbegleitendes Studium
- Teilnahme an Konferenzen
- Betriebsbesichtigung bei Kunden, Lieferanten und Auftraggebern
- Besuch von Ausstellungen, Messen, Fachtagungen
- Teilnahme an Veranstaltungen von Erfahrungsaustauschgruppen (Erfa-Gruppen).

Als **Partner der Personalentwicklung** bieten sich vor allem die Bildungswerke der Wirtschaft sowie die Bildungseinrichtungen der Kammern und Verbände an. Daneben sind auch die Programme freier Träger von Interesse, soweit sie den speziellen Anforderungen des jeweiligen Betriebs Rechnung tragen.

Personalentwicklung „on/off the job"

Personalentwicklung „out of the job" beschreibt sämtliche Maßnahmen, die der Vorbereitung der Beschäftigten auf neue Tätigkeitsfelder innerhalb und außerhalb des Betriebs dienen. Dazu gehören (Vor-)Ruhestandvorbereitung und das Outplacement (= vom Betrieb finanzierte Dienstleistungen für ausscheidende Mitarbeiter).

10.4 Erfolgskontrolle und Transfersicherung

Während die Erfolgskontrolle im Handwerk routinemäßig zur ordnungsgemäßen Durchführung der Tätigkeiten gehört, ist sie bei Maßnahmen der Personalentwicklung eher die Ausnahme[124].

Beispiel: Nach der Installation prüft der Handwerker routinemäßig, ob das Gerät einwandfrei funktioniert. Demgegenüber verzichtet ein Handwerksunternehmer beim Mitarbeitergespräch auf die Erfolgskontrolle.

Insbesondere wird häufig auf eine quantitative und systematische Analyse des Erfolgs von Personalentwicklungsmaßnahmen verzichtet[125]. Vornehmlich fehlendes Know-how und hohe Kosten werden dafür als Gründe aufgeführt[126]. Dabei sind die Kosten z. B. für externe Schulungsmaßnahmen vergleichsweise hoch und rechtfertigen durchaus eine Erfolgskontrolle, was folgendes Beispiel zeigt [127]:

Beispiel: Die Teilnahme an einem zweitägigen Seminar zur „Kommunikation in der Führungspraxis" kostet 1.416,- €. Anfahrt, Übernachtungskosten und Verpflegung machen 353,- € aus und die Fehlzeit der Führungskraft 700,- €. So fallen für den Betrieb Kosten in Höhe von 2.469,- € an.

Wer den Erfolg von Personalentwicklungsmaßnahmen bestimmen will, kann auf das erprobte Modell des amerikanischen Managementwissenschaftlers Kirkpatrick zurückgreifen. Kirkpatrick beschreibt in diesem Modell **vier Formen der Erfolgskontrolle:** die Reaktionen der Teilnehmer, die Messung der Lernergebnisse, das Arbeitsverhalten und die Auswirkung auf die Geschäftsergebnisse[128].

- **Die Reaktionen der Teilnehmerinnen und Teilnehmer**

Unterste Ebene

Auf der untersten Ebene der Erfolgskontrolle wird gefragt, wie zufrieden die Teilnehmer mit der Maßnahme sind. Man möchte ein Feedback zur Maßnahme haben. Bei Trainingsveranstaltungen fragt man z. B., wie zufrieden die Teilnehmer mit dem Trainer oder Trainerin, dem Inhalt, der Methode, dem Medieneinsatz, der Bewirtung, den Räumlichkeiten usw. sind. Auch Fragen zur Weiterempfehlung der Veranstaltung und der Konsequenzen für die Arbeit werden unmittelbar nach dem Training gestellt. Dazu wird ein Fragebogen verwendet oder (seltener) ein Interview geführt.

	Trifft gar nicht zu				Trifft voll zu
	1	2	3	4	5
Die Dozentin/der Dozent stellt die Lerninhalte verständlich dar.					
Bezüge zur Praxis werden hergestellt.					
Das Vorgehen ist systematisch und folgt einem roten Faden.					
Die eingesetzten Hilfsmittel (Flipchart, Folien, Skripte, Literaturhinweise etc.) sind hilfreich.					
Die Dozentin/der Dozent wirkt sehr engagiert.					
Sie/Er trägt zu einer guten Lernatmosphäre bei (Offenheit, Freundlichkeit, Ermutigung).					
...					

Auszug aus einem Feedback-Fragebogen

- **Die Lernergebnisse messen**

In der Regel erhält man auf der vorher beschriebenen Ebene ein „Stimmungsbild", das je nach Gruppendynamik mehr oder weniger einheitlich ausfallen kann.

Wie hoch war der Wissenszuwachs?

Daher werden erfahrene Personalentwickler nach weiteren Daten suchen, um ein umfassenderes Bild zu bekommen. Oft wird schon im Seminar ein Eingangstest durchgeführt, um eine Basis für den Wissens- und Kenntniszuwachs zu haben. Der Vergleich mit dem Abschlusstest zeigt, wie hoch der Wissenszuwachs, die Verbesserung der Fertigkeiten und der Problemlösungsfähigkeit war.

Beispiel: Ein Sprachlehrer macht zunächst einen schriftlichen Eingangstest und vergleicht die Ergebnisse mit dem Abschlusstest.

Transfer am Arbeistplatz

- **Den Transfer am Arbeitsplatz ermitteln: Das Verhalten beobachten**

Für den Betrieb ist es wichtig, dass die Personalentwicklungsmaßnahme eine konkrete Auswirkung auf das gezeigte Arbeitsverhalten hat. Diese Form der Erfolgskontrolle zielt darauf ab, den Transfer des Gelernten auf das Arbeitsverhalten zu bestimmen. Quellen für die Bestimmung des Transfererfolgs sind z. B. das Kunden-Feedback oder Vorgesetztenbeobachtungen.

Beispiel: Eine Vorgesetzte stellt fest, dass ein Mitarbeiter in einem Call-Center Defizite im Gesprächsverhalten hat. Sie macht Vorschläge, wie er das Verhalten verbessern kann, und übt es mit ihm ein. Danach prüft sie, ob der Mitarbeiter das Gelernte im Kundengespräch anwendet.

Erfahrungsgemäß wird das Gelernte dann am Arbeitsplatz eher angewandt, wenn es theoretisch fundiert ist. Mitarbeiter möchten wissen, welche Theorie dem Handeln zugrunde liegt. Die Darstellung der Theorie sollte dabei knapp sein und auf den Punkt gebracht werden.

Wenn eine noch nicht bekannte Vorgehensweise oder Methode aufgezeigt wird, erhöht sich die Wahrscheinlichkeit, dass sie in der Praxis angewandt wird. Die Teilnehmer einer Schulung erkennen, dass die neue Methode wirkt. Man lernt anhand eines Vorbilds (des Trainers).

Die Anwendung des Gelernten im Training ist für den Lerntransfer eine Grundvoraussetzung. Das neue Verhalten wird unter Laborbedingungen gezeigt. Trainer und andere Teilnehmer an der Schulung können dem Lernenden ein Feedback geben, und er kann sein Verhalten verbessern. Hier können auch Rollenspiele zum Einsatz kommen. Erzielt der Lernende erste Erfolge mit der neuen Methode, wirkt sich das positiv auf den Lerntransfer aus.

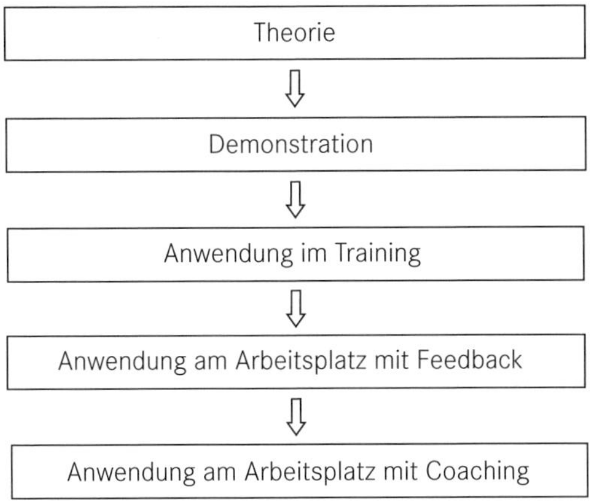

Faktoren, die den Lerntransfer fördern

Ob die neue Methode am Arbeitsplatz funktioniert, hängt auch vom Feedback am Arbeitsplatz ab. Hilfreiches Feedback hilft über die ersten Schwierigkeiten bei der Anwendung hinweg. Hier kommt den unmittelbaren Vorgesetzten eine besondere Bedeutung zu. Ihr Verhalten sichert den Lerntransfer.

Mentoren - also erfahrene Kolleginnen und Kollegen - sind wichtige Anlaufstellen, wenn es darum geht, langfristig den Lernerfolg zu sichern. Sie kümmern sich darum, dass das Gelernte in das Verhaltensrepertoire des Mitarbeiters übergeht.

Die folgende Abbildung zeigt einen Fragebogen zum Kunden-Feedback, das den Transfererfolg messen soll.

	Trifft gar nicht zu				**Trifft voll zu**
	1	2	3	4	5
Die Beratung war verständlich.					
Die Beratung war informativ.					
Die Beratung war zielführend.					
Die Beratung war hilfreich.					
Der Berater war freundlich.					
Der Berater hat mich ernst genommen.					
Der Berater ging auf meine Fragen ein.					
Der Berater wirkte kompetent.					
Der Berater konnte sich in meine Lage einfühlen.					
Der Berater konnte praktische Fördermaßnahmen nennen.					
Ich bin mit der Beratung insgesamt sehr zufrieden.					

Fragebogen zur Bestimmung des Transfererfolgs

- **Die Auswirkungen auf das Unternehmen ermitteln**

Diese Form der Erfolgskontrolle geht auf die Geschäftsergebnisse ein. Haben sich aufgrund der Personalentwicklungsmaßnahme die Geschäftsergebnisse positiv entwickelt? Lässt sich der Nutzen anhand von „harten" Fakten nachweisen? Messgrößen können z. B. die Zeitersparnis bei einem Arbeitsvorgang sein, die gestiegene Quantität und Qualität, aber auch weniger Krankheitstage des Mitarbeiters.

> **Beispiel:** Ein Servicetechniker hat an einer Fortbildungsschulung teilgenommen. Er wendet das Gelernte unmittelbar in seinem Betrieb an und verringert bei gleichbleibender Qualität den Zeitaufwand für die folgenden Reparaturen.

Nachfolgend eine auszugsweise Übersicht über mögliche Kennzahlen.

Maßnahme	Kennzahlen
Führungskräfteschulung	• Zahl der Arbeitswechsel • Mitarbeiterbefragung: Zufriedenheitswerte • Zahl der Beschwerden
Qualitätszirkel	• Kosten • Zahl der Verbesserungsvorschläge • Mitarbeiterbefragung: Zufriedenheitswerte

Mögliche Kennzahlen

Kirkpatrick zählt zu dieser Form auch den Return on Investment (ROI). Häufig wird der Return on Investment (ROI) als fünfte Form der Erfolgsmessung beschrieben[129].

Return on investment

Der Return on Investment (ROI) ist das Verhältnis zwischen Ertrag (Programmleistung bzw. Programmnutzen) und dem betrieblichen Aufwand von Weiterbildung (Programmkosten):

$$\text{ROI (\%)} = \left(\frac{\text{Programmnutzen} - \text{Programmkosten}}{\text{Programmkosten}}\right) \times 100$$

Return on Investment

> **Beispiel**
>
> Ein ROI von z. B. 130 % bedeutet, dass für jeden investierten Euro ein Return in Höhe von 1,30 € (netto) erzielt wurde[130]. Bei einem ROI < 100 ist die Investition höher als der Return.

Auch das **Benchmarking** gibt Hinweise auf den Stand der eigenen Personalentwicklung. Dabei werden Messgrößen wie Kosten für die Weiterbildung pro Mitarbeiter, Trainingskosten in Relation zur Gesamtgehaltssumme, Teilnahmequoten u. Ä. mit anderen Unternehmen verglichen[131].

Praktische Schlussfolgerungen

Die folgende Übersicht fasst die praktischen Schlussfolgerungen im Hinblick auf die Erfolgskontrolle und Transfersicherung zusammen[132].

Auf was sollten Sie achten?	Was sollten Sie messen?	Was sollten Sie prüfen?	Welche Methoden stehen zur Verfügung?
Verändern die Mitarbeiter ihr Verhalten? Haben sie einen Wissenszuwachs?	Das Wissen, die Fertigkeiten vor und nach der Maßnahme.	Aussagen von Kollegen, Vorgesetzten, Kunden.	Interview, Fragebogen, teilnehmende Beobachtung.
Wird das Gelernte am Arbeitsplatz umgesetzt? Wird das Trainings-/Schulungsmaterial eingesetzt (z. B. Checklisten, Skripte)?	Verhalten am Arbeitsplatz, Leistung, Arbeitsstil.	Leistungsbeurteilungen, Protokolle von Mitarbeitergesprächen.	Interview, teilnehmende Beobachtung, Stichprobenkontrollen.
Wie hoch sind die Kosten der Personalentwicklungsmaßnahme?	Fixkosten, variable Kosten der Personalentwicklungsmaßnahme.	Kosten für Trainer, Reisekosten, Ausfallzeiten, Mieten etc.	Kostenrechnung
Ist die Maßnahme nachhaltig?	Die Leistung des Mitarbeiters über einen längeren Zeitraum nach der Maßnahme.	Leistung und Arbeitsverhalten des Mitarbeiters.	Stichprobenkontrollen, kritische Ereignisse, Interviews.

Fragen zur Erfolgskontrolle

10.5 Strategisches Personalmanagement verbessern

Die Sicherstellung qualifizierter Mitarbeiter ist für Handwerksunternehmen ein nicht zu unterschätzender Wettbewerbsfaktor. Ohne qualifizierte Fachkräfte können Wertschöpfungspotenziale nicht genutzt werden.

Allerdings stößt die Deckung des Bedarfs an Fachkräften nicht selten an ihre Grenzen.

Beispiel: Ein Speditionsunternehmen möchte in einer günstigen Konjunkturlage expandieren. Der Geschäftsführer sieht keine Möglichkeit dazu, weil er nicht die geeigneten Berufskraftfahrer anwerben kann.

Frage: Wie stark ist Ihr Unternehmen vom Fachkräftemangel betroffen?
in Prozent

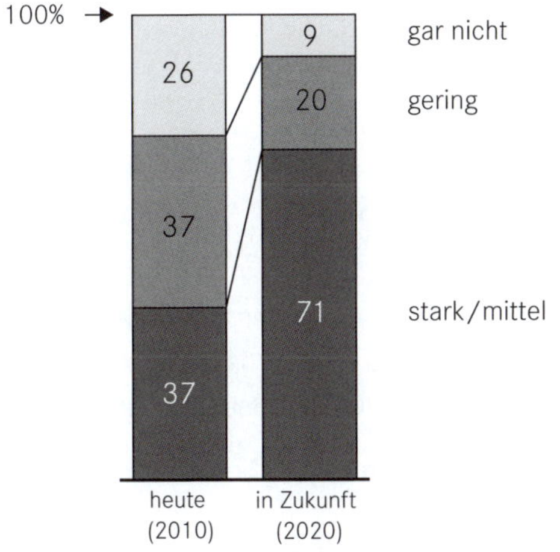

Quelle: ifo Institute: Sonderumfrage im Oktober 2010 unter den Teilnehmern der ifo-Personalleiterbefragung (n = 830)

Fachkräftemangel aus der Sicht der Unternehmen[133]

Schon jetzt berichten 37% der befragten Unternehmen, dass sie einen Mangel an Fachkräften haben, Tendenz steigend. Bis 2030 wird aufgrund des Fachkräftemangels ein volkswirtschaftlicher Verlust von 4600 Mrd. € vorhergesagt[134].

Die Bundesagentur für Arbeit sieht daher gesamtwirtschaftlich zehn Handlungsfelder[135]:

1. **Schulabgänger ohne Abschluss reduzieren und Übergänge in den Beruf verbessern:**
   Wenn es gelänge, die heutige Quote der Schüler, die ohne Abschluss die Schule verlassen, um 10 % bis 50 % zu senken, wäre mit einem zusätzlichen Fachkräfteangebot von 0,05 Millionen bis 0,3 Millionen Personen zu rechnen.
2. **Ausbildungsabbrecher reduzieren:**
   Die Quote vorzeitig gelöster Ausbildungsverträge liegt heute bei 21,5 % - etwa die Hälfte der Abbrecher beginnt auch keine neue Ausbildung mehr. Gelänge eine Rückführung der Abbrecherquote um 10 % bis 50 %, entspräche dies 0,1 Millionen bis 0,3 Millionen zusätzlichen Fachkräften bis 2025.
3. **Studienabbrecher reduzieren:**
   Die Nachfrage nach hochqualifizierten Akademikern wird weiter steigen. Eine Reduzierung der Studienabbrecherquote um 10 % bis 50 % brächte 0,1 Millionen bis 0,6 Millionen zusätzliche Akademiker.
4. **Erwerbspartizipation und Lebensarbeitszeit von Menschen über 55 erhöhen:**
   Durch den demografischen Wandel verändert sich der Aufbau der Alterspyramide. Eine Erhöhung der Erwerbstätigenquote der über 55-Jährigen würde 0,5 Millionen bis 1,2 Millionen zusätzliche Vollzeitäquivalente für den Arbeitsmarkt aktivieren. Die bereits beschlossene Erhöhung der Regelsaltersgrenze auf 67 Jahre wird dazu führen, dass bis zum Jahr 2025 ein zusätzliches EPP von geschätzten 930.000 Personen verfügbar sein wird.
5. **Erwerbspartizipation und Arbeitszeitvolumen von Frauen steigern:**
   Im internationalen Vergleich bestehen in Deutschland noch Potenziale bei der Erwerbsbeteiligung der Frauen insgesamt, aber auch dem Arbeitszeitvolumen von teilzeitbeschäftigten Frauen. Gelänge es, diese Potenziale zu erschließen, entspräche dies 0,4 Millionen bis 0,9 Millionen Fachkräften bei der Erwerbspartizipation und 0,3 Millionen bis 1,2 Millionen Vollzeitäquivalenten durch die Steigerung des Arbeitsvolumens von Frauen.
6. **Zuwanderung von Fachkräften steuern:**
   Durch die gesteuerte Zuwanderung von Fachkräften erscheint die Gewinnung von 0,4 Millionen bis 0,8 Millionen zusätzlichen Fachkräften aus dem Ausland realisierbar, sofern die Attraktivität Deutschlands als Einwanderungsland durch die Etablierung einer umfassenden Willkommenskultur erhöht wird.
7. **Arbeitszeit von Beschäftigten in Vollzeit steigern:**
   Zusätzlich geleistete Arbeitsstunden entsprechen im Effekt zusätzlichen Vollzeitäquivalenten. Gelänge hier eine auf Freiwilligkeit beruhende Verlängerung –

beispielsweise durch entsprechende Anreize –, würde dies 0,4 Millionen bis 1,1 Millionen zusätzlichen Vollzeitäquivalenten für den Arbeitsmarkt entsprechen.

8. **Qualifizierung und Weiterbildung vorantreiben:**
   Derzeit beträgt der Anteil der Qualifizierten am EPP ca. 83%. Durch eine Reduzierung des Anteils der Geringqualifizierten um 10% bis 20% könnten 0,4 Millionen bis 0,7 Millionen zusätzliche Fachkräfte gewonnen werden.
9. **Arbeitsmarkttransparenz erhöhen:**
   Hier ist kein unmittelbarer Effekt zu erwarten, der sich in Kopfzahlen messen ließe. Doch eine verbesserte Arbeitsmarkttransparenz könnte zu kürzeren Vakanzzeiten und stärker potenzialadäquater Beschäftigung von Arbeitnehmern beitragen.
10. **Flankierende Maßnahmen im Steuer- und Abgabenbereich prüfen:**
   Schließlich wäre zu prüfen, inwieweit Maßnahmen im Steuer- und Abgabenbereich realisierbar sind, um die Aufnahme von Arbeit oder die Leistung zusätzlicher Arbeitsstunden für die Beschäftigten noch attraktiver zu machen.

Handlungsfelder zur Überwindung des Fachkräftemangels

Für McKinsey[136] sind sieben Handlungsfelder für den Mittelstand besonders relevant:

- Weitere Talentquellen (z. B. Ältere, Frauen) erschließen/besser ausschöpfen.
- Bindung der Mitarbeiter stärken.
- Die Anwerbung strategisch ausrichten.
- Branchenübergreifende Netzwerke bilden.
- Aktiv für bessere Rahmenbedingungen eintreten.
- Auf strukturstarke Standorte fokussieren.
- Outsourcing verstärkt nutzen.

Im Folgenden werden die wichtigsten Maßnahmen dargestellt.

10.5.1 Personal optimal führen und Mitarbeiter binden

In jedem Fall führt eine strategische Unternehmensführung, die sich am Ziel orientiert, Wertschöpfungspotenziale auszuschöpfen, nicht an zielgerichteter Personalführung, Mitarbeiterbindung, Qualifizierung, Arbeitsgestaltung und Entgeltfindung vorbei. Sonst besteht die erhöhte Gefahr, dass langjährige Mitarbeiter (Stammbelegschaft) zur Konkurrenz abwandern und das Know-how nicht im Betrieb verbleibt.

Das haben mittlere und kleine Unternehmen erkannt und geben an, dass vor allem ein **gutes Arbeitsklima** wichtig ist, damit keine Personalengpässe entstehen. Über 90 % der Betriebe nutzen dieses Instrument (siehe Abbildung). Aber auch gute Weiterbildungsmöglichkeiten, flexible Arbeitszeiten und die Vereinbarkeit von Familie und Beruf stehen hoch im Kurs.

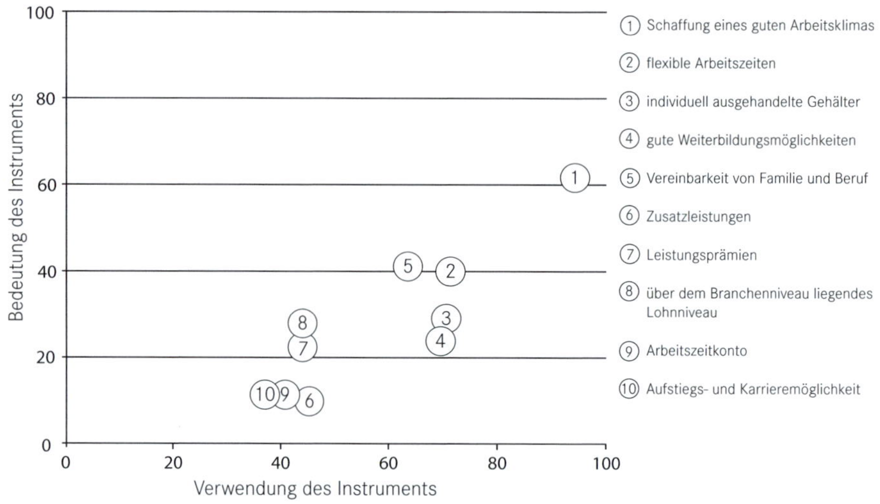

Instrumente zur Mitarbeiterbindung (aus: Unternehmensbarometer – Fachkräftesicherung 2013[137])

Praktische Schlussfolgerungen: Was können Sie tun, um ein gutes Arbeitsklima zu schaffen?

- Berücksichtigen Sie die personalpolitischen Grundsätze von Z-Unternehmen
- Setzen Sie das Y-Menschenbild in die Tat um
- Gewinnen Sie das Vertrauen Ihrer Mitarbeiterinnen und Mitarbeiter
- Regeln Sie Konflikte kooperativ
- Pflegen Sie einen kooperativen Führungsstil

10.5.2 Das Potenzial älterer Mitarbeiter nutzen

Die Zunahme der Erwerbstätigenquote der 55- bis 64-Jährigen von 37 % im Jahr 2000 auf 61,5 % im Jahr 2012[138] zeigt eindeutig: Es werden zunehmend ältere Mitarbeiter beschäftigt.

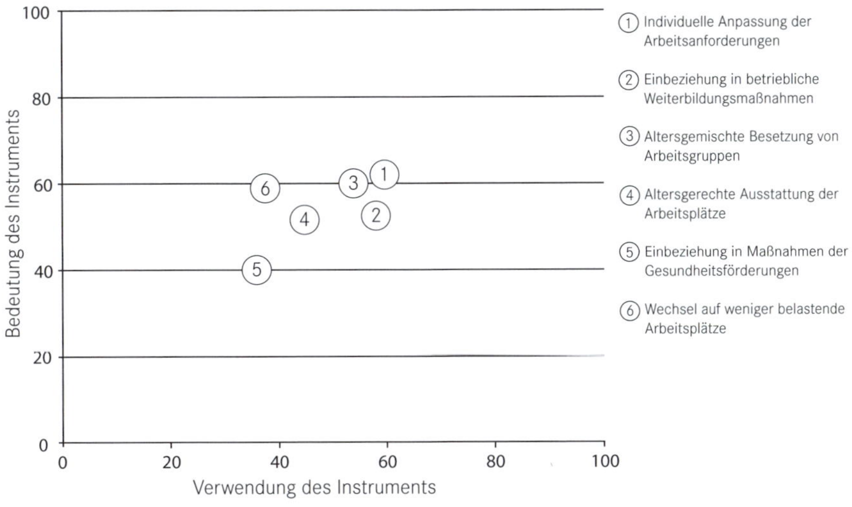

Instrumente zum Erhalt der Beschäftigungsfähigkeit älterer Mitarbeiter (aus: Unternehmensbarometer – Fachkräftesicherung 2013[139])

Um die Beschäftigungsfähigkeit älterer Mitarbeiter zu sichern, passen die Unternehmen in erster Linie die Anforderungen individuell an die Mitarbeiter an (siehe obige Abbildung). Aber auch die Einbeziehung in betriebliche Weiterbildungsmaßnahmen und die altersgemischte Besetzung von Arbeitsgruppen sind wichtige Instrumente.

Praktische Schlussfolgerungen: Was können Sie tun, um die Arbeitsanforderungen an die Mitarbeiter individuell anzupassen?

Vor allem flexible Arbeitszeitmodelle tragen dazu bei, dass die individuelle Belastung durch den Beruf geringer ist, so dass ältere Arbeitnehmer länger im Betrieb sein können. Darunter fallen nicht nur die Teilzeit, sondern auch Maßnahmen wie Jobsharing, Vertrauensarbeitszeit oder spezielle Pausenregelungen, die – flexibel ausgestaltet – der Arbeitsweise der Älteren entgegenkommen.

Eine weitere Maßnahme ist die altersgerechte Arbeitsorganisation wie die Erhöhung der Taktzeiten oder die Zusammenstellung von altersgemischten Teams.

Beispiel

Ein Automobilhersteller hat in einem Pilotprojekt für altersgerechte Produktion die Taktzeit von 1,5 Minuten auf 4,4 Minuten erhöht, zudem sind die Teams altersgemischt.

Nicht zuletzt ist es wichtig, die Arbeitsplätze altersgerecht zu gestalten, so dass sie arbeitswissenschaftlichen Kriterien genügen[140].

Beispiel

Bei einer mittelständischen Stahlbaufirma mit 185 Beschäftigten können die Mitarbeiter an einer Rückenschule und einer Ergonomie-Schulung teilnehmen. Die neue Produktionshalle wurde speziell gedämmt, um die Lärmbelastung zu verringern; die Beleuchtung neu gestaltet; die Büroarbeitsplätze den ergonomischen Erfordernissen angepasst.

10.5.3 Frauen besser in den Erwerbsprozess integrieren

Im Rahmen der EU-Wachstumsstrategie 2020 möchte Deutschland die Erwerbstätigenquote von 20- bis 64-jährigen Frauen auf 73% steigern (2012: 71,5%).

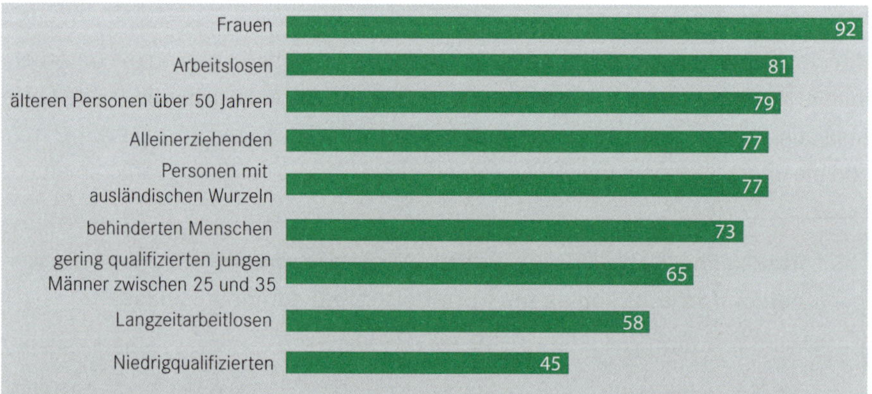

Frage: Bei welchem Personenkreis könnten Ihrer Meinung nach deutsche Unternehmen noch mehr Fachkräfte finden? Bei ...?
Anmerkung: Angaben in Prozent.

Quelle: TNS Emnid; Repräsentative Bevölkerungsbefragung; Basis: 1.500 Befragte.

Zielgruppen bei der Fachkräftesicherung

Politik, Wirtschaft und Bevölkerung sehen in Frauen ein hohes Potenzial zur Fachkräftesicherung[141]. Die Bevölkerung sieht in ihnen das größte Aktivierungspotenzial im Hinblick auf die Fachkräftesicherung, wie die nachfolgende Abbildung zeigt.

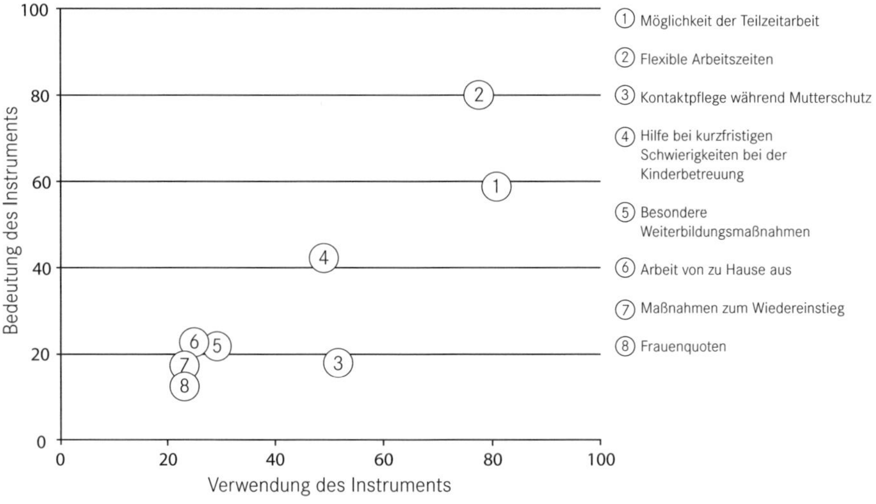

Instrumente, um Frauen in den Betrieb zu integrieren

Unternehmen verwenden vor allem flexible Arbeitszeiten und die Möglichkeit von Teilzeit als Instrumente. Mitarbeiterinnen, die Kinder oder ältere Angehörige betreuen, sind auf flexible Arbeitszeiten angewiesen. Dies kann z. B. in Form von Arbeitszeitkonten (Jahreskonten, Lebensarbeitszeitkonten) oder von Vertrauensarbeitszeit realisiert werden. Jahreskonten z. B. helfen den Mitarbeiterinnen, während der Schließung des Kindergartens ihr Kind selber zu betreuen, Lebensarbeitszeitkonten bei der Verlängerung der Elternzeit. Bei der Vertrauensarbeitszeit zählt das Arbeitsergebnis und nicht, wann die Aufgabe bewältigt wurde.

Weitere Maßnahmen wie betriebliche Betreuungseinrichtungen in Ergänzung zu oder als Ersatz für staatliche Angebote, Vermittlungsservices für Kinderbetreuung und Angehörigenpflege, Unternehmenskooperationen mit lokalen Anbietern von Betreuungs- und Pflegeleistungen sind günstige Voraussetzungen für die Erwerbstätigkeit von Frauen im Betrieb[142].

Praktische Schlussfolgerungen: Was können Sie tun, um Mitarbeiterinnen als Fachkräfte zu sichern?

Ein erster Schritt dazu ist ein „Unternehmenscheck“[143]. Darin werden mit einem standardisierten Fragebogen Lebenskonstellationen der Mitarbeiterinnen, die damit verbundenen Herausforderungen und Belastungen, vorhandene Ressourcen, Maßnahmen sowie die für den Veränderungsprozess vorhandenen Voraussetzungen analysiert. Ein Ampel-System zeigt an, in welchen Bereichen Handlungsbedarf besteht. Es unterstützt bei der Priorisierung der Maßnahmen.

Weiterhin besteht die Möglichkeit, Mitarbeitergespräche unter dem Aspekt der besonderen Lebenskonstellation der Mitarbeiterinnen durchzuführen.

10.5.4 An- und Ungelernte qualifizieren

Ein weiterer Maßnahmenschwerpunkt ist die Qualifizierung von An- und Ungelernten. So stimmen in einer repräsentativen Studie[144] 18,8 % der kleinen und 28,8 % der mittelgroßen Betriebe der Aussage zu: „Wir ermöglichen An- und Ungelernten, sich durch Weiterbildung schrittweise bis zum Berufsabschluss zu qualifizieren." 43 % der kleinen bzw. 53,7 % der mittelgroßen Unternehmen stimmen der Aussage zu: „Dank Weiterbildung können An- und Ungelernte auch qualifizierte Tätigkeiten ausführen."

Neben der berufsbegleitenden Nachqualifizierung setzen Unternehmen auf die Mehrfachqualifizierung der Mitarbeiter und Mitarbeiterinnen. Dazu wurden auch die Zeiten der wirtschaftlichen Krise genutzt.

Praktische Schlussfolgerungen: Was können Sie tun, um An- und Ungelernte als Fachkräfte zu qualifizieren?

In einem individuellen Mitarbeitergespräch sollten Qualifizierungsmaßnahmen besprochen werden. Dabei kommen die Stärken und Schwächen des Mitarbeiters zur Sprache, und es werden Qualifizierungsmaßnahmen vereinbart. In kurzen Zeitabschnitten überprüfen die Vorgesetzten den erreichten Fortschritt und passen die Maßnahmen regelmäßig an.

10.5.5 Menschen mit Migrationshintergrund fördern

Eine weitere Zielgruppe bei der Sicherung des Fachkräftebedarfs sind Menschen mit Migrationshintergrund. Dabei sind Sprachdefizite und kulturelle Unterschiede die größten Herausforderungen bei der Beschäftigung (siehe nachfolgende Abbildung). Hierbei sind Migranten aus Osteuropa eine wichtige Gruppe, die im Rahmen der Arbeitnehmerfreizügigkeit in Deutschland arbeiten möchten.

Praktische Schlussfolgerungen: Was können Sie tun, um Menschen mit Migrationshintergrund zu qualifizieren?

Hier ist insbesondere die Lernstatt zu nennen, in der Menschen mit Migrationshintergrund sowohl Fachbegriffe als auch die wichtigsten Begriffe des Zusammenlebens am Arbeitsplatz kennenlernen. Darüber hinaus bieten Volkshochschulen Kurse zur Integration an, die genutzt werden können.

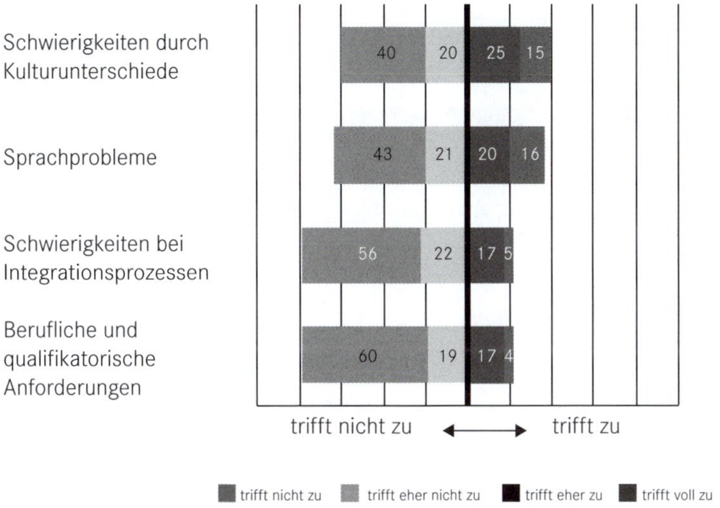

Anmerkung: Angaben in Prozent.

Quellen: ZEW/infas; Repräsentative Befragung im Rahmen des Forschungsvorhabens „Fachkräfterekrutierung und -sicherung“ Basis 922 Unternehmensleistungen.

Herausforderungen bei der Beschäftigung von Menschen mit Migrationshintergrund[145]

10.5.6 Weitere Maßnahmen: Personalmarketing, branchenübergreifende Netzwerke bilden

Um den Fachkräftebedarf zu sichern, bietet sich zusätzlich eine Vielzahl von Personalmarketingmaßnahmen an. Darunter fallen auch die Gestaltung des eigenen Internetauftritts, Teilnahme an Bildungsmessen, gezielte Ansprache von Schülern usw.).

Branchenübergreifende Netzwerke zu bilden ist eine weitere Maßnahme, die bislang von vielen Firmen nicht genutzt wird.

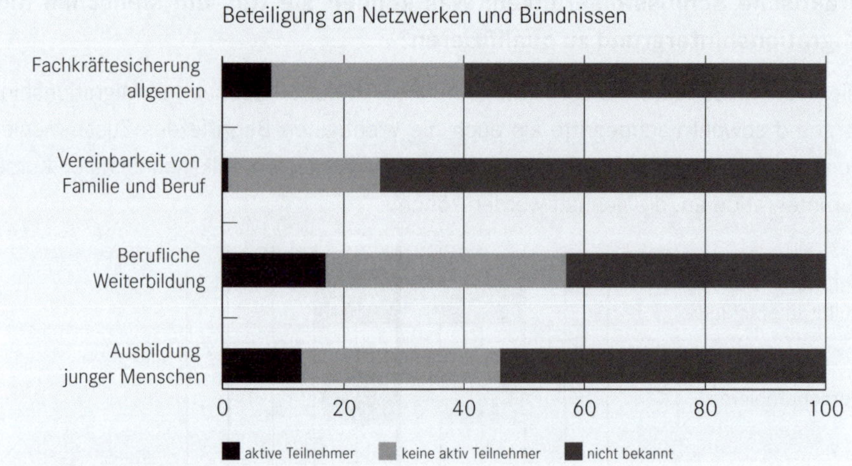

Anmerkung:
* Kennen die befragten Unternehmen bestimmte Netzwerke, werden sie nach ihrer Aktivität in den Netzwerken gefragt.
** Sobald die befragten Unternehmen aktiv in Netzwerken beteiligt sind, werden sie nach der Bedeutung für die regionale Entwicklung gefragt. Angaben in Prozent.

Quelle: ZEW/infas; Repräsentative Befragung des Forschungsvorhabens „Fachkräfterekrutierung und -sicherung".
Basis: 1.191Unternehmensleistungen

Beteiligung an Netzwerken.

Diese Maßnahme ist für kleinere und mittelständische Betriebe besonders interessant. In Informations- und Austauschforen sowie der Ausbildung und Qualifizierung im Verbund (z. B. HOGA-Ausbildungsverbund) können Synergieeffekte erzielt werden.

In regelmäßigen gemeinsamen Veranstaltungen werden Erfahrungen ausgetauscht und offene Fragen zu Themen wie flexible Arbeitszeit oder Gesundheitsmanagement besprochen.

Fragen zur Selbstkontrolle

1. Welche Maßnahmen trifft Ihr Betrieb zur Sicherstellung des Fachkräftebedarfs?
2. Beschreiben Sie den Kreislauf der Personalentwicklung in Ihrem Betrieb. Wo sind Lücken, wo sind Schwerpunkte?
3. Beschreiben Sie die Maßnahmen der Personalentwicklung, die derzeitig in Ihrem Betrieb durchgeführt werden. Wo liegt der Schwerpunkt?
4. Beschreiben Sie die vier Formen der Erfolgskontrolle anhand eines Beispiels aus Ihrem Betrieb.

Quellenverzeichnis

1 vgl. dazu Grimm, H. G., Vollmer, G. R. ([10]2013): Personalführung. Bad Wörishofen, Holzmann Medien.

2 Vgl. dazu Robbins, St., Judge, T. A. ([15]2013): Organizational behavior. Upper Saddle River: Pearson Education.

3 Grimm, H. G., Vollmer, G. R. ([10]2013): Personalführung. Bad Wörishofen, Holzmann Medien.

4 http://eu.gallup.com/Berlin/118645/Gallup-Engagement-Index.aspx

5 Kahn, W. A. (1990): Psychological conditions of personal engagement and disengagement at work. Academy of Management Journal, 33, 692–724.
Macey, W., Schneider, B. (2008): The meaning of employee engagement. Industrial und Organizational Psychology, 1, 3–30.

6 Christian, M. S., Garza, A. S., Slaughter, J. E. (2011): Work engagement: a quantitative review and test of its relations with task and contextual performance. Personnel Psychology, 64, 89–136.

7 Schaufeli, W., Salanova, M. (2010): How to improve work engagement? In: Albrecht, S. (Ed.) Handbook of employee engagement. Cheltenham: Edward Elgar.

8 Bakker, A. (2010): Engagement and „job crafting“: engaged employees create their own great place to work. In: Albrecht, S. (Ed.) Handbook of employee engagement. Cheltenham: Edward Elgar.
Bakker, A. (2011): An evidence-based model of work engagement. Current directions in Psychological Science 20 (4), 265–269.
Inceoglu, I., Warr, P. (2011): Personality and job engagement. Personnel Psychology 10, S. 177–181.

9 IGES nach DAK-Umfrage 2010.

10 vgl. dazu Robbins, St., Judge, T. A. ([15]2013): Organizational behavior. Upper Saddle River Pearson Education.

11 Wolf, M. (2012): Arbeitszufriedenheit und Mitarbeiterbindung im Handwerk. München: Ludwig-Fröhler- Institut.

12 Grimm, H. G., Vollmer, G. R. ([10]2013): Personalführung. Bad Wörishofen, Holzmann Medien.

13 Herzberg, F. (1987): One more time: How do you motivate employees? Harvard Business Review Sept. - Oct.

14 McGregor, D. (1982): Der Mensch im Unternehmen. München, Econ Verlag.

15 vgl. dazu Grimm, H. G., Vollmer, G. R. ([10]2013): Personalführung. Bad Wörishofen, Holzmann Medien.

16 Eden, D. (1991). Pygmalion in Management: Productivity as a Self-Fulfilling Prophecy. In: The Academy of Management Review, 16, 209–212.

17 Neubauer, W. zit. in Werner, E. (1987): Die Grundlagen menschlichen Verhaltens. Briefe zur Führungspsychologie 4 (6).

18 Schultheis, F. (2012). Employability: Zur Kritik des managerialen Menschenbildes am Schnittpunkt soziologischer und ärztlicher Perspektiven. In: Primary Care 10, S. 175–179.

19 Vollmer, G. R. (1985): Kennen Sie die Z-Theorie? In: io Management Zeitschrift 54. S. 517–522.

20 Robbins, St. ([11]2005): Organizational behavior. Upper Saddle River: Pearson Education.

21 Vollmer, G. R. (2004): Vertrauensaufbau durch die Leitungsebene bei den Beschäftigten. In: Dialog 11, S. 4–6.

22 Vollmer, G. R. (2004): Vertrauensaufbau durch die Leitungsebene bei den Beschäftigten. In : Dialog 11, S. 4–6.

23 vgl. dazu Robbins, St., Judge, T. A. ([15]2013): Organizational behavior. Upper Saddle River: Pearson Education.

24 Jung, C. G. (1990): Typologie. München: dtv
Vollmer, G. R. (1994): Welches Selbstkonzept haben erfolgreiche Fach- und Führungskräfte? In: io Management Zeitschrift, 63 (59–63).

25 vgl. dazu Grimm, H. G., Vollmer, G. R. ([10]2013): Personalführung. Bad Wörishofen: Holzmann Medien.

26 Judge, T. A., Bono, J. E., Ilies, R. & Gerhardt, M. W. (2002): Personality and leadership: a qualitative and quantitative review. In: Journal of Applied Psychology 87, S. 765–780.

27 Luft, J. (1971): Einführung in die Gruppendynamik. Stuttgart, Klett Verlag.

28 vgl. dazu Vollmer, G. R. (1994): Verhaltensmanagement im Beruf. Renningen-Malmsheim, expert verlag.

29 Benson, H. (1990): The relaxation response. New York, Morrow.

30 Borkenau, P., Ostendorf, F. ([2]2008). NEO-Fünf-Faktoren Inventar nach Costa und McCrae (NEO-FFI). Manual. Göttingen: Hogrefe

31 Judge, T. A., Bono, J. E., Ilies, R. & Gerhardt, M. W. (2002): Personality and leadership: a qualitative and quantitative review. In: Journal of Applied Psychology 87, S. 765-780.

32 vgl. dazu Robbins, St., Judge, T. A. ([15]2013): Organizational behavior. Upper Saddle River Pearson Education.

33 Judge, T. A., Bono, J. E., Ilies, R. & Gerhardt, M.W. (2002): Personality and leadership: a qualitativc and quantitative review. In: Journal of Applied Psychology 87, S. 765-780.

34 MacDaid, G. P., McCaulley, M. H., Kainz, R. I. (1987): Myers-Briggs-Typen-Atlas. Gainesville: CAPT.

35 Lord, Devader und Alliger (1986): zitiert nach Felfe, J. ([2]2012): Arbeits- und Organisationspsychologie, Stuttgart, Kohlhammer Verlag.

36 Felfe, J. ([2]2012): Arbeits- und Organisationspsychologie, Stuttgart, Kohlhammer Verlag.

37 vgl. dazu House, R. J., Shamir, B. (1995): Führungstheorien - charismatische Führung. In: Kieser, A. u. a.: Handwörterbuch der Führung. Stuttgart, Schaeffer-Poeschel Verlag.

38 vgl. dazu von der Oelsnitz, D. (2012): Einführung in die systemische Führung. Heidelberg, Carl Auer Verlag.

39 Kellerman, B. zitiert nach Weibler, J. ([2]2012): Personalführung. München, Verlag Vahlen.

40 Bass, B. M., Avolio, B. M. (1994): Improving Organizational Effectiveness Through Transformational Leadership. Thousand Oaks, Cal. Sage.

41 Vollmer, G. R. (1983): Psychologische Grundlagen der Führung. In: Joerger, G., Geppert, M.: Grundzüge der Verwaltungslehre. Stuttgart, Kohlhammer Verlag.

42 Tscheulin, D., Rausche, A. (1970): Beschreibung und Messung des Führungsverhaltens in der Industrie mit der deutschen Version des Ohio-Fragebogens. In: Psychologie und Praxis 14, S. 49-64.

43 Tscheulin, D., Rausche, A. (1970): Beschreibung und Messung des Führungsverhaltens in der Industrie mit der deutschen Version des Ohio-Fragebogens. In: Psychologie und Praxis 14, S. 49 - 64

44 Blake, R. R., McCanse, A. A. ([6]1998): Das GRID-Modell. München-Düsseldorf, Econ Verlag.

45 Creusen, U., Eschemann, N. R., Johann, T. (2010): Positive Leadership. Wiesbaden, Gabler Verlag.

46 Blake, R. R., McCanse, A. A. ([6]1998): Das GRID-Modell. München-Düsseldorf, Econ Verlag.

47 Blake, R. R., McCanse, A. A. ([6]1998): Das GRID-Modell. München-Düsseldorf, Econ Verlag.

48 Vollmer, G. R. (1983): Psychologische Grundlagen der Führung. In: Joerger, G., Geppert, M.: Grundzüge der Verwaltungslehre. Stuttgart, Kohlhammer Verlag.

49 Tannenbaum, R. & Schmidt, W. (1958): How to choose a leadership pattern. In Harvard Business Review, 36, S. 95–101.

50 Weibler, J. ([2]2012): Personalführung, München, Verlag Vahlen.

51 Hersey, P., Blanchard, K. H., Johnson, D. E. ([10]2013): Management of Organizational Behavior. Boston - London, Pearson.

52 Hersey, P., Blanchard, K. H., Johnson, D. E. ([10]2013): Management of Organizational Behavior. Boston - London, Pearson.

53 vgl. dazu Scholz, Ch. (2012): Grundzüge des Personalmanagements. München, Vahlen.

54 vgl. dazu von der Oelsnitz, D. (2012): Einführung in die systemische Führung. Heidelberg, Carl Auer Verlag.

55 Maslow, A. ([22]1989): Motivation und Persönlichkeit. Reinbek, Rowohlt.

56 Hellriegel, D. & Slocum, J. W. ([10]2004): Organizational Behavior. Mason, South-Western.

57 vgl. dazu Vollmer, G. R. (1994): Verhaltensmanagement im Beruf. Renningen-Malmsheim, expert verlag.

58 Fuchs-Wegner, G. (1987): Management-by-Konzepte. In: Kieser, A. u. a.: Handbuch der Führung. Stuttgart, Poeschel.

59 vgl. dazu Bass, B. M., Avolio, B. M. (1994): Improving organizational effectiveness through transformational leadership. Thousand Oaks, Cal.: Sage.

60 Fuchs-Wegner, G. (1987): Management-by-Konzepte. In: Kieser, A. u.a.: Handbuch der Führung. Stuttgart, Poeschel.

61 Management by Hubschrauber („Über allem schweben, von Zeit zu Zeit auf den Boden kommen, viel Staub aufwirbeln und wieder wegschweben"), Management by Jeans („An den wichtigsten Stellen im Unternehmen sitzen die größten Nieten"), Management by Champignons („Die Mitarbeiter im Dunkeln lassen, mit Mist bestreuen, wenn sich die Köpfe zeigen, sofort abschlagen").

62 Zapf, D. (1999): Mobbing in Organisationen - Überblick zum Stand der Forschung. In: Zeitschrift für Arbeits- und Organisationspsychologie 43, S. 1-25.

63 Leymann zitiert in Zapf, D. (1999): Mobbing in Organisationen - Überblick zum Stand der Forschung. In: Zeitschrift für Arbeits- und Organisationspsychologie 43, S. 1-25.

64 vgl. dazu Robbins, St., Judge, T. A. ([15]2013): Organizational Behavior. Upper Saddle River, Pearson Education.

65 vgl. dazu Robbins, St., Judge, T. A. ([15]2013): Organizational Behavior. Upper Saddle River, Pearson Education.

66 Fittkau, B., Müller-Wolf, H. M, Schulz v. Thun, F. (1982): Kommunizieren lernen (und umlernen). Braunschweig, Westermann.

67 Gordon, Th. (1982): Managerkonferenz. Hamburg, Rowohlt.

68 z. B. Rahim, M. A. (2002): Toward a theory of managing organizational conflict. In: The International Journal of Conflict Management, 13, S. 206-235.

69 Hellriegel, D. & Slocum, J. W. ([10]2004): Organizational Behavior. Mason, South-Western.

70 vgl. dazu Kreitner, R., Kinicki, A., Buelens, M. (1999): Organizational Behaviour. London, McGraw-Hill.

71 Blake, R. R., McCanse, A. A. ([6]1998): Das GRID-Modell. München - Düsseldorf, Econ Verlag.

72 Mintzberg, H. (1976): Was Manager wirklich tun. Manager Magazin 7, S. 53-62.
Gardner, W. L. & Martinko, M. (1988): Impression management. Academy of Management Journal 31, S. 42-65.

73 Driskill, L. P., Ferrill, J. & Steffey, M. N. (1992): Business and managerial communication. Fort Worth, The Dryden Press.

74 Gordon, Th. (1982): Managerkonferenz. Hamburg, Rowohlt.

75 Gordon, Th. (1982): Managerkonferenz. Hamburg, Rowohlt.

76 Schulz v. Thun, F. (1986): Miteinander reden. Störungen und Klärungen. Hamburg, Rowohlt.

77 Herzberg, F. (1987): One more time: How do you motivate employees? Harvard Business Review Sept. - Oct.

78 Hackman, J. R. (1976): Motivation through the design of work: test of a theory. In: Organizational Behavior and Human Performance 16, S. 250–279.

79 vgl. dazu Maslow, A. ([22]1989): Motivation und Persönlichkeit. Reinbek, Rowohlt.

80 Man befragte Mitarbeiter und Mitarbeiterinnen. Dabei konnte die Gleichung bestätigt werden.

81 vgl. dazu Robbins, St., Judge, T. A. ([15]2013): Organizational Behavior. Upper Saddle River, Pearson Education

82 vgl. dazu Grimm, H. G., Vollmer, G. R. ([10]2013): Personalführung. Bad Wörishofen, Holzmann Medien.

83 vgl. dazu Grimm, H. G., Vollmer, G. R. ([10]2013): Personalführung. Bad Wörishofen, Holzmann Medien.

84 Tominaga, M. (1998): Auf der Suche nach deutschen Spitzenleistungen. Düsseldorf, Econ.

85 Esser, M. (1994): Kaishain - der Japaner und sein Unternehmen. In: Esser, M. und Kobayashi, K. (Hrsg.). Kaishain-Personalmanagement in Japan. Göttingen, Verlag für Angewandte Psychologie.

86 Esser, M. (1994): Kaishain - der Japaner und sein Unternehmen. In: Esser, M. und Kobayashi, K. (Hrsg.). Kaishain-Personalmanagement in Japan. Göttingen, Verlag für Angewandte Psychologie.

87 vgl. dazu Grimm, H. G., Vollmer, G. R. ([10]2013): Personalführung. Bad Wörishofen, Holzmann Medien.

88 vgl. dazu Grimm, H. G., Vollmer, G. R. ([10]2013): Personalführung. Bad Wörishofen, Holzmann Medien.

89 siehe: QZ-online.de vom 17.07.2013.

90 vgl. dazu Scholz, Ch. (2012): Grundzüge des Personalmanagements. München, Vahlen.

91 Ladwig, D. (2010): Arbeitszeit. In: Vahlens Großes Personallexikon, S. 74–75, München, Vahlen.

92 Janßen, D., Nachreiner, F. (2004): Flexible Arbeitszeiten. Bremerhaven, Wirtschaftsverlag NW Verlag für neue Wissenschaft GmbH.

93 http://www.arbeitsagentur.de/nn_393446/Navigation/zentral/Veroeffentlichungen/Themenhefte-durchstarten/Familie-und-Beruf/Arbeitszeitmodelle/Arbeitszeitmodelle-Nav.html

94 vgl. dazu Scholz, Ch. (2012): Grundzüge des Personalmanagements. München, Vahlen.

95 Scherm, E., Süß, S. (2010): Personalmanagement. München, Vahlen.

96 http://www.arbeitsagentur.de/nn_393446/Navigation/zentral/Veroeffentlichungen/Themenhefte-durchstarten/Familie-und-Beruf/Arbeitszeitmodelle/Arbeitszeitmodelle-Nav.html

97 http://www.arbeitsagentur.de/nn_393446/Navigation/zentral/Veroeffentlichungen/Themenhefte-durchstarten/Familie-und-Beruf/Arbeitszeitmodelle/Arbeitszeitmodelle-Nav.html

98 http://www.eff-portal.de/eff-avi/content/Tools/PDF/Uebersicht_Arbeitszeitmodelle.pdf

99 Janßen, D., Nachreiner, F. (2006): Flexibilisierung und Verlängerung von Arbeitszeiten. In: Der Personalrat. S. 370–373.

100 Wolf, M. (2012): Arbeitszufriedenheit und Mitarbeiterbindung im Handwerk. München, Ludwig-Fröhler-Institut.

101 siehe Kapitel „Motivation und Zufriedenheit"

102 vgl. dazu Grimm, H. G., Vollmer, G. R. (^{10}2013): Personalführung. Bad Wörishofen, Holzmann Medien.

103 siehe Kapitel „Motivation und Zufriedenheit"

104 http://www.bw.igm.de/tarife/tarifvertrag.html?id=12515

105 Oechsler, W. (^{9}2011). Personal und Arbeit. München, Oldenbourg.

106 Zander, E., Wagner, D. (2005): Handbuch Entgeltmanagement. München, Vahlen.

107 Oechsler, W. (^{9}2011): Personal und Arbeit. München, Oldenbourg.

108 Jirjahn, U.: Betriebliche Sozialpolitik. In: Vahlens Großes Personallexikon, S. 140–141. München, Vahlen.

109 Oechsler, W. (^{9}2011): Personal und Arbeit. München, Oldenbourg Verlag.

110 siehe dazu z. B. Weibler, J. ([2]2012): Personalführung. München, Vahlen.

111 Scholz, Ch. (2012): Grundzüge des Personalmanagements. München, Vahlen.

112 nach Anthony, W. P., Perrewé, P. L., Kacmar, K. M. ([2]1996): Strategic Human Resource Management. Fort Worth, The Dryden Press.

113 vgl. dazu Grimm, H. G., Vollmer, G. R. ([10]2013): Personalführung. Bad Wörishofen, Holzmann Medien.

114 Randhofer, Th. (2004): Die Rolle von Beobachtererfahrung bei Beurteilungsprozessen im Assessment Center. Dissertation Universität Frankfurt.

115 nach Musch, J. (1997): Postkorb Zeitarbeitsfirma Chronos. Bonn.

116 Hopp, H. ([3]2007): Management der öffentlichen Verwaltung. Stuttgart, Schäffer-Poeschel Verlag.

117 BMWI 2012: Fachkräfte sichern – Weiterbildung in kleinen und mittelgroßen Unternehmen (KMU).

118 Scherm, E., Süß, S. ([2]2010): Personalmanagement. München, Vahlen.

119 vgl. dazu Grimm, H. G., Vollmer, G. R. ([10]2013): Personalführung. Bad Wörishofen, Holzmann Medien.

120 List zit. in Grimm, Vollmer ([10]2013): Personalführung. Bad Wörishofen, Holzmann Medien.

121 Das Brainstorming kann auch dem Training off the job zugeordnet werden, wenn es in Qualitätszirkeln verwendet wird.

122 Robbins, St. ([11]2005): Organizational Behavior. Upper Saddle River, Pearson Education.

123 Gallupe, R. B., Bastianutti, L. M. & Cooper, W. H. (1991): Unblocking brains. Journal of Applied Psychology 76 (S. 137–147).

124 Regnet, E. ([3]2010): Evaluation der Personalentwicklung. In: Bröckermann, R., Müller-Vorbrüggen, M.: Handbuch der Personalentwicklung. Stuttgart, Schäffer-Poeschel Verlag.

125 Regnet, E. ([3]2010): Evaluation der Personalentwicklung. In: Bröckermann, R., Müller-Vorbrüggen, M.: Handbuch der Personalentwicklung. Stuttgart, Schäffer-Poeschel Verlag.

126 Gülpen zit. in Regnet (s.o.)

127 Scholz, Ch. (2012): Grundzüge des Personalmanagements. München, Vahlen.

128 z. B. Gessler (2005): http://www.bwpat.de/ausgabe9/gessler_bwpat9.pdf, Regnet 2010 (s.o.)

129 Gessler (2005): http://www.bwpat.de/ausgabe9/gessler_bwpat9.pdf

130 Philipps, Schirmer zitiert in Gessler s. o.

131 Aus Regnet, E ([3]2010): Evaluation der Personalentwicklung. In: Bröckermann, R., Müller-Vorbrüggen, M.: Handbuch der Personalentwicklung. Stuttgart, Schäffer-Poeschel Verlag.

132 Ivancevich, J. M. ([10]2007): Human Resource Management. Boston, McGraw Hill.

133 McKinsey Deutschland: Wettbewerbsfaktor Fachkräfte 2011 (http://www.mckinsey.de/sites/mck_files/files/fachkraefte.pdf)

134 Prognos AG: Arbeitslandschaft 2030, 2009 zit. in McKlnsey s. o.

135 Perspektive 2025: Bundesagentur für Arbeit (http://www.arbeitsagentur.de/zentraler-Content/Veroeffentlichungen/Sonstiges/Perspektive-2025.pdf), siehe auch BA 2020 bringt weiter Schwerpunktheft, Fachkräfte für Deutschland, Zwischenbilanz und Fortschreibung

136 McKinsey Deutschland: Wettbewerbsfaktor Fachkräfte 2011 s. o.

137 Bundesministerium für Arbeit und Soziales: Unternehmensbarometer - Fachkräftesicherung 2013.
http://www.bmas.de/DE/Service/Publikationen/a862-broschuere-umbruch-unternehmensbarometer.html

138 Bundesministerium für Arbeit und Soziales: Unternehmensbarometer - Fachkräftesicherung 2013.
http://www.bmas.de/DE/Service/Publikationen/a862-broschuere-umbruch-unternehmensbarometer.html

139 Bundesministerium für Arbeit und Soziales: Unternehmensbarometer - Fachkräftesicherung 2013.
http://www.bmas.de/DE/Service/Publikationen/a862-broschuere-umbruch-unternehmensbarometer.html

140 Grimm, H. G., Vollmer, G. R. ([10]2013): Personalführung, S. 60 ff. Bad Wörishofen, Holzmann Medien.

141 Bundesministerium für Arbeit und Soziales: Unternehmensbarometer - Fachkräftesicherung 2013.
http://www.bmas.de/DE/Service/Publikationen/a862-broschuere-umbruch-unternehmensbarometer.html

142 s. dazu McKinsey Deutschland: Wettbewerbsfaktor Fachkräfte 2011.

143 www.allwiss.de

144 BMWI: Weiterbildung in kleinen und mittelgroßen Unternehmen 2012.

145 Bundesministerium für Arbeit und Soziales: Unternehmensbarometer - Fachkräftesicherung 2013.
http://www.bmas.de/DE/Service/Publikationen/a862-broschuere-umbruch-unternehmensbarometer.html

Der Autor

Prof. Dr. Günther R. Vollmer studierte Psychologie an den Universitäten Tübingen, Berlin und Bochum. Danach arbeitete er als Betriebspsychologe bei den Fried. Krupp Hüttenwerken AG und der Henkel & Cie GmbH, Düsseldorf.

Anschließend war er Referent für Personalplanung und -entwicklung bei der Kodak AG, Stuttgart. Seine Hauptaufgaben waren die Entwicklung und Einführung von Personalverfahren, Personalauswahl und -betreuung, Training und die Durchführung von Informations- und Bildungsveranstaltungen.

Von 1981 bis 2009 lehrte Günther R. Vollmer das Fachgebiet „Organizational Behavior/Arbeits- und Organisationspsychologie", seitdem Lehrbeauftragter und internationaler Seniorexperte.

1988 erhielt er das Fulbright-Stipendium für „Educational Experts" und lehrte 1993 an der California State University, Sacramento.

An der Akademie des Handwerks Baden-Württemberg war er als Dozent für Personalführung bis 2008 tätig.

Günther R. Vollmer ist Autor von zahlreichen Fachbüchern, Beiträgen in Fachzeitschriften, Zeitungen und Führungsbriefen zu Personal- und Selbstmanagement.

Stichwortverzeichnis

N

O

P

Q

R

S

Z

Geprüfte/-r Betriebswirt/-in
nach der Handwerksordnung

Die Lehrbuchreihe **„Kompetenzen zum Erfolg“** wendet sich an angehende „Geprüfte Betriebswirte/-innen nach der Handwerksordnung“. Sie lernen praxisbewährte Ansätze und Strategien kennen.

Inhaber und Entscheider aus Handwerksbetrieben erhalten aktuelles und praxisgerecht aufbereitetes **Wissen zur erfolgreichen strategischen und operativen Betriebsführung.**

Prüfungsteil I „Unternehmensstrategie“

- **Volkswirtschaft**
  Bestell-Nr. 1811 | 34,90 €
- **Unternehmensrecht**
  Bestell-Nr. 1812 | 34,90 €
- **Unternehmensstrategie**
  Bestell-Nr. 1813 | 29,90 €

Prüfungsteil II „Unternehmensführung“

- **Unternehmensführung und -organisation**
  Bestell-Nr. 1814 | 29,90 €
- **Unternehmensrechnung**
  Bestell-Nr. 1815 | 29,90 €
- **Marketing und Kundenmanagement**
  Bestell-Nr. 1816 | 29,90 €
- **Wertschöpfung**
  Bestell-Nr. 1817 | 29,90 €

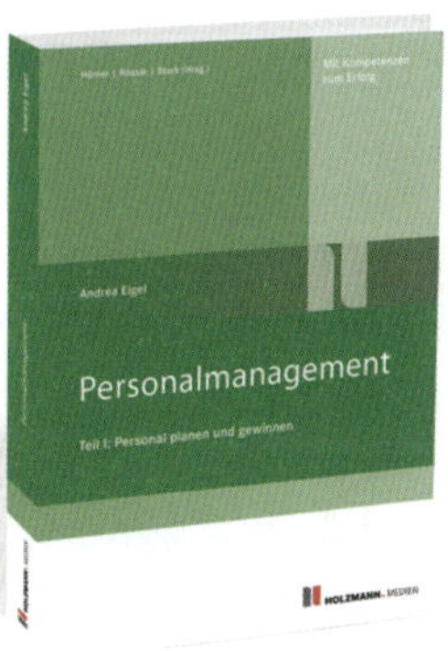

Prüfungsteil III „Personalmanagement“

- **Personalmanagement I**
  Bestell-Nr. 1818 | 29,90 €
- **Personalmanagement II**
  Bestell-Nr. 1819 | 29,90 €

Prüfungsteil IV „Innovationsmanagement“

- **Innovationsmanagement**
  Bestell-Nr. 1820 | 19,90 €

Alle Titel auch als E-Book erhältlich!

www.holzmann-medienshop.de

HOLZMANN. MEDIEN

Holzmann Medien GmbH & Co. KG | Gewerbestraße 2 | 86825 Bad Wörishofen |
Telefon +49 8247 354-300 | Telefax +49 8247 354-190 | www.holzmann-medienshop.de